道路土工
盛土工指針

（平成22年度版）

平成 22 年 4 月

公益社団法人　日本道路協会

序

　我が国の道路整備は，昭和29年度に始まる第1次道路整備五箇年計画から本格化し，以来道路特定財源制度と有料道路制度を活用して数次に渡る五箇年計画に基づき，経済の発展・道路交通の急激な伸長に対応して積極的に道路網の整備が進められ整備水準はかなり向上してまいりました。しかし，平成21年度から道路特定財源が一般財源化されることになりましたが，都市部，地方部を問わず道路網の整備には今なお強い要請があり今後ともこれらの要請に着実に応えていくことが必要です。

　経済・社会のIT化やグローバル化，生活環境・地球環境やユニバーサルデザインへの関心の高まり等を背景に，道路の機能や道路空間に対する国民のニーズは多様化し，道路の質の向上についても的確な対応が求められています。

　また，我が国は地形が急峻なうえ，地質・土質が複雑で地震の発生頻度も高く，さらには台風，梅雨，冬期における積雪等の気象上きわめて厳しい条件下におかれています。このため，道路構造物の中でも特に自然の環境に大きな影響を受ける道路土工に属する盛土，切土，擁壁，カルバート，あるいは付帯構造物である排水施設等の分野での合理的な調査，設計，施工及び適切な維持管理の方法の確立とこれら土工構造物の品質の向上は引き続き重要な課題です。

　日本道路協会では，昭和31年に我が国における近代的道路土工技術の最初の啓発書として「道路土工指針」を公刊して以来，技術の進歩や工事の大型化等を踏まえて数回の改訂や分冊化を行ってまいりました。直近の改訂を行った平成11年時点で「道路土工－のり面工・斜面安定工指針」，「道路土工－排水工指針」，「道路土工－土質調査指針」，「道路土工－施工指針」，「道路土工－軟弱地盤対策工指針」，「道路土工－擁壁工指針」，「道路土工－カルバート工指針」，「道路土工－仮設構造物工指針」の8分冊及びこれらを総括した「道路土工要綱」の合計9分冊を刊行しています。また，この間の昭和58年度には「落石対策便覧」を，昭和

61年度には「共同溝設計指針」を刊行しました。

しかし，これらの中には長い間改訂されていない指針もあるという状況を踏まえ，道路土工をとりまく情勢の変化と技術の進展に対応したものとすべく，このたび道路土工要綱を含む道路土工指針について全面的に改訂する運びとなりました。

今回の改訂では技術動向を踏まえた改訂と併せて，道路土工指針全体として大きく以下の3点が変わっております。

① 指針の利用者の便を考慮して，分冊化した指針の再体系化を図ることとし，これまでの「道路土工要綱」と8指針から，「道路土工要綱」及び「盛土工指針」，「切土工・斜面安定工指針」，「擁壁工指針」，「カルバート工指針」，「軟弱地盤対策工指針」，「仮設構造物工指針」の6指針に再編した。

② 性能規定型設計の考え方を道路土工指針としてはじめて取り入れた。

③ 各章節の記述内容の要点を枠書きにして，読みやすくするよう努めた。

なお，道路土工要綱をはじめとする道路土工指針は，現在における道路土工の標準を示してはいますが，同時に将来の技術の進歩及び社会的な状況変化に対しても柔軟に適合する土工が今後とも望まれます。これらへの対応と土工技術の発展は道路土工要綱および道路土工指針を手にする道路技術者自身の努力と創意工夫にかかっていることを忘れてはなりません。

本改訂の趣旨が正しく理解され，今後とも質の高い道路土工構造物の整備及び維持管理がなされることを期待してやみません。

平成22年4月

日本道路協会会長　藤　川　寛　之

まえがき

　我が国は山岳国であり，急峻な地形のところに道路を建設せざるを得ない場合が多く，また平地においても軟弱地盤上の道路が少なくありません。また，我が国は降雨・降雪が多く，また世界有数の地震国であるといったことから，これらに起因して盛土の変状や崩壊等の被害が発生する事例が多くあります。

　このような盛土をはじめとする道路のり面・自然斜面の災害を防止し，これらの安定を図るための指針として昭和54年に「道路土工－のり面・斜面安定工指針」が発刊され，以後昭和61年，平成11年に改訂が行われました。

　一方，道路土工指針全体の課題として，近年の土工技術の目覚ましい技術開発を踏まえた，新技術を導入しやすい環境整備や，学会や関連機関等における基準やマニュアル類の整備等，技術水準の向上に伴う対応が必要となってきました。

　このため，道路土工指針検討小委員会の下に6の改訂分科会を組織し，道路土工の体系を踏まえたより利用しやすい指針とすべく，道路土工要綱を含む土工指針の全面的な改訂を行い，新たな枠組みとして，盛土工に関する知識や技術の十分な理解を図ることを目的とした「道路土工－盛土工指針」の作成に至りました。

　道路土工指針全体に共通する，今回の主な改訂点は以下のとおりです。

① 指針の利用者の便を考慮して，分冊化した指針の再体系化を図ることとし，これまでの「道路土工要綱」と8指針から「道路土工要綱」と6指針に再編した。

② 各分野での技術基準に性能規定型設計の導入が進められているなか，道路土工の分野においても，今後の技術開発の促進と新技術の活用に配慮した指針を目指し，性能規定型設計の考え方を道路土工指針として初めて取り入れた。

③ これまでも，道路土工に際して計画，調査，設計，施工，検査，維持管理の各段階において，技術者が基本的に抱くべき技術理念を明確にすることを目的として記述をしていたが，要点がよりわかりやすいように考え方や配慮事項等

を枠書きとし，各章節の記述内容を読みやすくするよう努めた。

また，「道路土工－盛土工指針」の改編に際しての主要点は以下のとおりです。

① これまでの指針において「道路土工－のり面工・斜面安定工指針」，「道路土工－施工指針」，「道路土工－排水工指針」及び「道路土工－土質調査指針」に示していた盛土の調査，設計，施工，維持管理に関わる事項を再編し，新たに「道路土工－盛土工指針」として発刊した。

② 盛土において生じる種々の変状・崩壊形態を誘因別に整理し，盛土工の各段階で留意すべき事項と関連付けるように配慮した。

③ 従来の経験に基づいた標準仕様設計の方法を維持しつつ，性能規定型設計の枠組みを導入した。それに伴い，盛土に要求される性能，及び要求される事項を満足する範囲で従来の規定によらない解析手法，設計方法，材料，構造等を採用する際の基本的考え方を整理して示した。

④ 近年の豪雨，地震による盛土の被害を踏まえて，盛土の排水施設及び締固めに関する記述を充実するとともに，降雨に対する盛土の安定性の照査，及び従来参考として示していた盛土の耐震設計について，新たに項を設けて記載した。

⑤ 環境保全及び経済性の観点から，建設発生土の利用促進の重要性を示すとともに，建設発生土の利用に当たっての土質判定の目安や土質改良における基本的な考え方を示した。

⑥ 維持管理の重要性を示すとともに，盛土の維持管理における点検の着眼点を記載した。

なお，本指針は，盛土工における調査，計画，設計，施工，維持管理の考え方や留意事項を記述したものでありますが，道路土工要綱を含めた他の指針と関連した事項が多々ありますので，これらと併せて活用をしていただくよう希望します。

最後に，本指針の作成に当たられた委員各位の長期に渡る御協力に対し，心から敬意を表するとともに，厚く感謝いたします．

　平成22年4月

　　　　　　　　　　　　　道路土工委員会委員長　古　賀　泰　之

道路土工委員会

委員長　　　　古　賀　泰　之

前委員長　　　嶋　津　晃　臣

委　員　　　　安　樂　　　敏　　　岩　崎　泰　彦
　　　　　　　岩　立　忠　夫　　　梅　山　和　成
　　　　　　　運　上　茂　樹　　　太　田　秀　樹
　　　　　　　岡　崎　治　義　　　岡　原　美知夫
　　　　　　　岡　本　　　博　　　小　口　　　浩
　　　　　　　梶　原　康　之　　　金　井　道　夫
　　　　　　　河　野　広　隆　　　木　村　昌　司
　　　　　　　桑　原　啓　三　　　古　関　潤　一
　　　　　　　後　藤　敏　行　　　佐々木　　　康
　　　　　　　塩　井　幸　武　　　下　保　　　修
　　　　　　　鈴　木　克　宗　　　鈴　木　　　穣
　　　　　　　関　　　克　己　　　田　村　敬　一
　　　　　　　常　田　賢　一　　　徳　山　日出男
　　　　　　　冨　田　耕　司　　　苗　村　正　三
　　　　　　　長　尾　　　哲　　　中　西　憲　雄
　　　　　　　中　野　正　則　　　中　村　敏　一
　　　　　　　中　村　俊　行　　　祢　屋　　　誠
　　　　　　　馬　場　正　敏　　　早　崎　　　勉
　　　　　　　尾　藤　　　勇　　　平　野　　　勇
　　　　　　　廣　瀬　　　伸　　　深　澤　淳　志
　　　　　　　福　田　正　晴　　　松　尾　　　修

三嶋信雄
見波　潔
村松敏光
吉田　等
脇坂安彦
渡辺和弘
稲垣　孝
大窪克己
大城　温
川崎茂信
後藤貞二
小輪瀬良司
佐々木喜八
塩井直彦
前佛和秀
玉越隆史
中谷昌一郎
福井　修
持丸　将
若尾　徳

幹事

三水　史久
宮吉博高
吉村耕収
渡辺宏重
荒井雅和
岩崎信義
大下武志
川井田実毅
倉重　毅
小橋秀俊
今野和則
佐々木哲也
杉田秀樹
田中晴之
長尾和之
中前茂久
松居茂哉
横田聖良
渡邊　良一

道路土工指針検討小委員会

小委員長　　　苗　村　正　三

前小委員長　　古　賀　泰　之

委　　員　　　荒　井　　　猛　　　五十嵐　己　寿
　　　　　　　稲　垣　　　孝　　　岩　崎　信　義
　　　　　　　岩　崎　泰　彦　　　運　上　茂　樹
　　　　　　　大　窪　克　己　　　大　下　武　志
　　　　　　　大　城　　　温　　　川井田　　　実
　　　　　　　川　崎　茂　信　　　河　野　広　隆
　　　　　　　北　川　　　尚　　　倉　重　　　毅
　　　　　　　桑　原　啓　三　　　後　藤　貞　二
　　　　　　　小　橋　秀　俊　　　小輪瀬　良　司
　　　　　　　今　野　和　則　　　佐々木　喜　八
　　　　　　　佐々木　哲　也　　　佐々木　　　康
　　　　　　　佐々木　靖　人　　　塩　井　直　彦
　　　　　　　島　　　博　保　　　杉　田　秀　樹
　　　　　　　鈴　木　　　穣　　　前　佛　和　秀
　　　　　　　田　中　晴　之　　　玉　越　隆　史
　　　　　　　田　村　敬　一　　　苗　村　正　三
　　　　　　　長　尾　和　之　　　中　谷　昌　一
　　　　　　　中　前　茂　之　　　中　村　敏　一
　　　　　　　平　野　　　勇　　　福　井　次　郎
　　　　　　　福　田　正　晴　　　藤　沢　和　範
　　　　　　　松　居　茂　久　　　松　尾　　　修

三見　博史
森川　義人
吉田　等徳
若尾　将一
渡邊　良雄
石井　靖広
市川　明樹
小澤　直洋
甲斐　一則
北村　佳泰
神山　　男
高木　宗学
土肥　　弘
樋口　尚誠
星野　　幸
松山　裕久
矢野　公

幹事

三浦　紀雄
三嶋　真信
持丸　修一
横田　聖哉
吉村　雅宏
脇坂　安彦
阿南　修司
石田　雅博
岩崎　辰志
小野寺　誠一
加藤　俊二
倉橋　稔幸
澤松　俊寿
竹口　昌弘
浜崎　智洋
藤岡　一頼
堀内　浩三郎
宮武　裕昭
藪　　雅行

盛土工指針分科会

分科会長　　松尾　修

委員
秋山　均	阿久津　勉
荒井　一朗	荒井　猛
五十嵐　己寿	石井　武
石川　雄一	石坂　弘司
伊藤　正秀	稲垣　孝
大下　武志	大原　泉
奥秋　芳一	柏樹　重暢
狩生　輝己	川井田　実
久保　和幸	小橋　秀俊
小山　浩徳	近藤　淳
佐々木　喜八	佐々木　哲也
塩井　直彦	鹿内　茂美
杉崎　光義	杉田　秀樹
田中　晴之	田畑　好崇
田村　敬一	塚田　賢二
中嶋　規行	中前　茂之
西本　聡	早崎　勉
藤野　健一	古市　正敏
古屋　弘	松江　正彦
三木　博史	水谷　和彦
箕作　光一	望月　美知秋
持丸　修一	山元　弘
横沢　圭一郎	吉村　雅宏

渡邉　義臣
石川　計臣
岩崎　辰志
榎本　忠夫
落合　富士男
甲斐　一洋
加藤　喜則
神山　　泰
佐伯　良知
佐藤　厚子
篠原　正美
高橋　敏雄
堤　　浩志
中島　伸一郎
中村　洋丈
波田　光敬
樋口　尚弘
古本　一司
増田　信也
藪　　雅行
山村　博孝

幹事

若尾　将徳
渡邉　良一
飯塚　康雄
泉澤　大樹
植野　　晃
小澤　直樹
乙守　和人
加藤　俊二
北村　佳則
護摩堂　満
佐々木　俊平
設樂　隆久
高木　宗男
堤　　祥一
土肥　　学
中原　浩慈
橋原　正周
浜崎　智洋
藤岡　一頼
牧田　篤弘
矢野　公久
山田　博道
横坂　利雄

目　　次

第1章　総　説 …………………………………………………………… 1
1-1　適用範囲 …………………………………………………………… 1
1-2　用語の定義 ………………………………………………………… 3
1-3　盛土の変状の発生形態及び特に注意の必要な盛土 …………… 6

第2章　盛土工の基本方針 …………………………………………… 15
2-1　盛土の目的 ………………………………………………………… 15
2-2　盛土工の基本 ……………………………………………………… 15

第3章　調査及び試験施工 …………………………………………… 24
3-1　基本方針 …………………………………………………………… 24
3-2　概略調査 …………………………………………………………… 28
3-3　予備調査 …………………………………………………………… 29
　3-3-1　一　般 ………………………………………………………… 29
　3-3-2　既存資料の収集・整理 ……………………………………… 31
　3-3-3　現地踏査 ……………………………………………………… 42
　3-3-4　必要に応じて実施する調査 ………………………………… 43
3-4　詳細調査 …………………………………………………………… 44
　3-4-1　一　般 ………………………………………………………… 44
　3-4-2　盛土の基礎地盤の調査 ……………………………………… 46
　3-4-3　特に注意の必要な盛土基礎地盤 …………………………… 50
　3-4-4　盛土材料の調査 ……………………………………………… 53
　3-4-5　特に注意の必要な盛土材料 ………………………………… 62
　3-4-6　排水の調査 …………………………………………………… 68
　3-4-7　環境・景観調査 ……………………………………………… 69
3-5　施工段階の調査 …………………………………………………… 69
3-6　維持管理段階の調査 ……………………………………………… 71

3-7　試験施工 ……………………………………………………………… 73

第4章　設　計 ………………………………………………………… 80
4-1　基本方針 ……………………………………………………………… 80
　4-1-1　設計の基本 ……………………………………………………… 80
　4-1-2　想定する作用 …………………………………………………… 82
　4-1-3　盛土の要求性能 ………………………………………………… 83
　4-1-4　性能の照査 ……………………………………………………… 87
　4-1-5　盛土の限界状態 ………………………………………………… 88
　4-1-6　照査方法 ………………………………………………………… 91
　4-1-7　表面排水施設の要求性能と照査 ……………………………… 92
4-2　設計に用いる荷重及び土質定数 …………………………………… 92
　4-2-1　荷　重 …………………………………………………………… 92
　4-2-2　自　重 …………………………………………………………… 94
　4-2-3　載荷重 …………………………………………………………… 94
　4-2-4　降雨の影響 ……………………………………………………… 95
　4-2-5　地震の影響 ……………………………………………………… 96
　4-2-6　土質定数 ………………………………………………………… 97
4-3　盛土の安定性の照査 ………………………………………………… 102
　4-3-1　一　般 …………………………………………………………… 102
　4-3-2　常時の作用に対する盛土の安定性の照査 …………………… 108
　4-3-3　降雨の作用に対する盛土の安定性の照査 …………………… 115
　4-3-4　地震動の作用に対する盛土の安定性の照査 ………………… 119
4-4　各構成要素の設計 …………………………………………………… 127
4-5　基礎地盤 ……………………………………………………………… 127
4-6　盛土材料 ……………………………………………………………… 130
4-7　路床・路体 …………………………………………………………… 139
4-8　のり面 ………………………………………………………………… 141
　4-8-1　のり面の構造 …………………………………………………… 141
　4-8-2　のり面の保護 …………………………………………………… 144
4-9　排水施設 ……………………………………………………………… 149

4-9-1	一般	149
4-9-2	表面排水工	153
4-9-3	のり面排水工	154
4-9-4	特に注意の必要な表面排水	159
4-9-5	地下排水工	160
4-9-6	特に注意の必要な地下排水	167
4-9-7	盛土内の排水	169
4-9-8	基礎地盤の排水	171
4-9-9	路床・路盤の排水	171
4-10	盛土と他の構造物との取付け部の構造	179
4-11	補強盛土・軽量盛土	185

第5章 施 工 ································ 198

5-1	施工の基本方針	198
5-2	基礎地盤の処理	200
5-3	敷均し及び含水量調節	205
5-4	締固め	211
5-4-1	締固めの基本	211
5-4-2	品質規定方式による締固め管理	216
5-4-3	工法規定方式による締固め管理	224
5-4-4	締固め作業及び締固め機械	227
5-5	盛土施工時の排水	231
5-6	盛土のり面の施工	240
5-7	排水工の施工	245
5-8	盛土と他の構造物との取付け部の施工	247
5-9	盛土材料の改良	251
5-10	補強盛土・軽量盛土	257
5-11	注意の必要な盛土	262
5-12	盛土工における情報化施工	267

第6章 維持管理 ································ 273

6－1　基本方針 …………………………………………………………… 273
6－2　盛土の維持管理 …………………………………………………… 277
　6－2－1　平常時の点検・調査 ……………………………………… 277
　6－2－2　保守及び補修・補強対策 ………………………………… 281
　6－2－3　異常時の臨時点検・調査 ………………………………… 283
　6－2－4　応急対策・本復旧 ………………………………………… 285
6－3　排水施設の維持管理 ……………………………………………… 290

＜付　　録＞
付録1．盛土の安定度判定の例 ………………………………………… 297
付録2．地震動の作用に対する照査に関する参考資料 ……………… 304
付録3．締固め管理手法について ……………………………………… 308
付録4．各機関の締固め規定値（路床・路体）の比較例 …………… 310

第1章 総　説

1-1　適用範囲

> 盛土工指針（以下，本指針）は，道路土工における盛土，及び盛土に係わる排水施設の計画，調査，設計，施工及び維持管理に適用する。

(1)　指針の適用

　本指針は，主に道路盛土及び盛土に係わる排水施設の計画・調査・設計上の基本的な考え方や設計・施工・維持管理に関する手法，留意事項について示したものである。

　本指針は原則としてバイパス・現道拡幅等の新設，改良及び維持管理の事業を対象とするが，既設の道路の局部的な改良についても本指針を参考にすることができる。

　本指針の適用に当たっては，以下の指針を併せて適用する。
1)　道路土工要綱
2)　道路土工－切土工・斜面安定工指針
3)　道路土工－軟弱地盤対策工指針
4)　道路土工－擁壁工指針
5)　道路土工－カルバート工指針
6)　道路土工－仮設構造物工指針

(2)　指針の構成

本指針の構成を以下に示す。
第1章　総　説
　本指針の適用範囲，本指針で扱う盛土・盛土の排水施設に関する用語の定義，変状・崩壊の発生形態を示した。
第2章　盛土工の基本方針

盛土の目的，盛土工を実施するに当たって留意すべき基本的事項，盛土の特性，計画・調査・設計・施工・維持管理の各段階での基本的考え方等を示した。

第3章　調査及び試験施工

　盛土の概略調査，予備調査，詳細調査，追加調査，施工段階，維持管理の各段階での調査内容，及び試験施工を示した。

第4章　設　　計

　盛土の設計に当たって要求される性能，及び性能照査に関する基本的な考え方，基礎地盤・路床・路体・のり面・盛土部排水施設等の慣用的な設計方法を示した。

第5章　施　　工

　盛土の施工における基本的考え方，締固め，工事中の排水工等の施工の各段階における技術的詳細，情報化施工の活用等を示した。

第6章　維持管理

　盛土の維持管理段階における盛土・盛土部排水施設の点検・補修・異常時対応等を示した。

(3) 関係する法令，基準，指針等

　盛土の計画，調査，設計，施工及び維持管理に当たっては，「道路土工要綱　基本編　1-3　関連法規」に掲げられた関連する法令等を遵守する必要がある。また，本指針及び(1)で述べた指針，以下の基準・指針類を参考に行うものとする。

　「道路構造令の解説と運用」（平成16年；日本道路協会）
　「道路橋示方書・同解説Ⅳ下部構造編」（平成14年；日本道路協会）
　「道路橋示方書・同解説Ⅴ耐震設計編」（平成14年；日本道路協会）
　「舗装の構造に関する技術基準・同解説」（平成13年；日本道路協会）
　「共同溝設計指針」（昭和61年；日本道路協会）
　「防護柵の設置基準・同解説」（平成20年；日本道路協会）
　「道路照明施設設置基準・同解説」（平成19年；日本道路協会）
　「道路標識設置基準・同解説」（昭和62年；日本道路協会）
　「地盤調査の方法と解説」（平成16年；地盤工学会）

「地盤材料試験の方法と解説」（平成21年；地盤工学会）

なお，これらの法令・基準・指針等が改訂され，参照する事項について変更がある場合は，新旧の内容を十分に比較した上で適切に準拠するものとする。

1－2　用語の定義

本指針で用いる用語の意味は次のとおりとする。

(1) 盛土部，盛土，盛土工

計画路床面が原地盤より高いために原地盤上に土を盛り立てて構築した道路の部分を盛土部といい，原地盤から路床面までの土を盛り立てた部分を盛土という。盛土工とは盛土を構築する一連の行為をいう。

(2) 路床

舗装の厚さを決定する基礎となる舗装下面の土の部分で，ほぼ均一な厚さ約1mの部分。盛土部においては盛土上部の，切土部においては原地盤の所定の掘削面の下の約1mの部分。

また，均等な支持力をもつ路床面を得るために行った局部的な路床土の置き換え部分，切り盛り境部の緩和区間を埋め戻した部分等も路床に含める。

(3) 路体

盛土における路床以外の土の部分。

(4) 路盤

路面からの荷重を分散させて路床に伝える役割を持つ，路床の上に設けられた層。

(5) 舗装

コンクリート舗装の道路においてはコンクリート舗装版から路盤まで，アスファルト舗装の道路においては表層から路盤までの部分。

(6) 原地盤・基礎地盤

道路構築前の手の加えられていない地盤を原地盤といい，盛土の基礎を構成する地盤の部分を基礎地盤という。

(7) のり面

盛土によって形成された土の斜面。のり面には必要に応じて小段を設ける。のり面の上端をのり肩，下端をのり尻またはのり先という。

⑻　小段

のり面が高い時にのり面排水，維持管理等のために設ける平場。

⑼　のり面工・のり面保護工

のり面を造成するためののり面部の土羽工とのり面を保護するための種々の保護工とを合わせてのり面工といい，のり面の侵食や風化，崩壊を防止するために行う植生や構造物によるのり面被覆等をのり面保護工という。のり面を構築する一連の行為をのり面工ということもある。

⑽　排水工・排水施設

道路各部の排水を良好にするとともに路面の滞水を防止するために土工構造物表面及び内部に設置される工作物を排水工という。背後斜面の沢水を流下させる横断排水施設もこれに含める。また，排水工及び流末処理施設等の総称を排水施設という。排水施設を構築する一連の行為を排水工ということもある。

⑾　盛土の標準のり面勾配

盛土材料，盛土高に応じて経験的に用いられている標準的なのり面の勾配。

⑿　補強土（補強盛土・補強土壁）

盛土における補強土とは，盛土内に敷設された補強材（鋼材・ジオシンセティック等）と盛土材料との間の摩擦抵抗力ないしはアンカーの引抜抵抗力によって盛土の安定度を補い，標準のり面勾配より急な盛土・擁壁構造を作る構造物をいう。本指針では，補強土は補強盛土と補強土壁を含む。便宜上，のり面勾配が 1：0.6 かそれより緩いものを補強盛土，1：0.6 より急なものを補強土壁という。

⒀　軽量盛土

盛土自体を軽量化し，地盤に加わる負荷や隣接する構造物に作用する土圧を軽減しようとする盛土構造。人工材料，天然材料及びそれらの混合材料が用いられる。

⒁　擁壁・擁壁工

土砂の崩壊を防ぐために土を支える構造物で，土工に際し用地や地形等の関係で土だけでは安定を保ち得ない場合に，盛土部及び切土部に作られる構造物を擁壁といい，擁壁を構築する一連の行為を擁壁工という。
(15)　カルバート・カルバート工
　　　道路の下を横断する道路，水路等の空間を確保するために，盛土あるいは原地盤内に設けられる構造物をカルバートといい，カルバートを構築する一連の行為をカルバート工という。
(16)　軟弱地盤対策，軟弱地盤対策工
　　　軟弱地盤の支持力増加，有害な変形・沈下の抑制，液状化の防止等を目的に実施される対策を軟弱地盤対策といい，軟弱地盤対策を行う一連の行為ないし工作物を軟弱地盤対策工という。
(17)　情報化施工
　　　施工中の現場計測によって得られる情報を，迅速かつ系統的に処理，分析しながら次段階の設計，施工に利用する施工管理システムのことで，観測施工ともいう。また近年では，情報通信技術の利用により各プロセスから得られる電子情報を活用して高効率・高精度な施工を実現し，さらに施工で得られる電子情報を他のプロセスに活用することによって，建設生産プロセス全体における生産性の向上や品質の確保を図ることを目的としたシステムのことをいうこともある。
(18)　レベル1地震動
　　　道路土工構造物の供用期間中に発生する確率が高い地震動。
(19)　レベル2地震動
　　　道路土工構造物の供用期間中に発生する確率は低いが大きな強度をもつ地震動。

　盛土は，**解図1−2−1**に示すように，一般的に路床，路体，基礎地盤，のり面保護工等の要素により構成される。

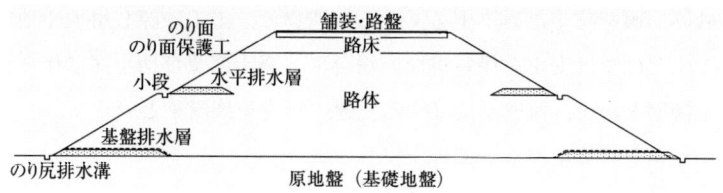

(a) 平地部盛土の場合

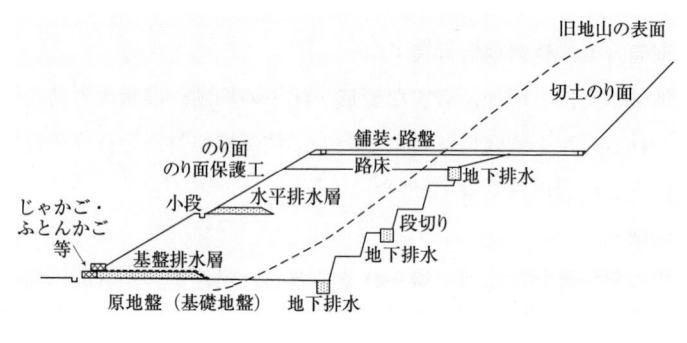

(b) 片切り片盛りの場合

解図1−2−1 盛土の主な構成要素

1−3 盛土の変状の発生形態及び特に注意の必要な盛土

> 盛土の変状としては以下のものがあり，盛土工の実施に当たって常に留意しなければならない。特に，沢地形や傾斜地盤上での盛土工の実施に当たっては注意が必要である。
> (1) 盛土の自重による変状・崩壊
> (2) 異常降雨等による変状・崩壊
> (3) 地山からの地下水浸透による変状・崩壊
> (4) 地震による変状・崩壊

　道路盛土はまず第一に自然の作用に対して安定を保つことが求められる。このような盛土を構築するためには，盛土には過去にどのような変状や崩壊が生じて

いるか，また，それらにはどのような要因・メカニズムが関与しているか，ということに関する十分な予備知識を備えておくことが極めて大切である。このような理解を持つことにより，盛土工実施の各段階において的確な判断と対応が可能になる。

　軟弱地盤や地すべり地に盛土する場合や，高含水比粘性土や風化泥岩等を用いて盛土する場合には，盛立て時の安定や盛土構築後の沈下変形等の問題が生じることがある。

　また，近年，直下型地震や異常降雨による被害が大きく取り上げられているが，特に注意すべき盛土としては，沢地形や傾斜地盤上の高盛土が挙げられる。こうした盛土に雨水や湧水が浸透することにより盛土内水位が上昇し崩壊すると，崩壊規模も大きく，相当な範囲まで土砂が流れ出し，復旧に時間がかかるだけでなく，隣接する施設の破壊や人命を損なう事態にまで発展する場合がある。これを防ぐためには，盛土内に水が入りにくい構造，入った水の排水を促す構造，盛土内水位を上昇させない構造にすべきである。こうした構造であれば，異常気象時でも被害を最小限に抑えることができると考えられる。したがって，沢地形や傾斜地盤上の高盛土については，調査段階から維持管理にいたるまで入念な検討を要する。この他，ゆるい飽和砂質土地盤では地震時の液状化による崩壊が生じることがあるので特に注意が必要である。

　具体的には，調査は「3−4−3　特に注意の必要な盛土基礎地盤」，「3−4−5　特に注意の必要な盛土材料」，設計は「4−5　基礎地盤」，「4−9　排水施設」，施工は「5−11　注意の必要な盛土」，並びに維持管理は「6−3　排水施設の維持管理」を参照されたい。

　解表1−3−1〜解表1−3−4は盛土の主要な変状・崩壊の形態を誘因別に示したものである。

　なお，寒冷地における盛土の変状には凍上によるものもあり，これについては「道路土工要綱　共通編　第3章　凍上対策」を参照されたい。

(1) 盛土の自重による変状・崩壊の分類（解表1−3−1参照）

[A1] 軟弱地盤上に盛土を急速に施工すると，基礎地盤を含む沈下変形，あるいは

円弧状のすべり破壊を生じることがある。また，盛土を構築して時間が経過するとともに，軟弱層の圧密・変形により，想定を上回る沈下・変形を生じることがある。特に切り盛り境部や構造物取付け部で段差の原因となることがある。また，周辺地盤の引込み沈下を伴うことも多い。詳細は「道路土工－軟弱地盤対策工指針」を参照すること。

［A2］高含水比粘性土によって急速施工を行う盛土では，盛土内に過剰間隙水圧が発生し，のり面の変状（はらみ出し）や崩壊を生じることがある。

［A3］表層部の風化が激しい急斜面，あるいは旧地すべり地の頭部に盛土を行った場合に，地すべりを誘発して盛土及び斜面の大崩壊が発生することがある。これらの崩壊は，地すべりが生じる危険性をもった不安定な斜面上に，適切な対策を講じることなく，盛土を施工したことが直接の契機となって発生することが多い。また，崩壊は一般に大規模で土砂が斜面下の遠くにまで及び大災害をもたらす場合があるので，地すべりとあわせて十分な注意が必要である。詳細は「道路土工－切土工・斜面安定工指針　第11章　地すべり対策」を参照すること。

［A4］関東ローム等の火山灰質粘性土やスレーキングしやすい泥岩等で盛土した場合に，長期に渡り圧縮沈下が続くことがある。また，その他の盛土材料でも，供用開始後の時間の経過及び載荷重による盛土の圧縮変形により，想定を上回る沈下・変形が生じることがある。特に構造物の取付け部では段差の原因となることがある。

(2) 異常降雨等による変状・崩壊の分類（解表1－3－2参照）

［B1］細砂，まさ土，しらす等の粘性に乏しい土羽土により構築されたのり面が，植生が未だ十分に活着しない施工直後の降雨により表面侵食を受けることがある。表面排水施設が不十分な場合にも生じる。

［B2］浸透水の影響で膨潤・脆弱化しやすいような土を腹付け施工した場合や，のり面の締固めが不足する場合には，降雨により腹付け部分や表層部分のすべり崩壊が起こることがある。主にのり面からの浸透水が原因となるが，山地部の盛土では地山からの浸透水も影響を及ぼすことがある。

[B3] 表面水が1箇所に集中してのり面を流下して，のり面が洗掘されることがある。急カーブで路面高が最も低くなる地点や，切土部の表面水を側溝で集め縦排水溝に導く切り盛り境部において，排水工の容量を超える集中豪雨があった場合やゴミ等により排水工の断面が閉塞している場合に生じることがある。また，のり面に設けた縦排水溝等がゴミ等で閉塞されていたり，排水溝の継ぎ目がずれていたりするとそこから水があふれ洗掘が進むこともある。さらに，沢を横断する箇所で，横断排水管の断面不足あるいは呑み口が流木や土砂により閉塞されることにより，沢水がオーバーフローして谷側のり面を洗掘することがある。

これらの表面水や浸透水によるのり面の崩壊は，表層部にとどまる場合も多いが，雨水流出量が多くなると崩壊が広く深い範囲にまで及び，より大規模な崩壊を誘発することがある。

[B4] 片切り片盛り等の斜面上に盛土した場合や谷部を埋める盛土において，排水施設の断面閉塞等により雨水が盛土内に浸透し，盛土内の間隙水圧が高まることにより，盛土の深い部分から崩壊することがある。

[B5] 河川沿いの急斜面に腹付けされた盛土では，増水した河川の水流によりのり尻部を保護する擁壁の基礎が洗掘されたり，あるいは裏込め土の吸い出しが生じて，盛土が沈下したり流失することがある（「道路土工－擁壁工指針」を参照）。

(3) 地山からの地下水浸透による変状・崩壊の分類（解表1－3－3参照）

[C1] 斜面上に盛土をした場合には，降雨だけではなく地山からの水の浸透を受けて盛土内の地下水位が上昇し，大規模な崩壊・変状を起こすこともある。この種の崩壊は大規模なものとなることがあり，その場合には道路盛土の機能を完全に失う結果になる。

(4) 地震による変状・崩壊の分類（解表1－3－4参照）

盛土の地震被害は山地部と平地部で被害の要因，様相が異なる。

[D1] 傾斜地盤（傾斜地盤，集水地形）上の盛土の崩壊

片切り片盛り等の斜面上に盛土した場合や沢部等の集水地形上の盛土において，地山からの湧水，浸透水，表面水が盛土内に浸透し盛土内の地下水位が高い状態で地震動を受けると，流動的な崩壊を起こすことがある。また特に，盛土のり面端部が軟弱な堆積土に支持されている場合に大規模な被害になる傾向がある。これらは，地震動の作用により盛土ないし基礎地盤内の間隙水圧が上昇し強度低下を起こすためと考えられている。この種の崩壊は，大規模なものが多いので，道路盛土の機能を完全に失う結果になり，復旧に長期間を要することになる場合が多い。

[D2] 地すべり・崖錐上の盛土の崩壊

　基礎地盤が地すべり地のように不安定な場合や，崖錐や崩積土が堆積している場合には，地震時に基礎地盤とともに盛土が崩壊することがある（「道路土工－切土工・斜面安定工指針」を参照）。

[D3] 軟弱地盤上の盛土の崩壊

　沖積のゆるい飽和砂質土地盤上に構築された盛土は，地震時に基礎地盤の液状化に伴って大きな被害を生じることが多い。また，せん断強度が低い軟弱粘性土地盤上に構築された盛土は，地震時に大きな被害を生じることが稀にある。さらに，泥炭地盤等の圧密沈下が著しい箇所において，地下水位以下まで沈下した盛土材料，サンドマットが液状化することにより被害が生じた事例もある（「道路土工－軟弱地盤対策工指針」を参照）。

[D4] 腹付け盛土の変状・崩壊

　のり面表層部の締固めが不足している場合や，旧盛土の腹付け盛土をした場合には，地震時に表層部分や腹付け部分の沈下・すべり崩壊が起こることがある。

[D5] 横断構造物取付け部・切り盛り境部の盛土の沈下

　地震時にのり面のすべりや崩壊は見られなくても，盛土自体ないし基礎地盤のゆすり込み沈下により，橋梁やカルバート等の横断構造物の取付け部や切り盛り境部に段差が生じ，道路の交通機能に影響を与えることがある。

解表1−3−1 盛土の自重による変状・崩壊の分類

解　説	模　式　図	備　考
[A1] 軟弱地盤上に盛土する場合，地盤の強度が小さいと地盤を通る円弧すべりが発生することがある。また，供用開始後の時間の経過とともに，軟弱層の圧密・変形により，想定を上回る沈下・変形を生じることがある。特に切り盛り境部や構造物取付け部で路面の段差の原因となることがある。	（軟弱層の図）	軟弱地盤 「道路土工−軟弱地盤対策工指針」参照
[A2] 高含水比粘性土によって急速施工を行う盛土では，施工中盛土内に過剰間隙水圧が発生し，のり面のはらみ出しや崩壊を起こすことがある。また，盛土自体の圧縮変形により路面に変状が生じる。	（盛土荷重により過剰間隙水圧が発生する、のり面のはらみ出しの図）	火山灰質粘性土，例えば，関東ローム等
[A3] 地すべりまたは崖錐の頭部の部分に盛土した場合，地すべりを助長することになり大きな崩壊を引き起こすことがある。	（崖錐または地すべりの頭部盛土の図）	地すべり 崖錐 「道路土工−切土工・斜面安定工指針」参照
[A4] 火山灰質粘性土やスレーキングしやすい泥岩等で盛土した場合に，長期間に渡り圧縮沈下が続くことがある。また，その他の盛土材料でも供用開始後の時間の経過とともに，盛土の圧縮・変形により想定を上回る沈下・変形が生じることがある。特に，切り盛り境部や構造物の取付け部では段差の原因となることがある。	（橋台付近の盛土の図）	火山灰質粘性土，例えば関東ローム 泥岩等のスレーキングしやすい材料 その他転圧の難しい材料

解表1-3-2　異常降雨等による変状・崩壊の分類

解　説	模　式　図	備　考
[B1] 雨水の表面侵食によりガリ（掘れ溝）ができる。のり面が侵食を受けやすい土によって構成されており排水施設が不十分な場合に生じる。	横断図／正面図	細砂，まさ土，しらす等
[B2] 雨水の浸透により表層すべりが生じる場合 a) のり面付近に締固め度の不均質並びに締固めの不十分な部分がある場合 b) ある程度の浸透性を持ち，しかも飽和度の上昇により著しく強度が低下する材料を用いて盛土した場合 c) 透水性の低い土羽土を用い，のり尻排水が不十分な場合	ゆるく締め固められた部分／土羽土／よく締め固めた路体	砂質土，粘性土，特に砂質土（SM, SC），シルト（ML）等では飽和度の上昇により強度が著しく低下するので注意を要する。
[B3] 排水工が土砂，草木等で閉塞され表面水がのり面に流れ出すことによる洗掘，崩壊 a) 急カーブの地点等，路面が片勾配となる箇所，または縦断方向に下り勾配から上り勾配に変わった地点，特に両者の条件が重なった表面水が一箇所に集中しやすい盛土形状の地点 b) のり面に設けた縦排水溝等が閉塞された場合 c) 沢を横断する盛土箇所において，盛土内に埋設した横断排水管の断面不足及び管の閉塞により沢水が路面から流れ出た場合	降雨／表面水／横断図／水の流れ／切土部／等高線	洗掘，崩壊と盛土材料はほとんど関係がないが，侵食されやすい土ほど崩壊しやすくなる。

解 説	模 式 図	備 考
[B4] 横断方向に急勾配で傾斜した地盤上に盛土した場合，雨水の浸透により地盤と盛土との境界面に沿って崩壊が生じることがある。		傾斜地盤上の盛土
[B5] 河川や海岸沿いの急斜面に腹付けされた盛土では，増水した河川・海岸の流水により擁壁の基礎が洗掘されたり，裏込め土の吸い出しが生じて，盛土が沈下したり流出することがある。		洗掘，吸い出し「道路土工－擁壁工指針」参照

解表1-3-3　地山からの地下水浸透による変状・崩壊の分類

解 説	模 式 図	備 考
[C1] 周辺からの地下水の供給が豊富な地形条件に盛土した場合，間隙水圧の作用によって盛土が崩壊することがある。 a) 縦断，横断方向における切り盛り境部付近の盛土 b) 沢部を横断する盛土		沢部等の集水地形

解表 1－3－4 地震による変状・崩壊の分類

解　説	模　式　図	備　考
[D1] 地山からの湧水等により盛土内の地下水位が高い状態で地震を受けると、盛土内の間隙水圧が上昇し大規模な流動的な崩壊を起こすことがある。 　盛土のり面端部が軟弱な堆積土に支持されている場合や、地山表面に堆積土が残されている場合に生じやすい。	(切土／盛土／地下水面／地下からの浸透水／地山 の模式図)	沢部等の集水地形
[D2] 盛土の基礎地盤が地すべり地または崖錐のように不安定な場合には、地震時に基礎地盤とともに崩壊することがある。	(崖錐または地すべりの頭部／盛土 の模式図)	地すべり地、崖錐 「道路土工－切土工・斜面安定工指針」参照
[D3] ゆるい飽和砂質土地盤上の盛土では、地震時に基礎地盤の液状化により大規模な崩壊を起こすことがある。	(ゆるい飽和砂質土層 の模式図)	沖積砂質土、埋立地 「道路土工－軟弱地盤対策工指針」参照
[D4] 地震時に締固めが不足しているのり面表層部にすべりが生じたり、腹付け盛土が旧盛土ののり面に沿って変形することがある。	(旧盛土／腹付盛土 の模式図)	特に軟弱地盤の場合に多い。
[D5] 地震時の盛土自体や基礎地盤のゆすり込み沈下により、橋台やカルバート等の横断構造物の取付け部や、切盛り境部で段差を生じることがある。	(ゆすり込み沈下／橋台 の模式図)	構造物周辺のゆすり込み沈下

第2章 盛土工の基本方針

2−1 盛土の目的

> 盛土は，供用開始後の長期間に渡り道路交通の安全かつ円滑な状態を確保するための機能を果たすことを基本的な目的とする。

　盛土は道路供用開始後の長期間に渡り道路交通の安全かつ円滑な状態を確保するため，道路の平面線形・縦断線形及び計画幅員を確保し，上部の路盤・舗装を介して交通荷重を安定して支持しなければならない。また，降雨，地震動の作用等の自然現象により生じる大小の災害によって道路が受ける被害，並びに道路周辺の人命，財産に及ぶ被害を最小限にとどめなければならない。さらに，道路の走行性の観点からは，雨水及び融雪水が路面に滞らないようにしなければならない。

2−2 盛土工の基本

> (1) 盛土工の実施に当たっては，使用目的との適合性，構造物の安全性，耐久性，施工品質の確保，維持管理の容易さ，環境との調和，経済性を考慮しなければならない。
> (2) 盛土工の実施に当たっては，盛土の特性を踏まえて計画・調査・設計・施工・維持管理を適切に実施しなければならない。

(1) **盛土工における留意事項**
　盛土工を実施するに当たり常に留意しなければならない基本的な事項を示したものである。
1) 使用目的との適合性
　使用目的との適合性とは，盛土が計画どおりに交通に利用できる機能のことで

あり，通行者が安全かつ快適に使用できる供用性等を含む．
2）構造物の安全性
　構造物の安全性とは，常時の作用，降雨の作用，地震動の作用等に対し，盛土が適切な安全性を有していることである．
3）耐久性
　耐久性とは，盛土に経年的な劣化が生じたとしても使用目的との適合性や構造物の安全性が大きく低下することなく，所要の性能が確保できることである．例えば，繰返し荷重による沈下や，のり面の侵食等に対して耐久性を有していなければならない．
4）施工品質の確保
　施工品質の確保とは，使用目的との適合性や構造物の安全性を確保するために確実な施工が行える性能を有することであり，施工中の安全性も有していなければならない．このためには構造細目への配慮を設計時に行うとともに，施工の良し悪しが耐久性に及ぼす影響が大きいことを認識し，品質の確保に努めなければならない．
5）維持管理の容易さ
　維持管理の容易さとは，供用中の日常点検，材料の状態の調査，補修作業等が容易に行えることであり，これは耐久性や経済性にも関連するものである．
6）環境との調和
　環境との調和とは，盛土が建設地点周辺の社会環境や自然環境に及ぼす影響を軽減あるいは調和させること，及び周辺環境にふさわしい景観性を有すること等である．
7）経済性
　経済性に関しては，ライフサイクルコストを最小化する観点から，単に建設費を最小にするのではなく，点検管理や補修等の維持管理費を含めた費用がより小さくなるよう心がけることが大切である．

(2) 盛土の特性の理解と盛土工の基本的考え方
　盛土工の実施に当たっては，複雑な自然地盤の上に土という自然材料を用いて

構築される盛土の一般的特性，及び盛土に生じる変状・崩壊の特性等について十分に踏まえた上で，計画・調査・設計・施工・維持管理を適切に実施しなければならない。

1）盛土の特性

盛土の計画・調査・設計・施工・維持管理に当たって配慮すべき盛土の諸特性等は以下のとおりである。なお，盛土の変状形態等に関する要点については「1－3　盛土の変状の発生形態及び特に注意の必要な盛土」に述べられている。

① 地形・地質の多様性

盛土が構築される箇所の地形・地質等の現地条件は多様であり，一律の技術では対応しにくい。平地部，丘陵地・山地部にかかわらず，我が国の地形・地質は非常に変化に富み，隣接した箇所でも大きく異なることがある。また，建設後の盛土の健全性・安定性は，地盤・地山条件とそれへの対応の良否に左右される程度が高い。さらに，施工段階において，設計時点で想定していた現地条件とは異なることが判明することも多い。したがって，計画・調査段階でいかにそれらを的確に把握し，設計・施工段階でいかにそれらに合った対応をとるかが，盛土の安全性，経済性，維持管理の難易に大きく影響するため，技術者の経験と臨機応変な判断・対応に対する依存度が高い。

② 盛土材料・性質の多様性

盛土材料には，切土工事やトンネル工事等からの建設発生土，あるいは土取り場から採取・運搬された土が利用される。これらの材料は粒度分布，組成等が設計段階では不明なものが多く，実際に切土後に盛土材料としての試験・判断が必要となる。したがって，上述した地質の多様性を反映して，一つの現場内でも多様な盛土材料が用いられることが通常である。盛土材料はその素材としての組成・成因だけでなく，締固めの程度や，あるいは気象条件の変化に伴う含水状態によっても，その物理的・化学的性質が大きく変化し得る。

③ 盛土の安定性の支配要因

豪雨・地震等に対する盛土の安定性は，基礎地盤の処理，盛土材料の品質，締固めの程度，水の処理に極めて強く依存する。特に，豪雨・地震時の盛土の崩壊事例では，排水処理に問題がある場合が多い。既往の盛土被害の発生形態にこれ

らの要因がどのように関与しているかをよく理解するとともに，調査から維持管理の各段階において特段の注意を払うことが大切である。
④　経験技術と力学設計
　基礎地盤及び盛土材料は上記①，②に述べたように複雑多様であり，またその力学特性も含水条件等により著しく変化する。このため，盛土の安定性を調査や試験，力学計算の結果に基づいて定量的に評価し得る度合いは必ずしも高くなく，既往の経験・実績等に照らし合わせて総合的に判断しなければならないことが多い。

2）盛土工実施に当たっての留意事項
　上記の盛土の特質を踏まえて，盛土工の実施に当たって留意すべき諸事項を列挙すると次のとおりである。
（i）計画・調査段階での留意事項
①　地形及び地質の調査
　地形及び地質の調査は，路線の選定や道路構造(橋梁，土工，トンネル等)の選定を行う際に必要となる基本的情報を提供するものであり，極めて大切である。
　盛土の健全性・安定性は，これを支持する地盤・地山の性状に極めて強く支配される。軟弱地盤等の不安定な地盤を道路建設の早い段階で把握しておくことにより，設計・施工段階での手戻りや維持管理段階でのトラブルを回避することができ，維持管理まで含めたライフサイクルコストの低減にもつながる。
②　土量の配分計画，建設発生土の有効利用及びリサイクル
　路線の選定，平面・縦断線形の決定に当たっては，環境保全及び経済性の観点から，切土及び盛土の土量バランスを考慮するとともに土工による建設発生土が極力残らないようにしなければならない。このため，切土やトンネル工事等から発生した土が盛土材料として不適当な性質のものであっても，土質改良等によりできるだけ現地で有効利用するように努めなければならない。また，周辺工事における建設発生土の発生・不足情報を入手して建設発生土の受入・搬出を検討し，工事間における建設発生土の利用促進に努めることが重要である。
③　自然環境・景観への配慮
　道路建設に伴って大規模な地形の改変を行うと大きなのり面が形成され，地域

の環境や景観に大きな影響を与える。したがって，道路による地形の改変を極力少なくすることが基本であり，このため路線選定や道路構造決定の段階から十分に配慮する必要がある。また盛土のり面については，一般に樹林化等の多様な緑化が可能であるため，表面侵食の防止を図るとともに，自然環境や景観への影響に配慮しのり面緑化工等を検討する必要がある。なお，建設発生土の利用に当たっては，自然由来の重金属が溶出したり酸性水が発生する場合があるため，盛土材料の環境安全性についても留意する必要がある。

(ⅱ) 設計段階での留意事項

① 既往の経験・実績に基づいた標準仕様設計と要求性能に基づいた力学設計

今回の改訂では，従来の経験に基づいた標準仕様設計の方法を維持しつつ，性能規定型設計の枠組みを導入した。これに伴い，盛土に要求される事項を満足する範囲で従来の規定によらない解析手法，設計方法，材料，構造等を採用する際の基本的考え方を整理して示した。しかし，1）④で述べたとおり，盛土の安定性を調査や試験，工学的計算の結果に基づいて定量的に評価し得る度合いは必ずしも高くなく，既往の経験・実績等に照らし合わせて総合的に判断しなければならないことが多い。土工構造物の設計では経験的技術が重視されてきており，例えば，「4－3－1　一般」に後述する標準のり面勾配はその一例であり，盛土自体の条件及び盛土周辺の地盤条件等が所定の条件を満たし，かつ適切な排水工の設置及び適切な施工がなされれば，我が国の自然環境のもとで交通に大きな支障となる被害が避けられる基準としてこれまでの実績に照らして設定されたものである。

このような標準的な仕様に基づいた設計法は，基本的には豪雨，地震の影響も考慮されているものと見ることができる。しかし，崩壊した場合には社会的な影響が大きく復旧が困難な高盛土や近接して重要な諸施設がある場合等は，各種の調査・試験や安定解析法等によって要求性能に基づいた設計とそれに対応した施工管理，観測施工等により最大限の努力を払って対応すべきである。

② 適切な盛土構造の選択

地形・地質条件や土地利用の制約等の社会的条件によっては，標準的なのり面勾配での盛土構造とするのが必ずしも適当でないことがある。このような場合に

は，擁壁構造，補強土等を用いた急勾配盛土，あるいは軽量盛土等の盛土構造を比較検討し，適切なものを選定することが大切である。この際，盛土は長期に渡り使用するため，耐久性，維持管理の容易性，ライフサイクルコストを含めた経済性についても十分考慮して盛土構造を選択する必要がある。

③ 盛土材料，基礎地盤の処理，締固め，排水処理

盛土材料は，使用する部位（路体，路床）に応じて適切な材料を用いる必要がある。また，「1-3 盛土の変状の発生形態及び特に注意の必要な盛土」において概説されているように，盛土の豪雨・地震等に起因する崩壊には，軟弱な基礎地盤，盛土の締固めが不十分であること，排水処理が不十分であること，のいずれかが関与している。逆の言い方をすれば，適切に地盤の処理と排水処理がなされ，通常の材料を用い，十分に締め固められた盛土は，ある程度の降雨・地震に耐えることが経験的に確認されている。

多様な土質材料について，締固めの程度とせん断強さ・変形特性等との関係は現在においても十分に整理されていないが，経験則として最低限確保すべき締固めの管理基準値は「5-4 締固め」に示されている。したがって，そこに示されている締固めの管理基準値を確保することは当然であるが，試験施工等を実施してより適切な管理基準値を設定することが望ましい。

山地部・丘陵地部においては，地すべり地や沢部，あるいは崖錐・崩積土が厚く堆積する斜面上を横断して盛土を構築する場合に特に注意を払う必要がある。沢部を横断する盛土，傾斜地盤上の盛土，腹付け盛土，切り盛り境部では，地山からの浸透水や背後からの沢水の処理が重要である。水の処理は盛土の安定を左右するものであり，かつ，地下排水施設や道路横断排水施設等は構築後の増強が困難であることから，十分な余裕を持って配置する必要がある。基礎地盤・地山に軟弱な土層が存在する場合には，これらを掘削除去したり，あるいは地盤改良するのが望ましい。また，堅固な地山であっても，傾斜がある場合には，盛土とのなじみをよくするために段切りを行う。

④ 新技術・新材料

近年，道路盛土工の分野に関連する各種の新技術・新工法・品質管理手法が提案されてきている。地盤や盛土材料に関しては，各種の地盤調査技術，土壌環境

対策技術，軽量盛土，改良土等の補強盛土，グリーン調達による他産業からの資材等があり，今後も利用場所の目的に適した有効な各種の材料が出てくる可能性がある。盛土施工に関しては，施工の合理化・効率化・高品質化等をめざして，センサー技術，情報通信技術等を活用した情報化施工技術，あるいは施工機械の大型化等が進展しつつある。また，防災の面からは，新潟県中越地震（2004年10月）・能登半島地震（2007年3月）をはじめとした地震被害を受けて，耐震性の強化の要請が高まってきていることから，支持地盤と盛土の液状化対策等の各種補強技術の一層の合理化が必要となってきている。

　これらの技術・材料の導入に当たっては，施工の工期短縮，コスト縮減のみでなく，品質の確保，耐久性や維持管理の容易性，維持管理を含めたトータルコスト，交通規制期間の交通渋滞等による外部コストを含めた経済性についても総合的に検討する必要がある。また，試験施工等で従来技術による場合との比較検討を必要に応じて行い，適切な品質管理を行って導入を検討することが望まれる。なお，新技術情報については，新技術情報提供システム（NETIS）等を参考にするとよい。

(ⅲ)　施工段階での留意事項

① 施工計画

　盛土においては，完成後の放置期間を長くしたり，工事期間を十分に確保して丁寧な施工をすることが完成後の品質を良くすることにつながるので，施工に必要な工期や施工時期の決定に当たっては慎重に検討する必要がある。

② 施工段階における適切な対応

　施工の時点で，設計時点に想定していた地山・地盤条件，あるいは盛土材料と異なることが見出されることがある。例えば，地すべり性の地山である，崖錐・崩積土が厚く堆積している，あるいは地山からの地下水の湧出が多い，などが施工時に新たに見出された場合には，当初設計を随時修正して適切に対応すべきである。

③ 施工中の雨水・地下水等の処理

　盛土施工中の豪雨による崩壊を防止し盛土の品質を確保するためには，施工中の表面水・地下水・湧水の適切な処理が重要である。施工計画の立案に当たって

は，気象の季節的特徴，降雨や地下水等を十分に把握するとともに，仮排水や仮設の貯水施設を適切に設置し雨水や浸透水を適切に処理しなければならない。また，地山からの湧水量については調査時点では明確にならないことが多く，盛土工事に着手し地山を整形する時点で湧水量が多いことが判明した場合には，当初設計を修正して十分な地下排水対策をとらなければならない。

④ 施工中の環境対策

施工中の騒音・振動，水質汚濁，粉じん対策等の環境対策に留意する必要がある。また，軟弱地盤等においては，周辺地盤の沈下や変形を生じることがあり，注意が必要である。

⑤ 試験施工

前記(ⅱ)①に述べたように，盛土工の安定性を定量的に評価し得る度合いは必ずしも高いとは言えない。また，(ⅱ)④に述べたような新技術については実績による技術の蓄積が少ない。このようなことから，地盤が軟弱である場合，盛土材料の品質が必ずしもよくない場合，あるいは新技術による盛土構造を適用する場合等においては，必要に応じて本施工前に試験施工を行い，設計方針の決定，設計の修正や合理化，施工計画の立案に反映させることが望ましい。

⑥ 情報化施工

軟弱地盤上に盛土を構築する場合，あるいは高含水比の粘性土等の品質がよくない盛土材料を用いる場合等においては，観測施工により施工中の現場計測によって得られる情報を分析しながら次段階の設計・施工に利用することにより，施工中の安全性や品質の確保に努めることが望ましい。また，比較的規模の大きい盛土工等では，情報化施工技術の活用により，土運搬や締固め施工等を効率的に行うことができ，省力化，工期短縮が図られ，また，品質の向上にもつながる。詳細については「5－12 盛土工における情報化施工」を参照されたい。

(ⅳ) 維持管理段階での留意事項

① 点検・補修

盛土の機能を維持していくために，点検を含む維持管理の果たすべき役割は大きい。盛土は年月を経るにつれて一般に安定化する傾向にあるが，排水施設の変状や設計・施工時の想定を上回る湧水等により脆弱化していく場合もある。この

ため，維持管理段階で適切に対応することにより設計で想定した性能を確保していく視点も重要である。

点検は，道路の状況に応じた適切な頻度で定期的に実施するとともに，異常気象時には随時実施するのが望ましい。路面の亀裂，のり面のはらみ出しや沈下，側溝の変形等の変状，あるいは湧水等が発見された場合には，大事に至らないうちに早期の補修，必要に応じて補強を行わなければならない。

② 基礎情報の蓄積・活用

長期の維持管理を計画的に実施するためには，調査から施工段階における地質・土質等のデータ，点検結果及び被災履歴，補修・補強履歴等の維持管理上不可欠な情報を長期間に渡って保存し，活用していくことが極めて重要である。

第3章　調査及び試験施工

3−1　基本方針

> (1) 盛土工の実施に当たっては，道路の計画・設計・施工時及び供用中（維持管理時）や災害時に適切な対応を行うために，基礎地盤，盛土材料，現地形・水理条件，環境・景観等について調査しなければならない。調査は，道路事業の進捗に合わせ，概略調査，予備調査，詳細調査，追加調査，施工段階の調査，維持管理段階の調査に分けて実施するのがよい。
> (2) 設計，施工の確実性を高めるため，あるいは新技術・新工法等の性能を確認・検証するため，本施工に先立ち，試験施工を実施するのが望ましい。

(1)　調　　査

　盛土に必要な性能を計画，設計，施工，維持管理の段階まで，良好に確保するためには，基本計画，概略設計，予備設計，詳細設計，施工，維持管理等の道路事業の進捗に合わせ，適切に調査計画を立案・実施し，その結果を効率的な建設・維持管理に反映させることが重要である。

　特に調査の初期の段階において，盛土の基礎地盤に関する調査は，地盤改良等の必要性や盛土の安定性等，盛土を計画する上で重要な要素となるため，慎重な調査を実施するものとする。

　道路土工全体の計画から維持管理までの流れについては，「道路土工要綱　基本編　2−2　道路建設の流れと土工計画」によるものとする。また，「道路土工要綱」に示す流れを基に，盛土部の調査について解図3−1−1に整理した。調査は，盛土工の各段階の進捗に応じて，概略調査，予備調査，詳細調査，追加調査，施工段階の調査，維持管理段階の調査に分けて実施するのがよい。

　なお，本章に示す調査は，標準的な調査方法について記載していることから，盛土の重要度等に応じて，合理的な調査を実施するものとする。

　盛土の調査では，①概略調査において，地盤条件，盛土材料等の包括的な把握，

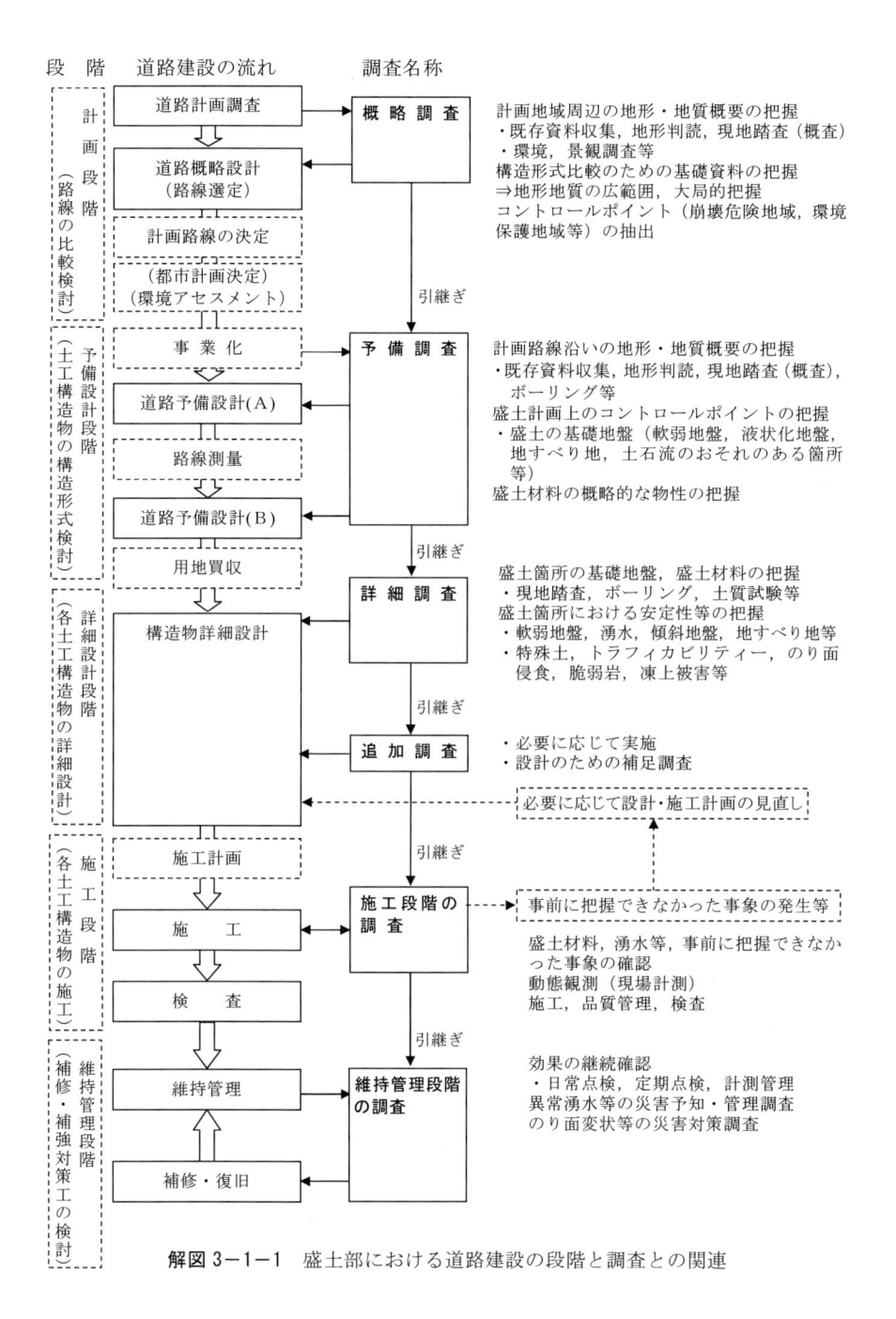

段階	道路建設の流れ	調査名称	
計画段階（路線の比較検討）	道路計画調査 → 道路概略設計（路線選定） → 計画路線の決定 →（都市計画決定）（環境アセスメント）	概略調査	計画地域周辺の地形・地質概要の把握 ・既存資料収集，地形判読，現地踏査（概査） ・環境，景観調査等 構造形式比較のための基礎資料の把握 ⇒地形地質の広範囲，大局的把握 コントロールポイント（崩壊危険地域，環境保護地域等）の抽出
予備設計段階（土工構造物の構造形式検討）	事業化 → 道路予備設計(A) → 路線測量 → 道路予備設計(B)	↓引継ぎ 予備調査	計画路線沿いの地形・地質概要の把握 ・既存資料収集，地形判読，現地踏査（概査），ボーリング等 盛土計画上のコントロールポイントの把握 ・盛土の基礎地盤（軟弱地盤，液状化地盤，地すべり地，土石流のおそれのある箇所等） 盛土材料の概略的な物性の把握
詳細設計段階（各土工構造物の詳細設計）	用地買収 → 構造物詳細設計	↓引継ぎ 詳細調査	盛土箇所の基礎地盤，盛土材料の把握 ・現地踏査，ボーリング，土質試験等 盛土箇所における安定性等の把握 ・軟弱地盤，湧水，傾斜地盤，地すべり地等 ・特殊土，トラフィカビリティー，のり面侵食，脆弱岩，凍上被害等
		↓引継ぎ 追加調査	・必要に応じて実施 ・設計のための補足調査
		‥‥>	必要に応じて設計・施工計画の見直し
施工段階（各土工構造物の施工）	施工計画 → 施工 → 検査	↓引継ぎ 施工段階の調査	事前に把握できなかった事象の発生等 盛土材料，湧水等，事前に把握できなかった事象の確認 動態観測（現場計測） 施工，品質管理，検査
維持管理段階（補修・補強対策工の検討）	維持管理 → 補修・復旧	↓引継ぎ 維持管理段階の調査	効果の継続確認 ・日常点検，定期点検，計測管理 異常湧水等の災害予知・管理調査 のり面変状等の災害対策調査

解図 3-1-1 盛土部における道路建設の段階と調査との関連

②予備調査において，盛土予定箇所の地盤性状，地質概要，湧水等の状況の把握，及び盛土計画上の問題点の把握，③詳細調査において，問題となる箇所の基礎地盤の確認，地下水等の調査，盛土材料の物性値等の把握を行う。

また，詳細調査で把握しきれなかった場合や新たな事象や別途詳細に調査する必要が生じた場合等においては，追加調査を実施する。

各段階における主な調査項目としては，路線全体の調査に加え，基礎地盤の調査，盛土材料の調査，排水の調査，環境・景観調査，その他の調査等がある。

盛土基礎地盤は，盛土及びそれに付帯する構造物の重量を支持し，有害な沈下が道路完成後に生じないことが必要となるため，基礎地盤の調査では，地盤の支持力及び沈下・安定に関して調査を実施する。基礎地盤が軟弱な場合の調査法については「道路土工－軟弱地盤対策工指針」によるものとする。

基礎地盤が特に軟弱でない場合には，一般的に，基礎地盤の安定や沈下については問題となるところは少ないが，**解表 1－3－1～解表 1－3－4** に示す傾斜した地盤上の盛土，切り盛り境部付近の盛土，沢部を横断する盛土，崖錐または地すべりの頭部に盛土する場合等においては，降雨時や地震時等において崩壊に至りやすいことから，詳細な調査が必要となる。

盛土材料の調査に当たっては，土量の配分計画や土取り場（切土箇所）の調査が大切であり，必要とする土量及び採取土の盛土材料としての概略的な性質を把握する。つぎに，盛土高が後述する**解表 4－3－2** に示す標準を超える場合，及び実例の少ない盛土材料を使用する場合，盛土材料に関する各種の試験を行う。土量の配分計画及び土取り場の調査については，「道路土工要綱　共通編」によるものとする。

排水の調査においては，盛土完成後に安定を損なう要因となる盛土内に浸透する水（地下水，降雨）による水位の上昇が生じるか否かを検討するために，盛土で埋められる谷部や盛土と近接する山地の地形と水理条件を十分に調査することが重要である。特に，盛土材料の透水係数が小さい場合には，盛土中の水位（水圧）が周辺の山地の水位とともに上昇することが常であり，原地形・水理条件の調査を入念に実施するものとする。また，表面水については，道路に影響を及ぼす集水域を特定し，その地被状況や流下経路，流末となる水路等を調査する。調

査の詳細については「道路土工要綱　共通編　第2章　排水」を併せて参照する。

　環境・景観調査は，盛土のり面の出現による影響の回避や緩和を図るために，周辺の環境・景観に与える影響について実施する。調査方法の詳細については「道路土工－切土工・斜面安定工指針」によるものとする。

　その他の調査として，気象状況調査，凍上・凍結に関する調査，土の化学的性質に関する調査等がある。これらの調査の詳細については，「道路土工要綱　共通編　第1章　調査方法とその活用」を参照されたい。

　なお，調査実施後それぞれの調査結果を各調査段階の目的に応じて地形・地質条件等を総合的にとりまとめ，考察・評価・判断する必要がある。主なとりまとめ項目としては，①調査箇所及び周辺の地形・地質条件，②設計・施工上の留意点等がある。詳細調査の段階においては上記に加え，①土質定数の設定，②地盤の工学的性質の評価と支持地盤の設定，③基礎形式の一般的な比較検討等のとりまとめを行うものとする。

(2) 試験施工

　試験施工とは，盛土工の設計，施工方法等を検討するために本格的な工事の着手に先立って実際の現場で施工を試みることである。

　通常の工事では事前に行われる諸調査の結果を基に設計・施工が行われるが，工事の内容によっては試験施工を実施し，設計の妥当性を検証するとともにその成果を設計・施工に活かすことが必要かつ有効な場合がある。試験施工はその目的によって大規模なものから簡易なものまで種々行われている。

　試験施工は事前調査のみでは得られない実スケールでの情報を得ることによって設計・施工の確実性を高めようとするものであるから，複雑な地層における軟弱地盤等の不確定な箇所における試験施工や，新技術・新工法等の新たな設計手法に対しての性能の確認・検証等，必要に応じて十分に活用することが望ましい。

　なお，試験施工の詳細については「3-7　試験施工」によるものとする。また軟弱地盤における試験施工については，「道路土工－軟弱地盤対策工指針」によるものとする。

　試験施工を実施する際は，事前調査の成果を十分に検討するとともに，過去の

試験施工の実例等をよく調査して計画を立案し，所定の目的が達せられるように心掛けなければならない。

試験施工の結果はよく検討した上で本工事に活用しなければならない。また，試験結果は極めて貴重な技術資料であるので，これを報告書として取りまとめ，新たに得られた知見等は広く公表し，新技術・新工法等の信頼性の向上に努めるものとする。

3－2　概略調査

> 概略調査は，道路概略設計に必要となる計画地域周辺の地形・地質概要を把握するために，以下に示す事項について実施する。
> (1)　既存資料の収集・整理
> (2)　現地踏査

概略調査では，調査対象地域に対する地形・土質・地質等の全般的な資料を収集し，判読するとともに，現地を広く踏査して巨視的な観点から調査対象地域の地形・土質・地質の特徴を明らかにし，路線選定に当たって重大な影響を及ぼす支障事項や複数の路線候補の優劣等を比較する資料を得ることを目的としている。

概略調査全体については，「道路土工要綱　基本編　2－3－1　概略調査」及び「道路土工要綱　共通編　第1章　調査方法とその活用」に詳述しているので，これによるものとする。また，概略調査とその後の予備調査とは，調査項目・手法とも共通する部分が多く，調査結果の活用の面からも有機的な連携が必要であるので，概略調査の実施に当たっては「3－3　予備調査」も参照するものとする。

概略調査段階で実施する主な調査項目・方法・成果品を**解表　3－2－1**に示す。盛土に関連する主な調査結果としては，地すべり地，軟弱地盤，沢・湧水等の位置を把握することである。

解表3-2-1　概略調査で実施する主な項目

種類	調査方法	調査内容	主な成果品
既存資料の整理	既存資料の収集・整理（地形図，空中写真，地質図，周辺の他工事の土質・地質調査報告書，工事記録，災害記録等）	調査の対象となる地域の全般的な既存資料を収集・整理し，路線選定に当たっての問題点を抽出する。	・空中写真判読図 ・概括的な土質・地質平面図 ・概括的な土質・地質縦断図 ・災害記録 ・気象データ ・既存資料一覧表
現地踏査	整理した資料の現地確認（地形，露頭，既設盛土，地表及び植生，地下水位・湧水箇所及び水理等）	広く現地を踏査し，巨視的な視点から盛土地盤や盛土材料に関しての調査重点地域や問題点を抽出する。	・土質・地質平面図，土質・地質縦断図 ・現地踏査結果とりまとめ図 ・災害状況調書 ・周辺の盛土・重要構造物の現況調査
総合解析とりまとめ	上記で得られた結果より総合的に地形・地質を評価する。	支障事項やコントロールポイントの把握	・総括検討事項 ・地すべり，軟弱地盤，既往崩壊箇所，湧水等の位置 ・各区間，各地層別の土木工学的特徴，道路計画上の留意点 ・今後の調査計画提案　　　等

3-3　予備調査
3-3-1　一　般

　予備調査は，計画路線付近で盛土の崩壊や有害な沈下を生じるおそれのある地域の分布を把握し，道路予備設計に必要な道路構造物区分の決定や線形計画等の立案に資する情報を得るために，主に以下に示す事項について実施する。
(1)　既存資料の収集・整理
(2)　現地踏査
(3)　必要に応じてサウンディング，土質試験等の地盤調査

　予備調査は，概略調査で選定された計画路線沿いの調査を行うものであり，主として，既存資料の収集・整理，空中写真の判読，現地踏査，必要に応じてサウンディング，土質試験等の地盤調査によって，工事区域の土質・地質，地下水等

についての情報のとりまとめを行う。特に，地すべり地帯，崩壊の多い地帯，軟弱地盤地帯，断層等に注意し調査を行うものとする。

解表3-3-1　予備調査で実施する主な項目

種類	調査方法	調査内容	主な成果品
既存資料の収集・整理	既存資料の収集・整理（地形図，空中写真，地質図，周辺の他工事の土質・地質調査報告書，工事記録，災害記録等）	大規模盛土及び傾斜地盤上の盛土等の注意を要する盛土予定地域の概要，路線に沿う概略の土質・地質，盛土材料，地表水，地下水の状況	・空中写真判読図 ・概括的な土質・地質平面図 ・概括的な土質・地質縦断図 ・災害記録 ・気象データ ・既存資料一覧表 ・今後の調査計画
現地踏査	既存資料の収集・整理結果の現地確認 ・露頭の調査 ・地形，地質の調査 ・既設盛土等の現況調査 ・地表の状態及び植生調査 ・地下水位，湧水箇所，水理の状況	上記盛土予定箇所において，地盤状況・予定盛土材料，地表水，地下水の状況等について可能な限り確認を行う。	・土質・地質平面図 ・土質・地質縦断図 ・現地踏査結果とりまとめ図 ・災害状況調書 ・周辺の盛土・重要構造物の現況調査
サウンディング	・静的コーン貫入試験 ・スウェーデン式サウンディング試験 ・標準貫入試験　　　　等	軟弱地盤，高盛土，傾斜地での盛土等の地形・地質，土質状況の確認	・調査位置案内図，調査位置平面図 ・試験結果 （地盤工学会記録用紙等により整理） ・土質・地質縦断図
土質試験	・土粒子の密度試験 ・液性・塑性限界試験 ・粒度試験　　　　　等	土質の判別，分類	・土質調査結果 （地盤工学会記録用紙等により整理）
総合解析とりまとめ	上記で得られた結果より総合的に地形・地質を評価する。	支障事項やコントロールポイントの把握	・地すべり，軟弱地盤，既往崩壊箇所等の位置 ・各区間，各地層別の土質工学的特徴，道路計画上の留意点 ・設計・施工上の留意点　　　等

「3－4－3」及び「3－4－5」に示すような，特に注意の必要な盛土基礎地盤及び盛土材料を計画，選定せざるを得ない場合においては，その影響を最小限に留めるように配慮しなければならない。

盛土の基礎地盤として問題のある地形・地質は，軟弱層のある箇所，湧水のある箇所，地盤が傾斜している箇所，地すべり地や崖錐地形，液状化のおそれのある地盤等である。

また，予備設計において，路線計画，道路の構造，工費等に著しい影響を与える可能性のある地域，例えば軟弱地盤や地すべり地等については，状況の許す限りサウンディング等を実施することが望ましい。

予備調査段階で実施する主な項目と方法を**解表3－3－1**に示す。

3－3－2　既存資料の収集・整理

既存資料の収集・整理に当たっては，盛土予定地域の概要，路線に沿う地域の地形，地質，土質，地表水，地下水，自然環境等の概略の状況を把握するため，既存資料を収集し道路建設上重大な障害となる事項を抽出する。

(1)　既存資料の収集・整理

予備調査では，盛土予定地域の概要，路線に沿う地域の地形，地質，土質，地表水，地下水，自然環境等の概略の状況を把握するため，既存の関連資料を収集する。収集した資料は1/5,000程度の大縮尺の図面等に整理し，道路建設上重大な障害となる地域の存在とその規模，盛土予定地域の概要，路線に沿う概略の土質特性，地表水，地下水の状況が分かるようにする。特に空中写真は，実体視判読を行うことによって，道路土工上問題となるような地形及び地層等の情報をある程度得ることができるので有用である。

既存資料の収集・整理の調査方法については，「道路土工要綱　共通編　1－2　既存資料の収集・整理」によるものとする。また，近傍の工事記録により概略の土質特性を知るためには，**解表3－3－2**に示す事項について整理するとよい。

解表3-3-2　工事記録調査において把握するとよい項目

	項　　目
盛土の基礎地盤	N値，自然含水比，地下水位，土粒子の比重，粒度，間隙比，圧縮指数，一軸圧縮強さ，地質状況
盛土材料	粒度，自然含水比，液性限界，塑性限界，最大乾燥密度，コーン指数，岩石の分類

(2) 盛土の基礎地盤

　基礎地盤は上載される盛土，舗装，カルバート等の重量及び交通荷重を支持し，安定を確保しなければならない。また，上載された構造物に対して有害な沈下を与えてはならない。基礎地盤の安定と沈下については，原則として土質調査を行って十分慎重な検討を必要とする。しかし，軟弱地盤，地すべり地，崖錐地形等は地形図や空中写真等の既存資料によってもある程度の事項は推定できるので，最大限資料を利用して，詳細な検討に進むことが必要である。

　盛土の基礎地盤は，1）普通地盤と2）軟弱地盤に大別できる。

1）普通地盤

　普通地盤は，通常載荷された構造物に対して沈下・安定に問題の少ない地盤である。ただし，湧水のある基礎地盤ではそのまま盛土すると地下水位の上昇を生じ，盛土の安定性等が問題になるので，地下排水工等の処置を講じる必要がある。河川沿いに発達した沖積平野では，扇状地，自然堤防（自然堤防の背後に発達する後背湿地は軟弱地盤である），海岸砂州，段丘地等の地形がこれに相当する。

①　扇状地

　山地から平地への移行部では河川勾配が急に緩くなり，河水が分散・浸透して流速を減じ，土砂を堆積して扇状地となる。

　扇状地は，1/1,000程度以上の勾配を持つ同心円状の等高線で示され，全体として扁平な円錐状の地形である。盛土の基礎地盤，構造物の基礎地盤としても問題がないことが多い。地盤の構成は砂礫層を主とし，N値としては30～50程度以上である。大きな扇状地の下端部では，湧水箇所が多く飲料水が得やすいこと等から集落が発達している（**解図3-3-1参照**）。

②　自然堤防

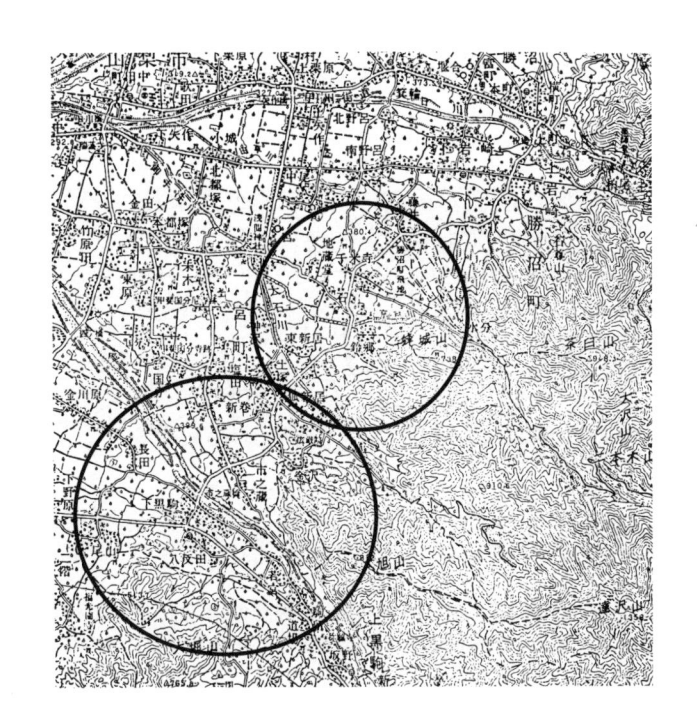

甲府盆地東縁における京戸川・金川の扇状地

解図 3－3－1 扇状地（1/50,000 甲府図幅）

　沖積平野の河川の両岸や旧河道に沿って帯状に分布する高さ数メートル以内の微高地で，洪水時に河川が運搬した粗い粒子（細砂・砂）の堆積物で形成される。地盤の構成は砂質土を主とし，N 値 10～20 程度で盛土基礎地盤としては通常問題ない。しかし，構造物基礎としては，深部でシルト・粘土が存在することがあるので詳細な検討が必要となる。集落，畑，果樹園，道路等が発達している（**解図 3－3－2 参照**）。自然堤防背後は低平な地形を示し，細粒物質（粘土，シルト，細砂等）の含有率の高い軟弱地盤となっていることが多い。

③　海岸砂州

　侵食されやすい海岸や土砂運搬量の多い河川河口等から，沿岸流によって運搬堆積される海岸に平行な堆積層であり，一般に数メートルから数 10 メートルの高さを持つ。主として砂礫からなる地盤で基礎地盤としては良好，N 値は 15 以上で

ある（**解図3-3-3**参照）。海岸砂州の背後には池や沼があり，丘陵部との間は低平な水田，湿地になり，軟弱地盤となっていることが多い。

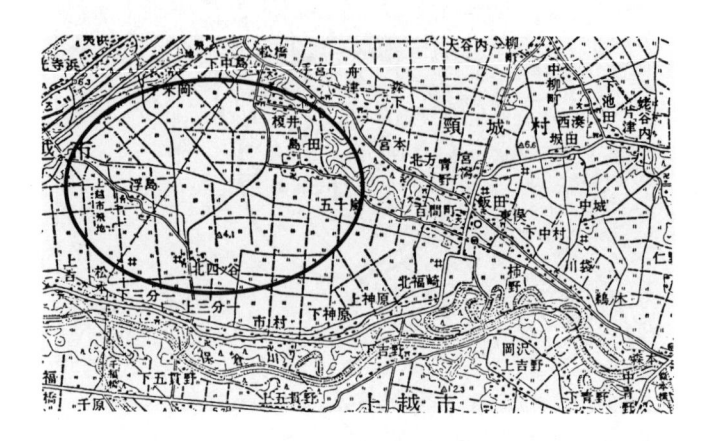

上越市保倉川両岸の部落が連なっている自然堤防で，背後の低平な水田地帯が後背湿地である。自然堤防と後背湿地の差は高度差及び土地利用差により識別できる。

解図 3-3-2 自然堤防と後背湿地（1/50,000 柿崎図幅）

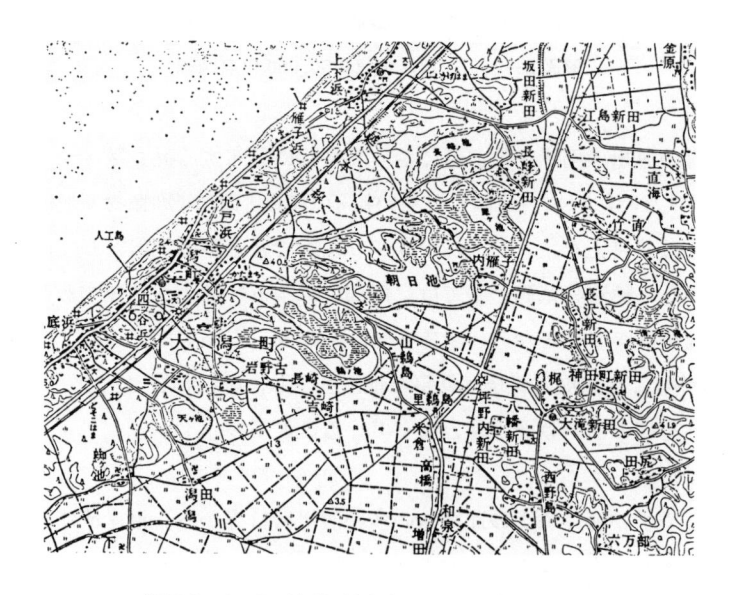

解図 3-3-3 海岸砂州（1/50,000 柿崎図幅）

④　段丘地

　我が国の台地（低地から崖で隔てられた乾燥度の高い平坦地）の大部分は主として洪積層よりなる。成因は，海水準の変化による河川の侵食運搬能力の変化及び海岸の波食の位置の変化である。したがって礫層が主であり，盛土基礎としての問題は少ないが，下位の基盤岩が難透水層である場合が多く，下位層との境界付近では湧水が認められる場合が多い。

　侵食段階で形成された段丘は侵食段丘（上位の平坦面が岩石からなる）であり，河川が堆積層を形成している段階で生成するのが堆積段丘（段丘は河川堆積の土砂からなる）であるが，我が国では洪積世火山活動が盛んであった地方では，段丘上に火山灰層（例えば関東ローム）が覆っている（**解図3－3－4**参照）。

　解表3－3－3は関東地方の段丘対比例である。

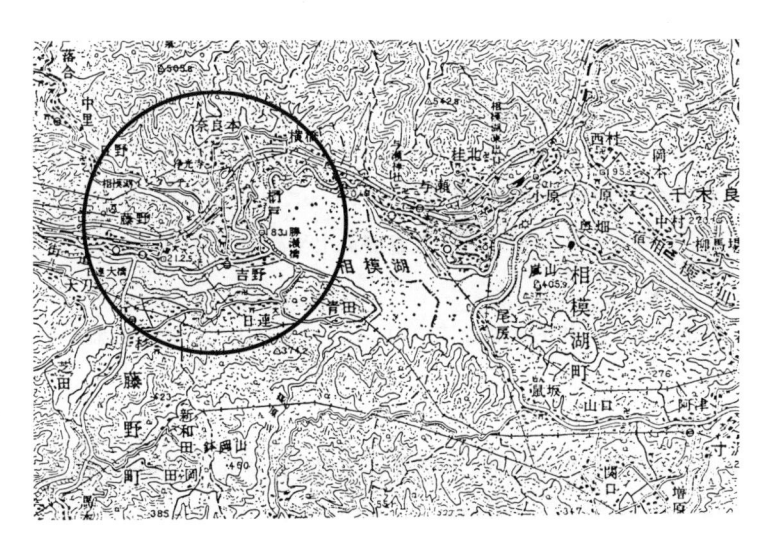

相模川に沿う与瀬・藤野及び国鉄中央線（図の記載当時）・国道の載っている段丘面と，これより高い奈良本の集落がある段丘面とが明際に識別できる。

解図3－3－4　段丘地（1/50,000 上野原図幅）

解表3-3-3　関東地方における段丘対比例

段丘面		高さ	地形の特徴
低位段丘	沖積面 立川段丘	0〜数m 10m以上	広い平坦面を残し谷の開析が進まない。
中位段丘	武蔵野段丘 下末吉　〃	20m以上 40m以上	広い平坦面が残り部分的に谷の開析が進む。
高位段丘	多摩段丘(注) （多摩丘陵）	60m以上	平坦面はほとんど残らず谷の開析が進む。

注）多摩段丘は，台地状の平坦面がほとんど残っておらず，一般には多摩丘陵と呼ばれている。

2）軟弱地盤

　軟弱地盤は，粘土やシルトのような微細な粒子に富んだやわらかい土，間隙の大きい有機質土，ピート，あるいはゆるい砂等からなる土層によって構成されている。一般に地下水位が高く，上載された構造物の沈下量が著しく大きく，安定，沈下ともに問題のある地盤をいう。

　沖積平野の河川中流部以下の地域では河川が緩流になり，運搬力が低減して細粒土砂を沈殿させ，軟弱地盤を形成する。また，海岸砂州の背後の低湿地や中小河川流域の枝谷は，海岸砂州や自然堤防等によって出口が閉ざされ，停滞水域(沼，潟)が形成される。この停滞水域には有機質土や泥炭が堆積し，軟弱地盤を形成する。

　なお，軟弱地盤の具体的な調査については，「道路土工－軟弱地盤対策工指針」によるものとする。

① 後背湿地

　自然堤防の背後は低平な地帯で排水条件が悪く，普通，水田湿地帯となる。主として河川の堆積作用があまり進んでいない低湿地である。内陸部で最も低い位置にある排水不良地区で，洪水の場合は冠水の長引く土地である。土質は粘土，シルト，細砂，ピートで，N値としては5程度以下で盛土の基礎地盤としては注意が必要である（解図3-3-2参照）。

② 三角州

　静かな入海や内湾に注ぐ河川の河口部に存在し，河川は分流している。地盤は細砂，粘土が主で軟弱であり，N値は5程度以下で基礎地盤として注意が必要で

ある。下部に厚い海成粘土層をもった大規模な軟弱地盤を形成することがある。表層が砂層の場合，液状化を生じやすい地域もある。また市街地や工場地帯では地下水揚水により広域の地盤沈下を生じやすい。地盤高5m以下の低地であるので洪水や高潮の危険にさらされることが多い（**解図3−3−5参照**）。

③　せき止め沼沢地

　台地や丘陵地の小河川の狭長な谷間や広い平野の山裾の一部に分布している。小河川の出口がせき止められた湿地で広い軟弱層にはなり得ないが，厚い軟弱層が分布する場合があり注意を要する。基礎地盤としては著しく不良で，N値は一般に5以下，ときには1〜0を示す。一般に水田に利用されているが，湿地帯として放置されていることが多い。

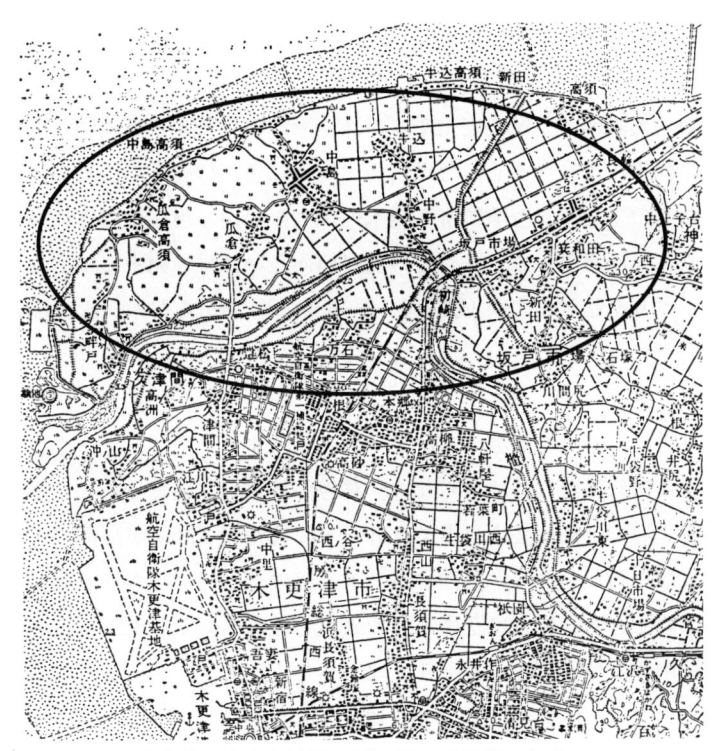

東京湾に注ぐ小櫃川の河口部の三角州である。

解図3−3−5　三角州（1/50,000 木更津図幅）

④　潟湖跡

　せき止め沼沢地の一種で，海岸線に平行してできた砂州や砂丘の背後に形成された含水量の多い粘土，シルト，ピート等が堆積したものである。N 値は一般に5以下，ときには1～0を示し，基礎地盤としては著しく不良である。旧海岸線に平行した比較的大きな砂州背後の水田地では，砂州寄りほど地盤条件は良好で，流入河川のない山寄りほど悪い。したがって，やむをえず路線を選定する場合，できるかぎり海岸砂州寄りにルートを選ぶ方がよい。

3）その他問題となる地盤

　盛土の基礎地盤として問題のある箇所は，軟弱地盤の他に崖錐や地すべり地がある。特に安定上の問題が生じるので，十分注意する必要がある。

　なお，崖錐や地すべり地の具体的な調査については，「道路土工－切土工・斜面安定工指針」によるものとする。

①　崖錐地

　山間部の岩盤表面が，温度変化や水の凍結融解作用による物理的風化作用を受け，重力の作用により落下し，急傾斜の山裾部に礫，砂礫が半円錐状の形でゆるく堆積したものである。空隙に富み透水性が大きいが，現在形成されつつあるものは，一般に急傾斜で崖錐と基盤との境界面あるいは堆積物中に挟まれる薄い粘土層等ですべりを起しやすい（**解図3－3－6**参照）。十分な排水工を実施する必要がある。

②　地すべり地

　地すべり地形の特徴を**解図3－3－7**に示す。地すべり地に盛土することは，極力避けるように努めなければならない。路線が地すべり地をやむなく通過する場合，すべり土塊の下部に盛土するよう計画し，押え盛土効果が発揮できるよう考慮しなければならない。しかし地すべり末端部の土は特に乱されて軟弱なため，この付近に盛土をする場合は基礎地盤の破壊を起こしたり，地下水流を妨げ，地すべり土塊内の間隙水圧を上昇させ，地すべりを不安定にする場合があるので，地下排水工を十分実施して盛土を行う必要がある。

　また，盛土箇所の下方に潜在性地すべりがある場合は，新しいすべりを誘発する可能性もある。地すべり地の上部に盛土をすることは，地すべりをさらに誘発

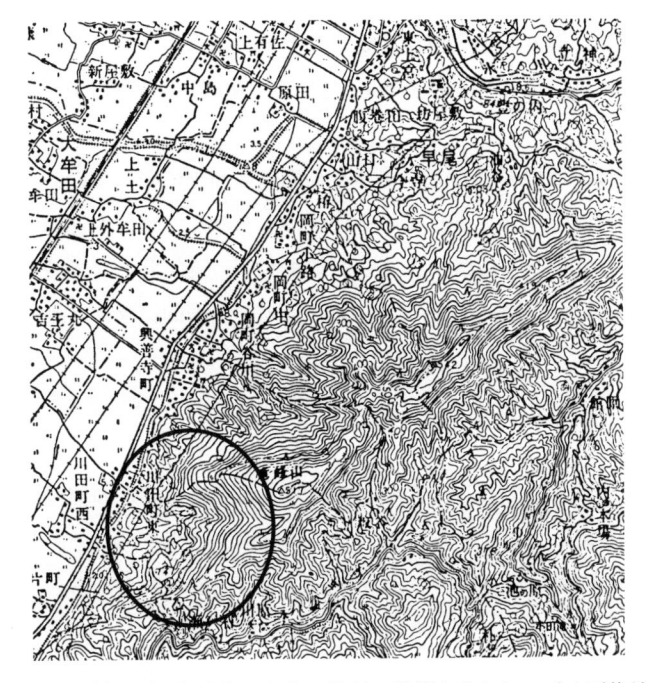

竜峰山西麓の等高線間隔が粗くなったところが，崖錐とそれにつづく扇状地である。

解図 3-3-6　崖錐（1/50,000 八代図幅）

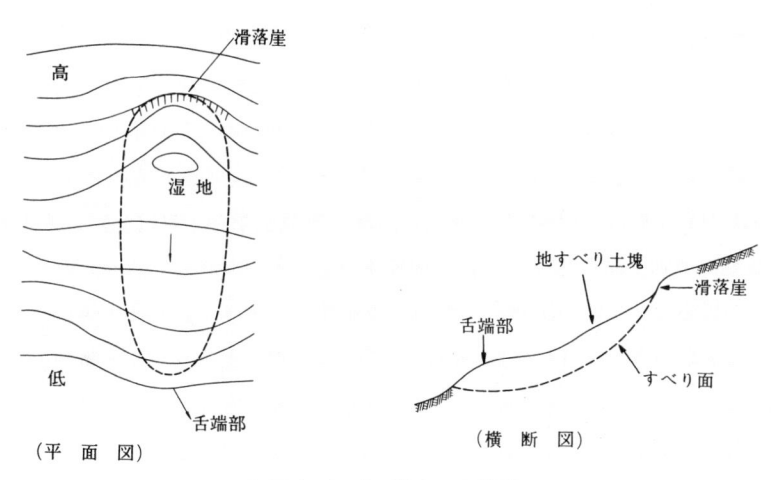

解図 3-3-7　地すべり地形

することになる。過去に地すべりを起した斜面は地形にその特徴が現われる。実際の地すべり地は農耕されて形が変わり，このような典型的な型を残していないものもある。

また，大縮尺の地形図でもこの地形を正確に等高線に表しているとは限らない。地形図上に等高線の乱れが生じている箇所はもちろん，路線が通過するすべての斜面は空中写真によって観察することが望ましい。(独)防災科学技術研究所による「地すべり地形分布図（縮尺 1:50,000）」[1] が全国的に整備されつつあり参考になる。

(3) 盛土材料

　盛土材料として適性であるか否かを判断する際，盛土のどの部分に使用する材料であるかを考える必要がある。通常，路体材料（盛土下部）と，路床（盛土上部）及び構造物の裏込め材料の二通りに分けて考える必要がある。

1）路体材料

　資料から盛土材料の適性を知るには，既存の近傍の工事記録を調査するとともに特殊土の分布地であるか否かを調べること等によって概略の判断ができる。

　通常ほとんどすべての材料は盛土材料として使用できるが，ベントナイト，風化の進んだ蛇紋岩，温泉余土，腐植土等は，膨張性及び圧縮性が大きいので，注意を要する。

　また，工事に使用すると予想される材料と同じ材料で施工した近隣地区の道路・鉄道・宅地造成等の工事記録は，材料の具体的な問題を把握できるので，調査を行うとよい。

　特殊土の分布地は，「日本の特殊土」（(社)土質工学会；現(社)地盤工学会）[2]，「盛土の挙動予測と実際」（(社)地盤工学会）[3] 等で詳しく述べられているので改めて記述はしないが，通常，火山灰質粘性土，まさ土，しらす等について注意する必要がある。これらの材料において設計・施工上注意すべき事項を以下に示す。

① 火山灰質粘性土

　日本各地の火山，例えば，北海道の十勝岳，東北の岩手山，北関東の諸火山，

富士箱根系の火山，山陰地方の大山，九州地方の阿蘇山等の火山の噴火によって火山灰が偏西風にのって運ばれたため，大部分が火口の東側に楕円形にのびて堆積している。特質は自然含水比が 60～200％と高く，凍上しやすいことである。また，こね返すと強度の低下が大きく，地山での強度は十分あるが，掘削，運搬，締固め後の強度は低く，施工機械のトラフィカビリティーを検討する必要がある。さらに圧縮性も高いので，高盛土の安定，沈下については検討を要する。

② まさ土

花こう岩系風化残積土を通常まさ土という。風化の程度によってその性質はかなり異なり，岩石に近いものからシルト質粘土のような細粒土までの広い範囲のものが含まれる。まさ土は盛土材料としては良好であるといえるが，表面水によるのり面の侵食等，水に対して問題が生じやすいので，盛土のり面には洗掘されにくい土による土羽土を使用するのが望ましい。

③ しらす

軽石を含む火山性砂質土で南九州に広く分布するものが代表的であるが，東北地方十和田湖周辺，北海道をはじめ各地の火山周辺にもみられる。流水による侵食が著しいので，盛土のり面には土羽土が必要である。

2）路床及び裏込め材料

路床及び裏込め材料は，自然含水状態及び施工含水状態における強度特性の把握が重要で，「4－7 路床・路体」及び「4－10 盛土と他の構造物との取付け部の構造」に示す材料・強度に関する規定を満たすかどうかに注意を払う必要がある。

また，礫，礫まじり土では礫の風化の程度及び風化に対する耐久性も調べる必要があり，硬岩を小割りする場合は，小割り後の粒径や風化に対する耐久性等について注意すべきである。

3-3-3 現地踏査

> 現地踏査に当たっては，次段階の調査を立案するために，既存資料の収集・整理で得られた結果を現地確認するとともに，道路建設上問題となる箇所を見出しその影響を把握する。

現地踏査は計画段階から実施し，既存資料の収集・整理で得られた結果を現地確認するとともに，工事対象となる箇所において災害や環境等の道路建設上問題となる箇所の発見及びその問題の大きさを把握し，次段階の調査を立案するために行う。現地踏査は極めて重要な意味を持つ調査で，かつ資料や観察事項の解釈及び判断に高度の技術的知識を要するので，十分な経験を有する技術者が担当するよう心がける必要がある。また現地踏査においては，地形・地質の観察と同時に，対象付近の災害等について地元住民，あるいは地元自治体等の公共機関の意見を聴取することも重要である。

現地踏査は調査の必須手段で，概略調査，予備調査のみならず，盛土工の各段階で頻繁に行うよう心がける必要がある。現地踏査の調査方法については，「道路土工要綱　共通編　1-3　現地踏査」によるものとする。

(1) 地形・地質の調査

地すべりや崖錐等の地形条件，湧水の有無等の水理条件，災害履歴等の調査を実施し，必要に応じ試料を採取して土質試験を行う。

(2) 既設のり面の現況調査

道路，鉄道等の既設盛土のり面について，次の項目について現況調査を行う。

盛土高，のり面勾配，小段の位置・間隔・幅，のり面保護工（土羽土の有無，植生及び構造物による保護）の状況，植物の種類・生育状況，湧水，侵食，変状，崩壊，周辺への障害（引き込み沈下による屋根の傾き，田畑への影響，排水の不良）の状況等。

(3) 地下水位，湧水箇所，水理の状態

　一般に地形及び地表面の状況に関しては，現地踏査を行うことによって，地形図の判読からだけでは得られない詳細な資料を得ることができる。

　流域状況については，特に山地部においては傾斜地が多く集水範囲も不明確な場合が多いので，空中写真等を併用して集水面積を求めるようにするとよい。

　また，のり面排水，地下排水のためには，地すべり，崩壊の有無，斜面の侵食状況，植生の状況等を調査することが重要である。

　地下水変動の予測は推定による部分が多いが，降雨後の現況を概略的ではあっても注意深く調査・検討することで，その基本事項をかなりの精度で把握することができる。

　調査に当たっては，既存資料収集，空中写真の利用，補足的・概観的な踏査，聞き込み等で資料を収集し，現況の地下水機構，水収支の予備的な考察を加え，地下水障害が生じる場所であるかどうかを予察する。その結果，検討の必要があると判断された箇所・区間については，可能な範囲で代表的な井戸，湧泉等による測水，主要河川・水路の流量観測，主要箇所のボーリング地質調査・電気検層，土地利用状況調査等を行っておけば精度が著しく向上する。

3−3−4　必要に応じて実施する調査

　基礎地盤の土質が路線計画，道路の構造，工費等に著しい影響を与える可能性がある箇所については，予備調査において必要に応じてサウンディング等の地盤調査・試験を実施する。

(1) サウンディング

　サウンディングは，軟弱地盤，高盛土箇所，発生土受入地等で，土質・地質について検討を要すると思われる地域において実施する。一般に軟らかい地盤では静的コーン貫入試験，スウェーデン式サウンディング試験等が，硬い地盤では標準貫入試験等が行われる。

　標準貫入試験は，ボーリング孔において原則として深さ１ｍおきに実施する。

サンプラーから得られた試料の試験は後述の土質試験に供する。試験深度は支持地盤が確認されるまでとする。N 値が 4 以下の地盤は一応軟弱地盤と考えて調査する必要がある。

(2) 土質試験

標準貫入試験の際にサンプラーより得られた試料について以下の土質試験を実施する。なお，特に土工上問題となるような土質については，安定性，支持力，沈下について検討するために乱さない試料の採取を行い，一軸圧縮試験，三軸圧縮試験，圧密試験等の土質試験を行うことがある。
1) 自然含水比：深さ 1 m おきに測定する。
2) 判別分類のための試験：土層が変わるごとに土粒子密度，液性限界，粒度分布等を求める。

3-4 詳細調査
3-4-1 一般

> 詳細調査は，道路建設上問題となる箇所の土質・地質条件を明らかにし，盛土の詳細設計に必要な基礎資料を得るために，主に以下に示す事項について実施する。
> (1) 盛土の基礎地盤の調査
> (2) 盛土材料の調査
> (3) 排水の調査
> (4) 環境・景観調査

盛土の詳細調査は，盛土の詳細設計等に必要な資料を得るために実施する調査である。調査は，主に「盛土の基礎地盤の調査」，「盛土材料の調査」，「排水の調査」，「環境・景観調査」，「その他の調査」等に分けられる。その他の調査としては，気象状況調査，凍上・凍結に関する調査，土の化学的性質に関する調査等がある。これらの調査の詳細については，「道路土工要綱　共通編　第 1 章　調査方

法とその活用」を参照されたい。

詳細調査段階で実施する主な項目と方法を**解表3-4-1**に示す。それぞれの調査を適切に実施するとともに，詳細調査で得られた情報を概略，予備調査で取りまとめた資料に補充し活用しやすいように整理する。その結果を基に盛土の設計・施工上の留意点について総合的に評価，考察，判断する。

なお，植生工の設計，施工のための調査は「道路土工－切土工・斜面安定工指針 8-3 のり面緑化工」によるものとする。

解表3-4-1 詳細調査段階で実施する主な調査項目と調査方法

調査項目	主な調査方法	主な調査内容	主な成果品
基礎地盤	・地形判読 ・地形・地質踏査 ・調査ボーリング（地層構成，サンプリング，地下水調査，土質試験） 等	・基礎地盤の支持力と沈下 ・軟弱地盤上の盛土と沈下 ・地下水，湧水，表面水の把握 ・周辺環境への影響が懸念される箇所での調査 等	・土木地形地質図 ・土質・地質縦断図 ・土質・地質横断図 ・柱状図 ・地下水位 ・土質試験結果・コア・コア写真 等
盛土材料	・地形判読 ・地形・地質調査 ・オーガーボーリング ・露頭採取 ・土質試験（**解表3-4-4**参照） 等	・代表的な盛土材料の把握 ・不良土の確認，土質改良等の判断 ・特殊な材料の判断，強度特性の確認 ・凍結融解に対する安定性 等	・土質試験結果 等
排水	・気象調査（降雨・気温） ・流域状況（流域面積） ・地下水調査 等	・流出量の決定 ・排水施設の規模を決定する基礎資料 ・流末排水処理 等	・流域図等（調査目的，内容により異なる） ・地形・地質的に滞水しやすい箇所
環境・景観	・周辺環境，気象の調査 ・表土，既存樹木の調査 ・植物材料の市場調査 等	・周辺環境との連続性や調和・植物の選定，施工時期，施工方法 ・表土の物理化学特性や量，既存樹木の種類，健全度，利用価値 等	・調査票（道路土工－切土工・斜面安定工指針 付録7） ・盛土材料のpH（酸性土壌または改良材等の場合）
総合解析とりまとめ	概略，予備調査成果及び上記調査結果の総合的な評価，考察，判定	盛土の設計，施工上の留意点の検討 ・土量の算定，施工性の評価 ・盛土のり面の安定性 ・地下水，湧水処理の検討 ・盛土材料としての評価，土質改良の是非	・地層の分布，構造 ・軟弱地盤，液状化層，地すべり，崩壊，土石流，破砕帯の位置・物性 ・湧水，湿地等の位置・状況 ・土質定数の提案 ・基礎形式の検討結果 ・設計・施工上の留意点

3-4-2　盛土の基礎地盤の調査

> 　盛土の基礎地盤の調査に当たっては，不安定な基礎地盤の存在が予想される場合に，現地踏査を含む土質調査を実施し，その性状，分布及び問題となる基礎地盤の厚さを把握するため，主に以下に示す事項について実施する。
> (1)　地形判読
> (2)　現地踏査
> (3)　ボーリング
> (4)　サンプリング
> (5)　サウンディング
> (6)　地下水調査
> (7)　土質試験
> 　「3-4-3　特に注意の必要な盛土基礎地盤」に該当する基礎地盤については，特に慎重な調査を行う。

　盛土部の基礎地盤処理は，盛土の安定を左右する重要な事項である。その処理いかんによっては，盛土の崩壊を招き大きな手戻りが生じることになる。特に「3-4-3　特に注意の必要な盛土基礎地盤」に示すような不安定な基礎地盤の存在が予想される場合には，現地踏査を含む土質調査を実施し，その性状，分布及び問題となる基礎地盤の厚さを把握することが重要である。

　盛土の基礎地盤の調査で実施する主な目的と方法の例を**解表 3-4-2** に示す。地すべり地及び軟弱地盤上の盛土の調査については，それぞれ「道路土工-切土工・斜面安定工指針」及び「道路土工-軟弱地盤対策工指針」によるものとする。

　なお，**解表 3-4-2** に示す調査項目は一般的な方法を示している。したがって，従来の調査方法に対し，基礎地盤の把握に有効と思われる新しい調査方法については，これを活用し適切な評価を与えることで，盛土の性能確保に有効となる場合がある。その他の地盤調査の方法については，「地盤調査の方法と解説」((社)地盤工学会)[4] 等を参考にするとよい。

解表3-4-2 盛土の基礎地盤における調査目的と調査方法（例）

調査方法 調査目的	地形判読	現地踏査	ボーリング	サンプリング	サウンディング				地下水調査		土質試験
					標準貫入試験	静的コーン貫入試験	スウェーデン式	その他貫入試験	地下水位調査	現場透水試験	
基礎地盤の支持力と沈下	○	○	△	△	△			△			△
軟弱地盤上の盛土の安定と沈下	○	○	○	○	○	○	○	○	△		○
地下水・湧水・表面水の把握	○	○	△						△	△	

凡例 ○：基本的に実施する調査
　　△：大規模盛土，傾斜地盛土等，安定性が懸念される箇所，重要度が高い盛土箇所の場合に実施する調査

(1) 地形判読

地形判読の内容，方法については，「3-3 予備調査」及び「道路土工要綱 共通編 第1章 調査方法とその活用」によるものとする。

(2) 現地踏査

現地踏査の内容，実施方法については，「3-3 予備調査」及び「道路土工要綱 共通編 第1章 調査方法とその活用」によるものとする。

(3) ボーリング

盛土等の基礎地盤に対して調査を実施する場合は，地形や地盤が変化する度に適切な間隔で行い，一般に調査深度は，盛土の沈下・安定上問題がないと判断される層が5m以上確認されるまで実施する。また，盛土の基礎として支持力及び沈下に関して検討の必要があると思われる粘性土層に対しては，標準貫入試験の他，乱さない試料の採取が必要であり，このため標準貫入試験のボーリングとは別に調査することが多い。

(4) サンプリング

 基礎地盤の支持力と沈下の検討，または軟弱地盤上の盛土の安定性と沈下の検討を行う場合には，必要に応じて土質試験用の乱さない試料を採取する。乱さない試料の採取を必要とするかどうか（支持力や沈下に問題があるかどうか）は，サウンディング結果や盛土高等の道路条件を考慮して判断する。

(5) サウンディング

 基礎地盤の支持力あるいは沈下の検討，または軟弱地盤上の盛土の安定性と沈下を検討する必要がある場合には，ボーリングに伴い深度１ｍごとに標準貫入試験を実施する。基礎地盤が軟弱地盤あるいは「3－4－3 特に注意の必要な盛土基礎地盤」に示す地盤以外の場合には，支持力不足や路面に悪影響を及ぼす沈下等の問題が生じることは少ないので，盛土の支持層として，N 値が5以上の層が連続して5ｍ以上存在していることが確認される深度まで標準貫入試験を実施すればよい。

 ただし，ゆるい砂層が10ｍ程度以浅に存在する場合は，地震時の液状化について検討する必要が生じることから，ゆるい砂層部の N 値の深度分布を求め，さらに深いところの N 値20以上の層を確認しておくことが望ましい。

 標準貫入試験以外のサウンディングの種類としては，静的コーン貫入試験，スウェーデン式サウンディング試験等がある。これらのサウンディングが適用可能な地盤においては，標準貫入試験の実施地点の中間で，これを補足するための調査を実施することが望ましい。

 調査深度はできるだけ標準貫入試験と同じとする。地形及びボーリング結果から，土層条件が単純でボーリングのみによって地盤の状況が十分把握できると考えられたときには，補足調査を省略したり，その数を減らしたりすることができる。なお，軟弱地盤におけるサウンディングの詳細については「道路土工－軟弱地盤対策工指針」によるものとする。

(6) 地下水調査

 対象道路周辺での地下水の性状把握のためには，代表的な井戸，湧水等による

水位・水量変化の調査，主要河川や水路における流量観測，主要箇所のボーリングによる地質調査，電気探査，現場透水試験等を現地の状況に応じて行い，地盤の地層構成と地下水の状況等について詳細に検討を加える。

特に崖錐堆積物，断層，破砕帯，硬軟互層等からなる斜面は，砂礫層や砂層等の透水性の高い地層が介在していることが多く，これが帯水層となり，浸透水や地下水を供給してのり面崩壊等を誘発することになるので，地層構成，透水性，地下水の変動等について十分に調査することが重要である。

実際の調査に当たっては，特に下記に示すような箇所・事項に注意を要する。
（ⅰ）表面水が局部的に集中して流れるような箇所
（ⅱ）地下水位が高く地山からの湧水や浸透水の多い箇所
（ⅲ）周辺地下水の状況
（ⅳ）集めた水を排除する流末の状況

なお，地下水調査の詳細については「道路土工要綱　共通編　第2章　排水」によるものする。

(7) 土質試験

基礎地盤の土層を判別し各層の土質性状を把握するため，標準貫入試験の際に得られた乱した試料を用いて，自然含水比，土粒子密度，液性限界，塑性限界，粒度等の土質試験を実施するのがよい。土質定数は深さ方向にできるだけ連続的に求めることが望ましいが，地盤の構成土層ごとに少なくとも1点の土質定数が得られるように留意しなければならない。

基礎地盤の安定，支持力，沈下について検討する場合には，乱さない試料を採取し，一軸圧縮試験，三軸圧縮試験，圧密試験等を行う。これらは基礎地盤が軟弱地盤であるおそれがある場合に行うものであり，その判断の仕方や土質試験の詳細については「道路土工－軟弱地盤対策工指針」によるものとする。また，土質試験方法の詳細については，「地盤材料試験の方法と解説」((社)地盤工学会)[5]によるものとする。

3－4－3　特に注意の必要な盛土基礎地盤

> 軟弱層のある箇所，地山からの湧水のある箇所，地盤が傾斜している箇所，地すべり地の盛土，液状化のおそれのある地盤については，「1－3　盛土の変状の発生形態及び特に注意の必要な盛土」に示す盛土の変状・崩壊につながるおそれがあるため，基礎地盤の調査について特に慎重に実施しなればならない。

　解表1－3－1～解表1－3－4において，基礎地盤が関与する盛土の変状・崩壊形態を誘因別に挙げると以下のとおりである（記号については「1－3　盛土の変状の発生形態及び特に注意の必要な盛土」参照）。
　（ⅰ）盛土の自重による変状・崩壊：[A1]，[A3]
　（ⅱ）異常降雨等による変状・崩壊：[B4]
　（ⅲ）地山からの地下水浸透による変状・崩壊：[C1]
　（ⅳ）地震による変状・崩壊：[D1]，[D2]，[D3]，[D5]
これらを基礎地盤の類型別に整理すると以下のとおりである。
　・軟弱層のある箇所：[A1]，[D5]
　・地山からの湧水のある箇所：[B4]，[C1]，[D1]
　・地盤が傾斜している箇所：[B4]
　・地すべり地：[A3]，[D2]
　・液状化のおそれのある地盤：[D3]

(1)　**軟弱層のある箇所**

　軟弱地盤の調査では通常，安定性，支持力，沈下について検討を行うために現地踏査の後にサウンディング及びボーリング等を実施して地盤の状態を把握する。
　水田，湿地では表層に軟弱層が存在していることが多く，これらの箇所においては，スウェーデン式サウンディング試験，オランダ式コーン貫入試験，電気式静的コーン貫入試験等により軟弱層の厚さや分布を確認するとよい。
　なお，軟弱層が厚い場合，盛土構築による基礎地盤の安定が問題になる場合，及び液状化のおそれのある場合は，「道路土工－軟弱地盤対策工指針」に基づき調

査計画を立案する。ただし、軟弱地盤とはいわないまでも、施工に当たっては細心の注意を要する地盤も多いので、基礎地盤の調査は慎重に行うことが大切である。このような地盤における留意点及び対策方法は、「5－2　基礎地盤の処理」に述べている。

(2) 地山からの湧水がある箇所

　盛土等の土工構造物の崩壊は、地下水、降雨、融雪水等の浸透水及び湧水が原因となって生じる場合が多い。これらの崩壊を防止し盛土の安定を図るための基本的対策は、原地盤における湧水処理である。したがって、傾斜地盤上の盛土、谷間を埋める盛土、片切り片盛り、切り盛り境部では、降雨後に現地調査を実施するなど湧水の実態について十分な調査が必要である。

　湧水対策としては地下排水工が行われるが、地下排水工の計画を立てるためには、道路構造に応じて地盤の地層構成、地下水の状況に関する入念な調査が必要である。例えば、ため池の近傍で季節的に昇降する池の水位を反映して、地下水位も変動することがある。このような場合には、年間を通しての地下水位の状況を調べるため、地下水位の観測井戸を設置することが必要になる場合もある。

　したがって、地下水の調査に当たっては、広い範囲に渡る踏査を実施し、透水層、不透水層、湧水箇所等を調査し、平面図等に図示しておく必要がある（**解図3－4－1**参照）。

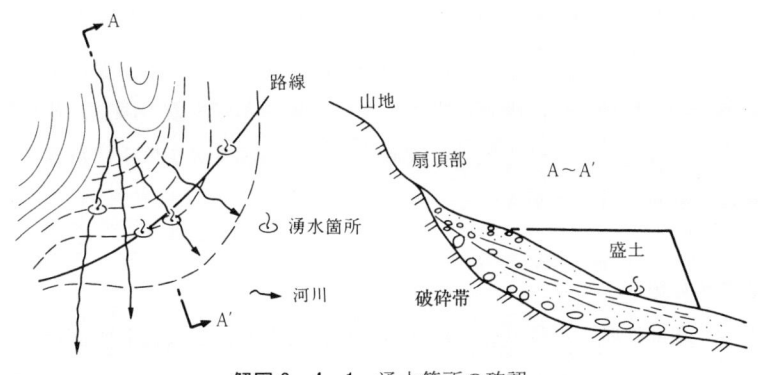

解図3－4－1　湧水箇所の確認

また，地山からの湧水は，施工中にはじめて分かることが多いので，施工中の観察や降雨後の観察が大切である。

(3) 地盤が傾斜している箇所

傾斜地盤上の盛土崩壊事例の中には，不安定な基礎地盤であることに気付かず高盛土を実施し，崩壊して大きな手戻りとなる例がある（**解図3−4−2**参照）。

軟弱地盤，傾斜地盤等の不安定な基礎地盤上に高盛土をする場合には，事前にボーリングや電気探査等を利用して軟弱層・帯水層の厚さや分布の調査を行う必要がある。なお，併せて前項の湧水分布調査を広範囲に渡って実施する。また，施工段階においても現場をよく調査し，盛土基礎地盤の状況を把握することが大切である。

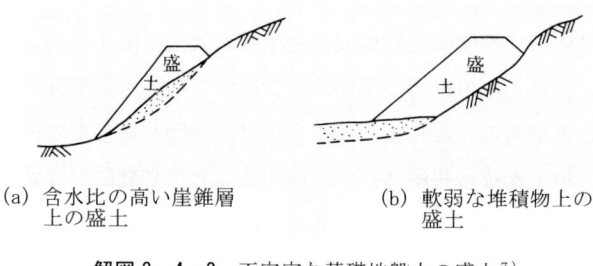

(a) 含水比の高い崖錐層上の盛土

(b) 軟弱な堆積物上の盛土

解図3−4−2 不安定な基礎地盤上の盛土[7]

また，地震時においても，規模の大きい被害は，通常地山と盛土との境界面での基礎地盤が不安定な場合や，地山との境界付近での浸透水の影響により生じることが多い。したがって，調査に当たっては，盛土基礎地盤の調査，及び盛土内への浸透水を減少させる排水施設を設置するための調査等を慎重に行うことで，地震被害を軽減することができる。

(4) 地すべり地

地すべり頭部に盛土を行うことは非常に危険であり，対策に要する費用も膨大になるため，十分な調査が必要である。例えば，**解図3−4−3**に示す例では，盛土荷重により滑動力を増加させ，地すべりを誘発するおそれが高い。

地すべりは，ある程度特殊な地質と地形の所に多く発生することから，地質・地形の類似した地域では，ほぼ同じ形の地すべりが起こりやすい。したがって，その地域の地質・地形に関する文献，近隣地域での地すべり発生記録や，地元住民の話等を基に調査を実施するとよい。地すべり地の調査の詳細については，「道路土工－切土工・斜面安定工指針」によるものとする。

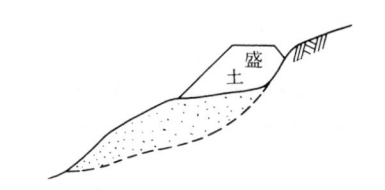

解図 3－4－3　旧地すべり頭部への盛土[7]

(5)　液状化のおそれのある地盤

平地部の盛土の被害は，軟弱な沖積砂質土層が液状化することにより生じるものが多い。したがって，平地部盛土では必要に応じて基礎地盤の沖積砂質土層の液状化に対する強さを求めるための土質試験調査（標準貫入試験及び粒度試験）等を行う。試験の詳細については，「道路土工－軟弱地盤対策工指針」によるものとする。

3－4－4　盛土材料の調査

盛土材料の調査に当たっては，盛土材料の土質特性，施工時期，気象条件等の特性を考慮し，土層分布の確認，試料の採取及び土質試験を実施する。
「3－4－5　特に注意の必要な盛土材料」に該当する盛土材料については，特に慎重な調査を行う。

(1)　盛土材料の調査の基本

盛土材料の調査に当たっては，土量の配分計画を立てる必要があり，切り盛り土量のバランスと運搬距離，適切な建設機械及び盛土で要求される品質等を的確

に把握しなければならない。土量の配分計画については、「道路土工要綱　共通編 5－3－2　土量の配分計画」によるものとする。

　盛土材料には、主として切土からの建設発生土、土取り場からの採取土が用いられる。盛土材料としては種々の土質があり、良質なもののみが存在することは少ない。このような種々の土質特性をもった土を利用して、盛土を構築しなければならない。

　また、土工工事は施工時期・気象条件に左右されやすいことから、盛土材料の調査に当たっては、これらの特性も考慮した調査が必要である。特に後述する「3－4－5　特に注意の必要な盛土材料」に示すような盛土材料が想定される場合においては、透水性や強度、トラフィカビリティー等、その活用方法も念頭においた調査を実施しなければならない。

(2)　調査方法

　調査方法は主として、切土箇所の調査に併せ、ボーリング等により土層分布の確認、試料の採取及び土質試験等を実施する。

　締固め試験、CBR試験等の力学特性の把握を目的とした土質試験では、大量の試料が必要となる。このため、試料の採取に当たっては、解表3－4－3を参照の上、目標とした土層から必要とする量の試料が確実に得られる採取方法を選択するとともに、土工計画に沿った土質試験を実施しなければならない。

　盛土材料を取得するための土取り場の調査も切土箇所の調査に準じて行うものとし、予定する土取り場の土の盛土材料としての適性、及び運搬経路の状態や経済性等の検討が必要である。土取り場の調査については、「道路土工要綱　共通編 1－6　環境関連調査」によるものとする。

(3)　盛土材料の把握

　盛土材料として望ましい条件として次の項目があげられる。
・盛土の安定のために締固め乾燥密度やせん断強さが大きいこと
・締め固めやすいこと
・盛土の安定に支障を及ぼすような膨脹あるいは収縮のないこと

解表3-4-3 試料の採取方法[7)に加筆]

採取方法	可能深度	対象とする試験項目	摘　　要
オーガーボーリング	一般には5m ただし，粘性土，砂質土等で礫の混入が少ないもの。	物理試験 乱した試料の力学試験	試料採取のためには，ボーリングより有利である。 試料採取量（粘性土の場合） ϕ 15cm 約25kg/m ϕ 25cm 約45kg/m
土取り場，切取箇所，崩落箇所等の露頭採取	—	物理試験 乱した試料，乱さない試料の力学試験	表面付近は含水比，粒度等が変化しているため50cm程度掘削して試料を採取する。自然含水比については他の調査法で確認する必要がある。また，土層の均一性に注意が必要である。
ボーリング	—	同上	切土部のボーリング調査時に併せて実施する。

・材料の物理的性質を変える有機物を含まないこと
・施工中に間隙水圧が発生しにくいこと
・トラフィカビリティーが確保しやすいこと
・重金属等の有害な物質を溶出しないこと

　通常，ほとんどの土質材料は盛土材料として使用できるが，高有機質土（腐食土等），ベントナイト，変質の著しい岩，風化の進んだ蛇紋岩，温泉余土，凍土等は，盛土完成後の圧縮性・膨張性が大きいため，そのまま盛土材料として使用せず土質改良等の対策を検討する。

　なお，最近建設発生土その他のリサイクルの気運が高まっており，建設発生土の利用技術として「建設発生土利用技術マニュアル（第3版）」（(独)土木研究所）[8)]が作成されているので参照されたい。

　解表3-4-4に，盛土材料としての検討事項と適用すべき土質試験方法を示す。高盛土や地震による影響を検討する場合等，盛土材料のせん断強さ等の強度定数が必要な場合には，三軸圧縮試験等を実施するものとする。

　なお，**解表3-4-4**に示す項目は標準的な項目を示したものであり，盛土材料の特性に応じた適切な試験を実施しなければならない。したがって，ここに示す以外の，盛土材料の把握に有効と思われる新しい調査・試験方法についても，こ

解表3-4-4　盛土材料の検討事項と適用すべき土質試験法

調査項目 ＼ 調査方法	土の含水比試験方法 (w_n)	土の液性限界・塑性限界試験方法 (w_L)(w_P)	土粒子の密度試験方法 (ρ_s)	土の粒度試験方法	突固めによる土の締固め試験方法	締め固めた土のコーン指数試験方法 (q_c)	CBR試験方法（締め固めた土のCBR試験）	土の一軸圧縮試験方法 (q_u)	土の非圧密・非排水(UU)三軸圧縮試験方法	土の圧密・非排水($\overline{CU}$)三軸圧縮試験方法	土の圧密・排水(CD)三軸圧縮試験方法	土の圧密試験方法	凍上性判定のための土の凍上試験方法	突固めたセメント安定処理土混合物の凍結融解試験方法	土壌の汚染に係る環境基準について 環境省告示第46号	岩のスレーキング率試験方法	岩の破砕率試験方法
土層の連続性と土質分類	◎	◎		◎													
盛土のり面の安定　粘土,粘性土	△	△		△	△		△	△ 1)	△ 1)	△ 1)	△ 1)		○ 1)				
盛土のり面の安定　細砂,砂質土等	△			△	△						△ 1)						
盛土自体の圧縮	○	○	○	○	○							○ 1)				○ 4)	○ 4)
施工機械のトラフィカビィリティー																	
路床・裏込め材としての使用可否　盛土材料に関する試験	◎	◎	◎	◎	◎		○										
路床・裏込め材としての使用可否　風化・細粒化に対する長期安定性	○			○	○ 2)											○	
路床・裏込め材としての使用可否　安定処理試験	○			○	○		○							△	◎		
路床・裏込め材としての使用可否　凍上・凍結融解に対する安定性	△	△		△		△	△						△ 3)	△ 3)			
締固め管理の基準・方法	◎			◎	◎	◎											

凡例　◎：　基本的に実施する試験
　　　○：　盛土材料に応じて実施する試験，
　　　△：　設計条件等に応じて実施する試験

注1) 試験はモールド内で突き固めた試料について行う。
　2) 突固め後の粒度試験を行う。
　3) 特殊な装置を必要とする。
　4) 泥岩等スレーキングに対する耐久性

れを活用し適切な評価を与えることで，盛土の安定性の検討等に有効となる場合がある。その他の土質調査・試験方法の詳細については，「地盤調査の方法と解説」[4]，「地盤材料試験の方法と解説」[5] や「岩の試験・調査方法の基準・解説書」[9]（いずれも（社）地盤工学会）に示されているので参考にするとよい。

試験の実施に当たっての着眼点は次のとおりである。
・大量に使用される代表的な材料の把握
・不良土の確認及び土質改良等の必要性の判断
・品質管理基準の適用が著しく困難となる特殊な材料の判断
・材料の強度特性の確認（高盛土あるいは地形，環境等悪条件下で施工が行われる箇所に使用すると考えられる材料）
・自然含水比を考慮した試験計画
・材料の均一性，施工の均一性の判断
・のり面保護工の工種の選定（詳細は「道路土工－切土工・斜面安定工指針」による）
・その他必要に応じ，凍結融解に対する安定性や土壌汚染の有無の確認等

1）採取方法

ボーリングまたはオーガーボーリングにより試料を採取し土質試験を実施する。また，建設発生土を盛土材料として利用する場合及び土取り場等では，盛土材料としての試験を行うために，露頭あるいはテストピットから代表的ないくつかの層についてサンプリングを行う。露頭あるいはテストピットから大量のサンプリングが可能な場合には，地山の状態，ほぐした状態の密度の変化を調べておくとよい。

2）土質試験

ボーリング等で採取した試料について，自然含水比，土粒子密度，液性・塑性限界，粒度等の土質特性や締固め特性，乱した土のＣＢＲ，締固め土のコーン指数等の試験を実施する必要がある。また，高盛土箇所等で盛土の安定性の検討が必要な場合は，必要に応じて三軸圧縮試験等を実施する。

土層の連続性と土質分類及び路床・裏込め材料としての適用性について調査する場合に，適用する試験法は以下のとおりである（詳細は「地盤材料試験の方法

と解説」((社)地盤工学会)[5]を参照されたい)。
- 土粒子の密度試験　　　　　(JIS A 1202)
- 土の含水比試験　　　　　　(JIS A 1203)
- 土の粒度試験　　　　　　　(JIS A 1204)
- 土の液性限界・塑性限界試験　(JIS A 1205)
- 突固めによる土の締固め試験　(JIS A 1210)

突固めによる土の締固め試験の方法は，2.5 kgランマーを30 cmの高さから自由落下させる方法と，4.5 kgランマーを45 cmの高さから自由落下させる方法とがある。一般に，盛土・路床材料には前者，路盤材料には後者を用いる。

盛土のり面の安定性照査を行う場合には，盛土材料のせん断強さを求める必要がある。せん断強さは，原則として土質試験に基づき設定することとしている（「4－2－6　土質定数」を参照）ため，ここでは土質試験の概略を以下に述べる。

土のせん断強さは，材料（土質），含水状態，作用（自重，浸透水，地震）条件等により多様に変化する。したがって，盛土の安定性照査の対象となる時点，すなわち，盛立て時・盛立て直後，供用から長期間経過した後の豪雨時，あるいは地震時等により，圧密条件，含水条件及び排水条件を適切に設定する必要がある。盛土材料や安定性照査の時点に応じたせん断強さを求めるための試験方法については「4－2－6　土質定数」に述べているので，これを参照して必要な試験を行う。

せん断強さを求めるために適用する試験法は以下のとおりである（詳細は「地盤材料試験の方法と解説」((社)地盤工学会)[5]を参照されたい）。
- 土の一軸圧縮試験（JIS A 1216）
- 三軸圧縮試験　　（JGS 0521～0524）
- 一面せん断試験　（JGS 0560，JGS 0561）
- 土の液状化強度特性を求めるための繰返し非排水三軸試験　（JGS 0541）

これらの試験を行うに当たっては，盛土材料を施工条件とほぼ同一の含水比及び締固め度に締め固めた供試体を用いてせん断試験を実施することが原則である。供試体を作製する際の含水比は，地山の自然含水比ではなく盛土施工時の天候を考慮した施工含水比である。日本の場合，降雨の影響を受けて地山の含水比より

5～10％程度高い含水比となることがあるので注意しなければならない。飽和条件での試験を行う場合においても，上記のように供試体を作製し，その後飽和させて試験を実施する。

3）岩や土の分類及び特性の把握

　岩及び土の分類は，設計，施工時において岩や土の概略の性質を知るために必要となる。特に固結の程度，礫や玉石等の混入程度，含水状況，土量変化率，トラフィカビリティー等は，設計・施工に影響を与える要因として重要な項目である。また，土質改良等をせざるを得ないような不良土等や，構造物の裏込め用として使用できるような良質土が存在するかどうかを確認し，土量配分の際に考慮する必要がある。

　岩及び土の分類についての詳細は，「地盤調査の方法と解説」[4]，「地盤材料試験の方法と解説」[5]や「岩の試験・調査方法の基準・解説書」[9]（いずれも（社）地盤工学会）に示されているので参照するとよいが，関東ローム，まさ土，しらす，泥炭等の慣習的に使用されている呼び名や地方独得の固有名称は，岩及び土の性質をよく表しているものが多いので，上記分類の枠組みを理解しながらこれらの名称を使用することが望ましい。

　また，施工性の観点から分類を行うことも重要である。調査・設計・施工の各段階を通して「道路土工要綱　共通編　1－4　地盤調査　解表1－11　土工における岩及び土の分類」に示す分類に基づき整理統一しておくことにより，その内容を正確に，かつ，トンネル，切土，構造物掘削等，発生箇所やそれら発生箇所の調査・設計・施工の各段階の進捗を問わず共通の基盤のうえで理解できることになる。

　岩の分類については，道路土工では一般的に岩掘削の難易により分類されており，主として発破による堀削が行われるものを硬岩あるいは中硬岩とよび，主としてリッパによる掘削が行われるものを軟岩とよんでいる。

　前述のように，施工においては岩及び土の分類・名称はその土の概略の性質を知るために欠かせないものであるが，他方，名称から得られる岩及び土の性質は極めて一般的なことに過ぎないことにも注意しなければならない。したがって，施工現場の土質状況を土の分類だけから評価するのは危険であり，施工法の決定

に際しては土質調査の結果と現場の実態をよく観察したうえで判断することが望まれる。

4）盛土の圧縮沈下と試験法

盛土の圧縮量の大半は盛土施工中に終わり，盛土完成後の表面沈下量は極めて少ないのが普通である。盛土完成後の圧縮量は，粘性土盛土で0.2～1.0％，砂質土盛土で0.1～0.5％程度が目安である。しかし，脆弱な泥岩のズリ，細粒分の多いまさ土等では，盛土の圧縮沈下が無視できない場合がある。

含水比の高い粘性土の自重圧密沈下量は，圧密試験結果を用いて評価できるが，沈下速度を室内試験結果から予測することは困難である。また，締固め度が低い場合は，飽和度の低い盛土は盛土完成後の降雨，浸透水の影響で沈下が促進されることがあり，飽和した軟弱地盤の沈下とは異なった経過をたどるので，経時的沈下の予測は極めて困難である。**解図3－4－4**はそのような事例であり，沈下が集中して生じている時期は雨水の影響を受けた時期と対応していたとされている。不飽和土の浸透水による盛土の総沈下量を推定する方法のひとつとして，不飽和土の圧密試験と，同一試料を飽和させた場合の圧密試験結果を**解図3－4－5**に示すような $e-\log p$ 曲線に表し，両曲線の差を長期の総圧縮沈下量の目安とする方法がある。

脆弱な泥岩のズリを盛土材料とした場合，施工後数年～10数年後に著しい沈下が発生する例がある。その原因は，泥岩等の脆弱岩がスレーキングによって細粒化するためと考えられ，乾湿繰返し試験，スレーキング試験等により，細粒化しやすい材料であるか否かを判定する。詳細は「3－4－5（4）風化の速い土（脆弱岩）」で述べる。

5）盛土材料の環境適合性に関する調査

盛土材料をセメント等により安定処理し使用する場合においては，「セメント及びセメント系固化材の地盤改良への使用及び改良土の再利用に関する当面の措置について（案）（建設省技調発第48号，平成12年3月24日）」に基づき，六価クロムの溶出試験等を実施しなければならない。

建設工事に伴い副次的に発生する発生土についても，汚染土壌のおそれがある場合や廃棄物が混入している場合等，周辺環境への影響が懸念される場合におい

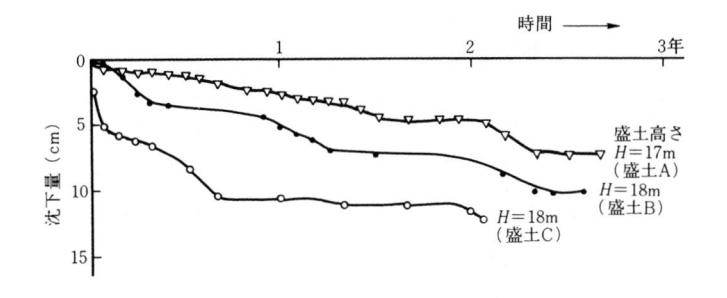

解図 3−4−4 盛土完成後の盛土表面の沈下観測例 [10]

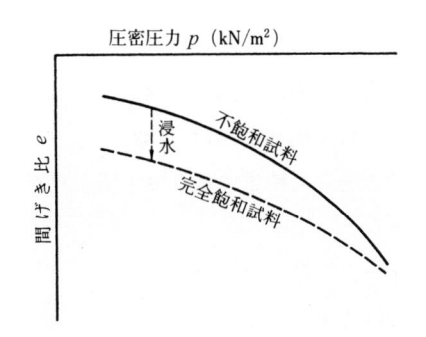

解図 3−4−5 不飽和試料と飽和試料の $e-\log p$ 曲線

ては，その影響について調査を実施するものとする。また，近年増加している事例であるが，使用する盛土材料が強酸性で酸性水が発生する場合，自然由来の重金属等が溶出する可能性がある場合等については，周辺環境への影響について，調査を実施するものとする。これらの調査については，「道路土工要綱　共通編　1−6　環境関連調査」によるほか，「建設発生土利用技術マニュアル(第3版)」((独)土木研究所)[8]，「建設工事で遭遇する廃棄物混じり土対応マニュアル」((独)土木研究所)[11] 等を参考にするのがよい。

3−4−5　特に注意の必要な盛土材料

> 盛土の安定が問題となる土，トラフィカビリティーが問題となる土，降雨により侵食を受ける土等については，「1−3　盛土の変状の発生形態及び特に注意の必要な盛土」に示す盛土の変状・崩壊につながるおそれがあるため，盛土材料の調査について慎重に実施しなればならない。

解表 1−3−1〜解表 1−3−4 において，盛土材料に起因した変状・崩壊としては以下に示すものがある（記号については「1−3　盛土の変状の発生形態及び特に注意の必要な盛土」参照）。
（ⅰ）盛土の自重による変状・崩壊：[A2]，[A4]
（ⅱ）異常降雨等による変状・崩壊：[B1]，[B2]
　上記崩壊形態から，調査を最も慎重に行うべき盛土材料として，
・盛土の安定が問題となる土
・トラフィカビリティーが問題となる土
・降雨により侵食を受ける土
等が挙げられる。
　その他の注意すべき盛土材料としては，
・風化の速い土
・敷均しの困難な土
・凍上の被害が生じやすい土
等が挙げられる。

⑴　盛土の安定が問題となる土

　粘性土のせん断強さは他の材料に比べて弱く，粘性土が主体の高盛土を構築する場合は，盛土の安定性の照査を行う必要がある。
　含水比が高い粘性土（特に液性指数 $I_L > 0.8$）等では，急速に施工を行うと盛土内に間隙水圧が発生し，盛土の安定性が問題となる場合が多い。
　これらの材料のせん断強さを検討するに当たっては，こね返しによる強度低下

を考慮して三軸圧縮試験等のせん断試験を実施する必要がある。

(2) トラフィカビリティーが問題となる土

　高含水比の粘土・粘性土・砂質シルト等を取り扱う工事では，施工機械の走行に耐え得る土の能力（トラフィカビリティー）が必要である。これらの材料は，**解図3－4－6**に示すようにこね返しによって強度が大きく低下し，施工機械のトラフィカビリティーが得られず，降雨等により水を含むと自然には排水しづらい性質を持っている。特に雨期や気温の低い時期は，著しい難工事となることが多い。したがって，土工の円滑な作業を行うためには，材料のトラフィカビリティーに応じた機種を選定するのがよい。

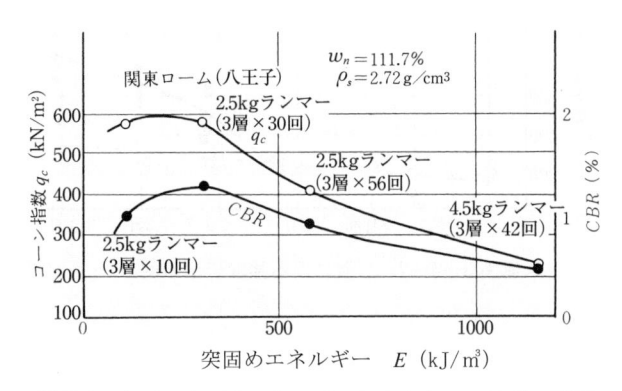

解図3－4－6　突固めエネルギーと強度変化の例[12]　一部加筆

　トラフィカビリティーの判断を行うためには，こね返しによる強度低下特性を把握する必要がある。トラフィカビリティーは，「締め固めた土のコーン貫入試験(JGS 0716)」により判断することが一般的である。建設機械の走行に必要なコーン指数については，「道路土工要綱　共通編　第5章　施工計画」に記載されている。

　また，粘性土（特に火山灰質粘性土）の盛土では，こね返して強度低下を生じても，放置乾燥することで強度がある程度回復する。これを室内試験で定量的に測定して設計に反映させることは，今のところ難しい。しかし，気候と季節によ

って，放置乾燥の効果が施工性の向上に活用できることが多い。盛土面での強度増加の一例を**解図3－4－7**に示す。

　土の施工性を判断するための重要な項目は，自然含水比，液性限界，塑性限界である。これらの測定は，土質試験の中でも手軽に行うことができる試験なので，多用するのがよい。また，大量に取り扱う工事では，現地踏査での聞込み，施工事例の収集等を土質試験と併せて行うことが有用である。

　一般に盛土材料は，掘削によって混合された材料が対象となる場合が多い。土質特性によっては，積極的に混合する掘削，あるいは単体材料のままでの掘削を

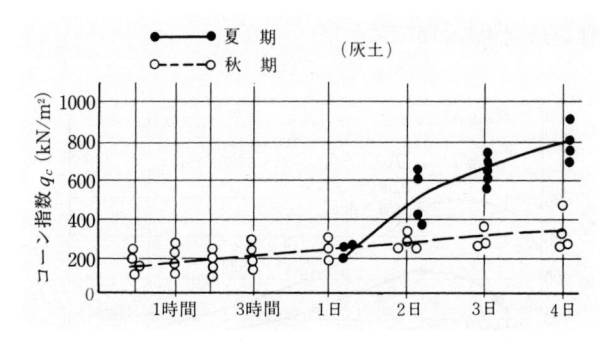

解図3－4－7　放置による強度変化の例[13]

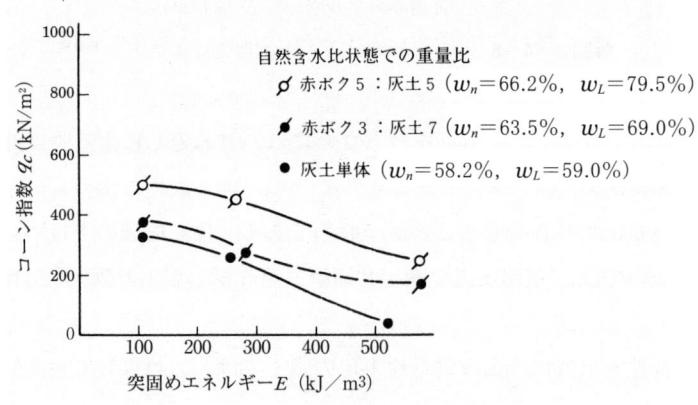

解図3－4－8　灰土と赤ボクの混合掘削による土質改良の例[13] 一部加筆

計画し，土の性質を活用するのがよい。

解図3－4－8は，トラフィカビリティーの問題となる材料（$w_n \geqq w_L$）を，良質な粘性土と混合掘削して土質特性の改良を行った例である。必要に応じて，施工方法，経済性等を考慮したうえで，施工で考えられる混合割合で室内試験を行い，トラフィカビリティーあるいは土質改良等の検討を行う。

(3) 降雨により侵食を受ける土

まさ土，山砂，しらす等の砂または砂質系の材料は，一般に粘着性に乏しいため，施工中あるいは施工後に降雨，集中豪雨，春先の融雪水によりのり面の侵食やのり面の崩壊を生じることがある。

調査に当たっては，自然含水比と最適含水比に注目するとともに，含水比の変化により強度が著しく変化する材料であるかどうか確認を行っておくとよい。また細粒分（75μmふるい通過分）が比較的多い（10～15％以上）ものは，一度入った水が抜けにくく，豪雨，融雪時に盛土が侵食を受けたり崩壊を起こしたりしやすいため，降雨災害記録を調査するとよい。

(4) 風化の速い土（脆弱岩）

新第三紀層の泥岩，頁岩，凝灰岩，風化した蛇紋岩，圧砕岩，風化結晶片岩，変質した安山岩（特にかなり温泉余土化したもの）には，**写真3－4－1**のようにスレーキングや破砕の著しい現象を生じる脆弱岩がある。脆弱岩は掘削時に硬く（硬岩・軟岩），塊状で産出し，盛土材料としてこれを使用した場合，施工中にほとんどが細粒化してしまうものから，施工中には塊状であるが時間の経過とともに徐々に細粒化するものまである。特に後者に属するものは，盛土完成後に長期間に渡る圧縮沈下を引き起こしたり，地震時に被害を受けることがある。

これらの材料を盛土材料として用いる場合には，岩のスレーキング試験[14]，岩の破砕試験[14]を実施して，スレーキング性の材料であるかどうかを確認するとよい。スレーキング性の材料と判断される場合には，掘削時において盛土材料が小粒径となるような施工方法，及び薄層で敷き均した後に破砕転圧するなど，空隙を少なくする施工方法を検討することが望ましい。例えば，**解図3－4－9**はある

自然含水比試料
⇩
乾湿5サイクル後試料

写真3－4－1 乾湿繰返しによるスレーキングの発生（泥岩）

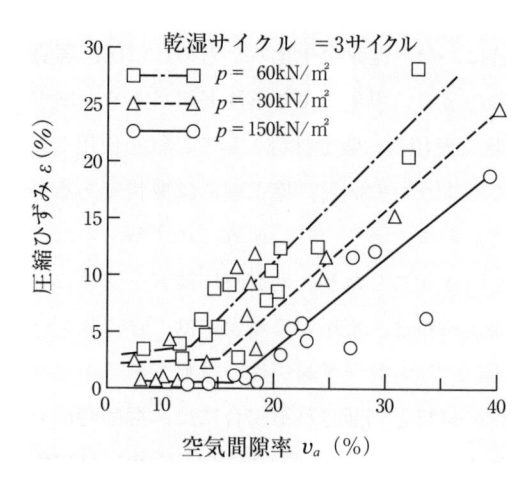

解図3－4－9 脆弱岩材料における圧縮ひずみの変化[6]

現場で発生した泥岩について、空気間隙率と圧縮ひずみとの関係を載荷荷重別に示したものである。空気間隙率が大きいと乾湿繰返しにより圧縮ひずみが大きいが、空気間隙率が15％以下になると圧縮ひずみは小さく、ほぼ一定になることが分かる。このため、高速道路の盛土施工では、盛土完了後の圧縮沈下を軽減するために、空気間隙率15％以下を目標としている。また、スレーキングしやすい材料は、盛土内への地下水、湧水等の浸透に伴う乾燥・湿潤作用の繰返しにより細粒化が促進されること、地震時に被害の要因となることから、十分な排水施設を設置する必要がある。

脆弱岩が主体的である新第三紀層や凝灰岩は、露頭箇所にスレーキング現象が発生している状況が観察できる場合があるので注意して調査するとよい。

(5) 敷均しの困難な土（岩塊・転石・玉石）

岩塊材料は、道路掘削やトンネル掘削に伴って発生する硬いしっかりした硬岩材料（(4)で述べた脆弱材料とは異なる。）をいい、土石流跡地や扇状地等においては、転石や玉石等、一般の土砂と比較して粒径の大きい材料が産出する場合がよくある。これらの材料を盛土材料として用いる場合には、露頭調査や施工事例の収集を行い、最大粒径や粒度分布の把握を行っておくことが望ましい。また、岩塊盛土の上層に粒度分布の異なる材料を施工する場合には、降雨等によりその材料が岩塊の空隙に落ち込み不同沈下を生じるおそれがある。このような場合には、**解図4－9－12**に示すような粒度調整中間層を設ける必要がある。調査に当たっては、この中間層に使用する材料調査も併せて行っておくとよい。

(6) 凍上の被害が生じやすい土

凍上被害の生じやすい土質の種類、具体的な凍上対策を考える上で必要な凍結深さの求め方、及び各種の凍上対策のための調査については、「道路土工要綱　共通編　第3章　凍上対策」を参照する。

3-4-6 排水の調査

> 排水施設を計画，設計するための排水の調査は，表面排水処理，浸透水処理，凍上対策等を合理的，機能的，経済的に行うとともに，施工性及び維持管理に必要な情報を得るために，表面水，地下水，凍上等に関する調査を実施する。

　排水には，切土・盛土等の土工構造物の安定性や良好な路床・路盤を確保するための排水，道路の円滑な走行性を確保するための排水，及び施工の円滑化を図るための排水等がある。本章では，盛土の表面水及び地下水を排除するための排水を対象とし，その他の排水，及び排水の調査の詳細については，「道路土工要綱　共通編　第1章　調査方法とその活用」及び「同　共通編　第2章　排水」によるものとする。なお，寒冷地では凍上被害にも留意する必要があるが，これについては「同　共通編　第3章　凍上対策」を参照されたい。

　のり面の崩壊の原因には，地表水あるいは浸透水等の水の作用が原因となっている事例が極めて多く，十分な機能を持った排水施設を設置することがのり面の安全性を高める。

　斜面上部やのり面に降る雨水により表流水が発生するとのり面を侵食することがある。侵食の形態は層状侵食，リル侵食，ガリ侵食に分けられる。これらの侵食作用と相乗して表層的なのり面崩壊がしばしば起こる。これらを防止するためのり面排水施設を設け，安定性を確保しなければならない。したがって，調査に当たっては気象状況，地形と地表水の関係，隣接地区での既工事の実績等を入念に調べる必要がある。

　水が盛土内に浸透した場合は，浸透水が盛土のせん断強さを減じることや，間隙水圧を増大させることにより，のり面崩壊を生じる場合もある。地山からの湧水の有無，量を知るため地下水位の位置や層の傾斜等を調べる必要がある。地下水の浸み出す場所は，地表に繁茂する植物が周辺と異なっていたり，親水性植物がよく繁茂している場合が多いので，現地踏査の際に留意するとよい。地下水が盛土へ浸透すると大規模な崩壊の原因となることがあるので，このような基礎地盤は特に注意深く調査する。「3-4-3　特に注意の必要な盛土基礎地盤」を参照

されたい。

また，施工中ののり面は雨水等による侵食が起こりやすく不安定な状態にあるので，降雨による流水がのり面へ集中することを避けるよう配慮しなければならない。したがって，調査の段階から準備排水，工事中の排水及び隣接地からの水の排除等についても十分留意して，調査を進めていくことが大切である。

3-4-7 環境・景観調査

> 環境・景観調査に当たっては，のり面の出現が周辺の環境・景観に与える影響を明らかにするとともに，これらの影響の回避や緩和を図るために，道路特性調査，周辺環境調査，景観調査等を実施する。

盛土のり面の出現は，新しい環境・景観を創出するとともに，周辺の環境・景観にも影響を与えることが多いため，これらの影響の回避や緩和を図る必要がある。また，特に自然環境の豊かな地域を通過する箇所の環境と景観は，それら相互の関連性が非常に強く，同時に検討することが必要となる。

主な調査としては，道路特性調査，周辺環境調査，景観調査等がある。これらの調査の詳細については，「道路土工要綱　共通編　1-6　環境関連調査」，及び「道路土工－切土工・斜面安定工指針　4-3　環境・景観の調査」によるものとする。

なお，盛土区間と切土区間が連続する山地部道路においては，これらを一体として総合的に調査を行う必要がある。

3-5 施工段階の調査

> 盛土の施工段階の調査は，盛土の品質を確保するため，以下に示す事項について実施する。
> (1) 品質管理または検査のための調査
> (2) 調査段階までに把握することが困難な土質に対する調査

(3) 想定外の事象に対する追加調査

(1) 品質管理または検査のための調査

　品質管理または検査のための調査は，施工中における品質管理及び竣工時の検査のために調査測定を実施することをいう。

　盛土材料の試験としては，締固め特性，含水比，粒度，液性・塑性限界，強度変形特性等に関する試験があるが，盛土の品質管理においては，一般に盛土材料の粒度，現場の密度，ＣＢＲ値等について事前に取り決めた調査方法・頻度に基づき行われる。品質管理の詳細については，「5－4　締固め」によるものとする。

　締固めをはじめとする品質管理は，土工が適切に行われ所定の品質を確保していることを確認するものであるため，日常的に実施し，受発注者間で確認する必要がある。さらに，観測結果はただちにグラフ化するなどしてデータの変動を把握し，予期しなかった挙動が生じた場合は，一刻も早く原因を追究し対策を講じることが肝要である。

　検査についての詳細は，「道路土工要綱　共通編　6－3　検査」によるものとする。

(2) 調査段階までに把握することが困難な土質に対する調査

　設計時には，用いる盛土材料や基礎地盤の土質を詳細に把握することが困難な場合が多く，施工段階になって明らかとなる場合もある。例えば，施工途中において，スレーキングしやすい脆弱岩や強酸性土壌等に遭遇するなど，計画と異なる材料が発生し当初計画どおりに施工ができなくなる場合がある。このような場合には，必要に応じ施工段階で補足的な土質調査を実施して施工計画の変更を行うなど，適切に対応する必要がある。調査の内容は「3－4　詳細調査」を参照して必要な項目を選定する。

　なお，小規模な土工等では事前に十分な土質調査を行わないことがある。その場合には，既存資料を有効に利用することや現地踏査を丹念に行うことに加えて，施工段階で土質の確認を行うとともに，施工途中の対応を適切に行うことによって調査の不十分さを補う必要がある。既存資料としては，近傍の類似地域及び類

似土質での施工記録や災害記録が参考になる。

(3) 想定外の事象に対する追加調査

　施工途中において，予期しない湧水が発見された，土壌汚染や地下水汚染に遭遇したなど，想定外の事象が認められた場合には，必要に応じ補足的な土質調査を実施して施工計画の変更を行うなど，適切に対応する必要がある。

　なお，施工途中に土壌汚染や地下水汚染に遭遇した場合の調査については，「建設工事で遭遇する地盤汚染対応マニュアル」（(独)土木研究所)[15]等を参考に実施するとよい。

3－6　維持管理段階の調査

> 　盛土の維持管理段階の調査は，維持管理段階において盛土の安定性を確保するため，及び危険が予想されるときあるいは実際に異常な状態となったとき等に対策を検討するため，以下に示す事項について実施する。
> (1)　盛土の変状等の定期的な観察・観測
> (2)　異常時における現地踏査，地盤調査等

(1) 通常時における調査

　維持管理段階において，盛土の安定性を確保するためには，盛土の変形，移動，沈下等を定期的に観察することが重要である。特に排水施設の不備及びのり面の湧水等の有無について十分に観察することによって，盛土の安定性を確保できるものと考えられる。また，軟弱地盤上の盛土の場合，長期的な沈下により路面に損傷が生じたり，排水勾配が確保できなくなる場合等があるため，沈下状況について把握することが望ましい。維持管理全体の考え方については，「第6章　維持管理」に詳述している。

　通常時における維持管理段階の主な調査例を**解表3－6－1**に示す。

解表 3-6-1　維持管理段階（通常時）の主な調査例

調査対象	主な調査方法	主な調査内容	主な成果品
路　　面	・目視点検，定期巡回　等	・路面のクラック，沈下・段差 ・踏掛版下部の空洞 　　　　　　　　　　等	・定期巡回記録等
のり面	・目視点検　　　　　　等	・構造的なクラック，開口亀裂の有無 ・のり面下部の洗掘 ・肌落ち 　　　　　　　　　　等	・箇所別記録表（盛土） ・安定度調査表（盛土）
基礎地盤	・目視点検 ・動態観測　　　　　　等	・軟弱地盤の圧密による沈下，変形 ・基礎地盤の変形，クラック 　　　　　　　　　　等	
排　　水	・目視点検　　　　　　等	・のり尻部の湿潤の有無 ・流水跡 ・湧水の有無 ・排水勾配の不良 ・側溝，縦排水溝の断面確認 　　　　　　　　　　等	

(2) **異常時における調査**

　一般に盛土の維持管理のための調査においては，盛土箇所及びその付帯構造物に特に変状の認められない通常の状態では，管理のために特別な土質調査を行う必要はない。しかし，定期点検等の結果危険が予想されるとき，あるいは実際に異常な状態となったとき等には，その原因と対策を検討するため土質調査等を実施する。

　異常時における調査は，担当技術者の判断によるところが大きく，画一的な調査計画を示すことが困難であるが，一応の考え方として，異常事態が発生した場合は現地踏査を主体とした緊急調査をまず実施し，その結果に基づいて応急復旧対策の立案，本復旧対策のための調査方針を立てる。

　緊急現地踏査では変状の詳細を把握することを主眼におき，クラックの位置や方向，深さ，はらみ出しの程度等を調査する。この場合，二次災害を防止するため，安全面に十分配慮しながら調査を実施する。さらに，変状の経時変化が処置の判断資料として重要となるので，変状の進行状況を測定調査する。また，二次災害の発生によって一般交通に支障をきたすおそれがある場合は，迂回路等も含

めて通行規制に備える必要がある。現地踏査の結果を基に復旧のための本格的な調査を実施するが，その場合次のような点に注意する。
- 設計時の調査のみでは対策工を検討するための資料が不足していることが多いため，調査地点を選定し土質調査を行って正確な土質状況を把握する。
- 構造物に変状が見られる場合は，土層の中でどこか特に弱い層があることが多いので，これを見出すように努める。
- 盛土に変状が生じた場合は，すべり面を見出すような調査法，例えばサウンディング等を行う。
- 荷重条件が設計時に想定したものと異なっていることも考えられる。特に崩壊の多くは水に起因することが多いので，雨量，表面水，地下水の流れに重点をおいた調査を行う。また，近傍の盛土，切土にも注意する。
- 異常事態による周辺地盤への影響に注意する。特に，軟弱地盤において側方流動やすべりを生じた場合には，周辺地盤の変状も調査する。
- 災害発生箇所は，おおむね用地不足が生じるので，用地の有無及び物件，立木等の現況調査も併せて実施する。

3−7 試験施工

> 試験施工は，設計で想定した盛土の要求性能を確保できるかを事前に把握するため，あるいは設計で想定した盛土の要求性能を確保できる施工条件を定めるために実施する。試験施工の実施に当たっては，その目的を十分把握したうえで適切な調査を実施する。

　試験施工は，設計で想定した盛土の要求性能を確保できるかを事前に把握するため，あるいは設計で想定した盛土の要求性能を確保できる施工条件を定めるために実施するものである。
　試験施工の方法には特に定まったものがあるわけではなく，それぞれの目的に応じた方法で行う必要がある。試験施工については大きく以下に分類できる。
　(1) 本工事に先がけて別途行う試験施工

(2) 工事期間内において施工の着手前あるいは施工中に行う試験施工

　また，試験施工の規模あるいは方法によっては試験施工と本工事とではその内容が必ずしも同一ではないこともあるので，試験施工の結果を本格的に工事に適用する場合には，適用方法や範囲を十分に検討する必要がある。

(1) 本工事に先がけて別途行う試験施工

　本工事に先がけて別途行われる試験施工には，以下のようなものがある。
- 大規模な軟弱地盤における盛土の沈下・安定性等の検討，高含水比粘性土あるいは単粒砂からなる高盛土の安定性の検討等，過去に経験のない盛土に対して，設計方針の決定のために行うもの。
- 大規模工事や特殊工事での施工で，事前調査の成果だけからでは設計で想定した盛土の要求性能を実現できるという確信のある施工計画が立てられず，しかも施工計画の良否が工事の成否に大きな影響を及ぼすような場合に，実際の施工状態を確かめて施工計画を決定するために行うもの。
- 新技術・新工法の採用に先立ち，その技術・工法の施工性・妥当性等を検証するために行うもの。

　このような本工事に先がけて行われる試験施工は，その目的から，かなり本工事に近似している必要があるため，一般に試験施工の規模も大きく，また，期間も長期に渡ることが多い。具体的な例としては，軟弱地盤上の盛土工事，路床支持力改良のための各種工法，品質の良くない材料を用いた盛土のり面の安定工法の比較，植生緑化試験等がある。特に軟弱地盤上の盛土では，地盤処理工法の比較を兼ねて施工中の安定と土工の恒久的な安定を調査するために，大規模な試験施工が行われることが多い。なお，軟弱地盤上の盛土の試験施工については「道路土工－軟弱地盤対策工指針」を参照されたい。

(2) 工事期間内において施工の着手前あるいは施工中に行う試験施工

　施工の着手前あるいは施工中に随時行われる試験施工は，設計方針及び施工計画の大筋についてはすでに決まっているものの，その細部についての適応性を試みる必要がある場合等に行われるもので，本工事の中で各施工の着工前に材料の

比較や良否の判定，建設機械の適性及び施工方法について簡単な試験施工を試みるものである。

これは，施工の途中においてそれまでの施工と異なる状況に遭遇したとき等に，その状況に即した施工法を求めるためにも試みられる。

具体的な例としては，土工工事の着手前にその工事での代表的な土を用いて行う締固め試験，必要に応じてそれに対応したせん断試験等の室内土質試験，路床材料の試験施工，切土部の路床の支持力が不足する場合の良質材料による置換え厚さの検討のための試験施工等があり，施工の状況に応じてそのつど応用されていく内容のものが多い。以下に，盛土の品質を確保するために実施する締固め試験施工について紹介する。なお，軟弱地盤上の盛土の試験施工については「道路土工－軟弱地盤対策工指針」を参照されたい。

1）締固め試験施工（モデル施工）

盛土の品質はその施工方法によって決定されるので，大規模な盛土工事の場合には締固め試験施工（モデル施工）を行って，適切な施工方法，施工機種，品質管理方法等を選定する必要がある。なお，締固め管理手法については「5－4 締固め」に示された手法のうち，盛土材料等の現場条件に最も適した手法を選択して用いるものとする。

以下に，標準的な締固め試験施工の実施方法について紹介する。

① 締固め試験施工に使用する土質は工事区間の代表的な材料とする。

② 締固め含水比は自然含水比とし，調整が可能であれば突固め試験の最適含水比付近や最適含水比より若干高い含水比等，2～3種類を選ぶ。まき出し厚さは，使用機械及び予想している施工能率を考えて，2～3種類程度選定する。

③ 締固め回数については，10数回程度で締固めが完了するようにする。その他，施工機械の組合せ，施工管理における測定法にどのような方法を採用するかなどについても調査する。

④ 締固め試験施工を行う場合の試験区間の大きさは，本施工と同じ締固め機械を用いて本施工並みの施工ができる程度とする。

⑤ 締固め試験施工では，材料試験と現場測定を実施する。

（i）材料試験

材料の特性と締固め管理の基準値を知るために，土粒子の密度試験，含水比試験，礫のかさ比重及び礫の吸水量試験，粒度試験，液性限界・塑性限界試験，締固め試験，土のコーン指数試験，現場ＣＢＲ試験，岩ずりを用いた場合には岩の破砕試験，岩のスレーキング試験等を行う。

(ⅱ) 現場測定

現場における測定項目とその測定頻度は，**解表3－7－1**に示す程度が一般的である。

なお，これらの測定点の配置については，試験区間内全体に渡って測定ができ，他の測定の障害にならないよう配慮して計画する必要がある。測定区間における測点配置例を**解図3－7－1**に，試験結果の報告例を**解図3－7－2**に示す。

解表3－7－1　測定項目と測定時

測　定　項　目	測　定　時　点
現　場　密　度	まき出し後，転圧中に数回（例えば締固め回数2，4，6，8，10回の時），転圧終了後
含　水　比	まき出し後と転圧終了後（転圧中に測定してもよい）
表　面　沈　下　量	転圧終了後には必ず，できれば現場密度と同時点
原位置強度（コーン指数等）	現場密度と同時点
た　わ　み　量	必要のつど
平　板　載　荷　試　験　等	必要のつど

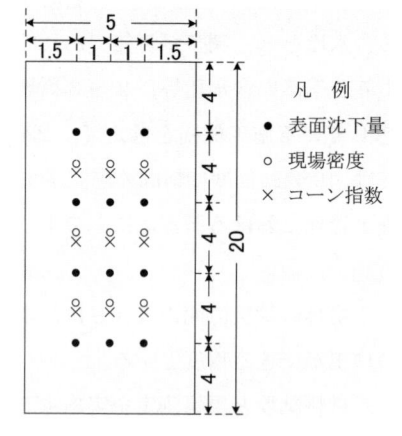

解図3－7－1　測定区間における測点配置例（単位：m）

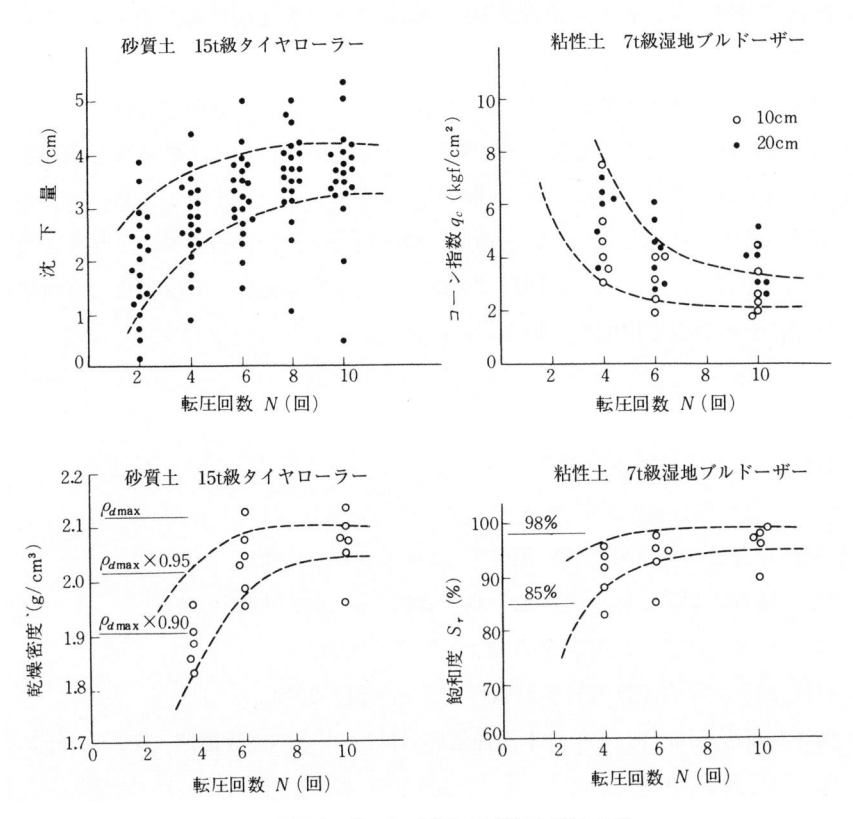

解図 3-7-2 締固め試験結果整理例

(ⅲ) 厚層敷均し・締固めを適用する場合の注意点

厚層敷均し・締固めの適用を検討する場合は，特に試験施工は重要である。厚層締固めにおいては，施工中の日常管理試験では敷均し層下部の密度を確認することが困難である。このため，試験施工にて敷均し層下部の密度が所定の品質を満足していることを十分確認の上，施工法を設定する必要がある。

2) 簡易な締固め試験施工

1) に述べたような大規模な盛土現場ではない場合においても，簡易な締固め試験施工を行って規定された盛土の品質が確保できる施工方法を確認しておくことが望ましい。このような試験施工を行うことにより，施工方法や品質管理方法

を作業員に習熟させ，盛土の品質が容易に確保でき，盛土の性能が向上することが期待される。

　この場合の試験施工の実施方法については，前述のような詳細な試験測定を行わず，実際に計画している施工方法で敷均し・締固めを行い，その結果を測定し盛土の品質が確保されていることを確認する。すなわち，施工現場において実際に使用する敷均し機械で定められた層厚に敷き均らし，締固め機械により8回程度の締固めを行い，4，6，8回程度の締固め終了後に必要な密度測定，表面沈下量測定，その他原位置強度試験を行えばよい。

参考文献
1) (独) 防災科学技術研究所：
　　地すべり地形分布図データベース　http://www.bosai.go.jp/dosya.htm
2) (社) 土質工学会 (現 (社) 地盤工学会)：日本の特殊土，1974.
3) (社) 地盤工学会：盛土の挙動予測と実際，pp.382-384, 1996.
4) (社) 地盤工学会：地盤調査の方法と解説，2004.
5) (社) 地盤工学会：地盤材料試験の方法と解説，2009.
6) 東日本高速道路 (株)・中日本高速道路 (株)・西日本高速道路 (株)：設計要領，第一集，2009.
7) 東日本高速道路 (株)・中日本高速道路 (株)・西日本高速道路 (株)：土質地質調査要領，p.93-94, 2007.
8) (独) 土木研究所：建設発生土利用技術マニュアル (第3版)，2004.
9) (社) 地盤工学会：岩の試験・調査方法の基準・解説書－平成18年度版－，2006.
10) 大西武司他：ある不飽和粘性土の圧縮特性と盛土の実測沈下量について，第11回土質工学研究発表会講演集，pp.169-172, 1976.
11) (独) 土木研究所：建設工事で遭遇する廃棄物混じり土対応マニュアル，2009.
12) 日本道路公団高速道路八王子建設局・日本道路公団高速道路試験所・(株) 熊谷組：八王子試験盛土工事報告書，1965.
13) 日本道路公団福岡支社・日本道路公団試験所・(株) 大林組：植木試験盛土工

事報告書，pp. 104-127, 1969.
14) 東日本高速道路（株）・中日本高速道路（株）・東日本高速道路（株）：試験方法, 2007.
15) （独）土木研究所：建設工事で遭遇する地盤汚染対応マニュアル, 2004.

第4章　設　　計

4－1　基本方針
4－1－1　設計の基本

> (1) 盛土の設計に当たっては，使用目的との適合性，構造物の安全性，耐久性，施工品質の確保，維持管理の容易さ，環境との調和，経済性を考慮しなければならない。
> (2) 盛土の設計に当たっては，原則として，想定する作用に対して要求性能を設定し，それを満足することを照査する。
> (3) 盛土の設計は，論理的な妥当性を有する方法や実験等による検証がなされた手法，これまでの経験・実績から妥当とみなせる手法等，適切な知見に基づいて行うものとする。

(1) 設計における留意事項

　盛土の設計に当たって常に留意しなければならない基本的な事項を示したものである。盛土の設計では，「2－2　盛土工の基本」に示した盛土工における留意事項を十分に考慮するものとする。

(2) 要求性能と照査

　盛土の設計に当たっては，原則として，(1)に示した留意事項のうち，使用目的との適合性，構造物の安全性について，4－1－2に示す想定する作用に対して安全性，供用性，修復性の観点から要求性能を設定し，盛土がそれらの要求性能を満足することを照査する。また，表面排水施設については，想定する降雨のもとで供用性，安全性の観点から要求性能を設定することを基本とする。
　ただし，基礎地盤，盛土材料，盛土高さ等が所定の条件を満たす場合には，これまでの経験・実績から妥当とみなせる構造（標準のり面勾配等）を適用することができる。

(3) 設計手法

今回の改訂では，性能設計の枠組みを導入したことにより，本章は性能照査による方法を主体とした記述構成にしている。これに伴い，要求する事項を満足する範囲で従来の方法によらない，解析手法，設計方法，材料，構造等を採用する際の基本的考え方を整理して示した。この場合には，要求する事項を満足するか否かの判断が必要となるが，本指針では，その判断として，論理的な妥当性を有する方法や実験等による検証がなされた手法，これまでの経験・実績から妥当とみなせる手法等，適切な知見に基づいて行うことを基本とした。

一方で，盛土の設計に当たっては，基礎地盤を含めた盛土の安定性の検討，盛土材料の選定，のり面の構造，排水施設，のり面保護工や構造物取付け部等の設計を行う必要があるが，「2-2 盛土工の基本」の解説に述べたように，地盤や盛土材料の性状は一般に複雑で，地盤の挙動や対策の効果を調査・設計段階で確実に把握し，工事中あるいは工事後の土工構造物の挙動あるいは周辺への影響を正確に予測することは困難であることが多い。このため，土工構造物の設計に当たっては，これまで経験技術が重視されてきた。例えば，盛土の標準のり面勾配を適用することはその一例である。これは，我が国の自然環境のもとで交通に大きな支障となる被害が避けられる基準をこれまでの実績に照らして設定されたものであり，豪雨，地震等についても，特別な異常時を除いて考慮されているものとみることができる。また，のり面保護工，地下排水施設や構造物取付け部の設計等，現在の技術では定量的な照査の対象として取り扱うのが適当でなく，経験・実績に基づく仕様により設計するのが適当であるものが少なくない。

以上のことから，これまでの経験・実績から要求性能を満足するとみなせる仕様（材料，施工方法等）については，その適用範囲においてはこれを活用し，実績を大きく超える場合や，既往の事例から変状・被害が想定されるような条件の盛土について工学的計算を適用するよう配慮するのが現実的である。盛土の安定性の照査の詳細は「4-3 盛土の安定性の照査」に述べるが，**解図4-3-1**の検討フローを参照しつつ，適切な設計手法を用いるのがよい。また，基礎地盤の処理，盛土材料の選定，のり面の構造，のり面保護工や地下排水工，構造物取付け部等は，4-4～4-10に述べた経験・実績に基づく仕様を参考に設計するのがよ

い。

　さらに，盛土の設計に当たっては，類似土質条件の地点の施工実績・災害事例等を十分に調査し，総合的な立場より決定することが大切である。この際，盛土の安全性等には，盛土の設置箇所の地形・地質，基礎地盤の性状，盛土材料の特性，表面水及び地下水，湧水等の排水処理が大きく影響するため，設計に当たってはこれらの項目について十分配慮する必要がある。

4-1-2　想定する作用

> 盛土の設計に当たって想定する作用は，以下に示すものを基本とする。
> (1)　常時の作用
> (2)　降雨の作用
> (3)　地震動の作用
> (4)　その他

　盛土の設計に当たって想定する作用の種類を列挙した。設計で想定する作用は，盛土の設置箇所等の諸条件によって適宜選定するものとする。

(1)　常時の作用

　常時の作用としては，自重や載荷重の作用等，常に盛土に作用すると想定される作用を考慮する。

(2)　降雨の作用

　降雨の作用は，盛土の安定性，排水工の断面計算，のり面保護工，地下排水工の設計で考慮する。
　盛土の安定性の照査において想定する降雨の作用については，地域の降雨特性，盛土の立地条件,路線の重要性,事前通行規制との併用等を鑑み適切に考慮する。

(3) 地震動の作用

地震動の作用としては，レベル1地震動及びレベル2地震動の2種類の地震動を想定する。ここに，レベル1地震動とは供用期間中に発生する確率が高い地震動，また，レベル2地震動とは供用期間中に発生する確率は低いが大きな強度を持つ地震動をいう。さらに，レベル2地震動としては，プレート境界型の大規模な地震を想定したタイプⅠの地震動，及び，内陸直下型地震を想定したタイプⅡの地震動の2種類を考慮することとする。

レベル1地震動及びレベル2地震動としては「道路橋示方書Ⅴ　耐震設計編（平成14年3月）」に規定される地震動を考慮するものとし，その詳細は「道路土工要綱・巻末資料」を参照するのがよい。ただし，想定する地震動の設定に際して，対象地点周辺における過去の地震情報，活断層情報，プレート境界で発生する地震の情報，地下構造に関する情報，表層の地盤条件に関する情報，既往の強震観測記録等を考慮して対象地点における地震動を適切に推定できる場合には，これらの情報に基づいて地震動を設定してもよい。

(4) その他

その他の作用としては，低温による凍上等の環境作用，河川やため池での水圧や浸透水の作用等があり，盛土の設置条件により適宜考慮する。

4-1-3　盛土の要求性能

(1) 盛土の設計に当たっては，使用目的との適合性，構造物の安全性について，安全性，供用性，修復性の観点から，以下の(2)～(4)に従って要求性能を設定することを基本とする。
(2) 盛土の要求性能の水準は，以下を基本とする。
性能1：想定する作用によって盛土としての健全性を損なわない性能
性能2：想定する作用による損傷が限定的なものにとどまり，盛土としての機能の回復がすみやかに行い得る性能
性能3：想定する作用による損傷が盛土として致命的とならない性能

> (3) 盛土の重要度の区分は，以下を基本とする。
>   重要度1：万一損傷すると交通機能に著しい影響を与える場合，あるいは，隣接する施設に重大な影響を与える場合
>   重要度2：上記以外の場合
> (4) 盛土の要求性能は，想定する作用と盛土の重要度に応じて，上記(2)に示す要求性能の水準から適切に選定する。

(1) 盛土に必要とされる性能

　本指針では，想定する作用に対して，使用目的との適合性，構造物の安全性について，安全性，供用性，修復性の観点から要求性能を設定することを基本とした。ここで安全性とは，想定する作用による盛土の変状によって人命を損なうことのないようにするための性能をいう。供用性とは，想定する作用による軽微な変形や損傷に対して，盛土が本来有すべき通行機能や避難路，救助・救急・医療・消火活動・緊急物資の輸送路としての機能を維持できる性能をいう。修復性とは，想定する作用によって生じた損傷を修復できる性能をいう。

(2) 盛土の要求性能の水準

　盛土の要求性能の水準は以下を基本とした。
　性能1は，想定する作用によって盛土としての健全性を損なわない性能と定義した。性能1は安全性，供用性，修復性すべてを満たすものである。土工構造物の場合，長期的な沈下や変形，降雨や地震動の作用による軽微な変形を全く許容しないことは現実的ではない。このため，性能1には，通常の維持管理程度の補修で盛土の機能を確保できることを意図している。
　性能2は，想定する作用による損傷が限定的なものにとどまり，盛土としての機能の回復がすみやかに行い得る性能と定義した。性能2は安全性及び修復性を満たすものであり，盛土の機能が応急復旧程度の作業によりすみやかに回復できることを意図している。
　性能3は，想定する作用による損傷が土工構造物として致命的とならない性能と定義した。性能3は供用性，修復性は満足できないが，安全性を満たすもので

あり，盛土には大きな変状が生じても，盛土の崩壊等により隣接する施設等に致命的な影響を与えないことを意図している。

(3) 盛土の重要度

重要度の区分は，盛土が損傷した場合の道路の交通機能への影響と，隣接する施設に及ぼす影響の重要性を総合的に勘案して定めることとした。

盛土が損傷した場合の道路の交通機能への影響は，必ずしも道路の規格による区分を指すものではなく，迂回路の有無や緊急輸送道路であるか否か等，万一損傷した場合に道路のネットワークとしての機能に与える影響の大きさを考慮して判断することが望ましい。

(4) 盛土の要求性能

盛土の設計で考慮する要求性能は，4－1－2に示した想定する作用と上記(3)に示した盛土の重要度に応じて，上記(2)に示す性能の水準から適切に選定する。一般的には，盛土の要求性能は**解表4－1－1**を目安とするのがよい。以下に，**解表4－1－1**に例示した個々の作用に対する要求性能の内容を示す。

解表4－1－1　盛土の要求性能の例

想定する作用		重要度1	重要度2
常時の作用		性能1	性能1
降雨の作用		性能1	性能1
地震動の作用	レベル1地震動	性能1	性能2
	レベル2地震動	性能2	性能3

① 常時の作用に対する盛土の要求性能

自重・載荷重等の常時の作用による沈下や変形は，盛土構築中や構築直後に生じるもの，及び供用中に生じるものがある。

盛土の構築中や構築後においては，盛土や付帯構造物等の荷重により盛土及び基礎地盤に損傷が生じず安定している必要がある。また，供用中には，時間の経過とともに，基礎地盤あるいは盛土自体の圧縮（圧密）変形が生じるが，これに

より供用性に支障を与えることを防止する必要がある。このため，常時の作用に対しては重要度にかかわらず性能1を要求することとした。軟弱地盤の場合であっても，計画的な補修によりその影響を軽減することが可能であるため，性能1を要求することとした。

② 降雨の作用に対する盛土の要求性能

想定する降雨の作用により盛土のり面にガリ侵食や浅い崩壊が生じることはある程度許容されるが，大きなすべり崩壊により供用性に支障を与えることを防止するため，重要度にかかわらず性能1を要求することとした。

③ 地震動の作用に対する盛土の要求性能

地震動の大きさと重要度に応じて性能1～性能3を要求することとした。これは，地震動の作用に対する盛土の要求性能を一律に設定することは困難な面があること，膨大なストックを有する土工構造物の耐震化対策には相応のコストを要すること等を考慮したものである。重要度1の盛土については，レベル2地震動に対して性能2を要求することとした。一般に盛土は橋梁・トンネル等の他の道路構造物と比較して修復性に優れているが，特に，山地部の高盛土等の早期の復旧が困難な盛土，緊急輸送道路等に設置された盛土のうち構造物取付け部の盛土等の応急復旧により迂回路等の確保が困難な盛土では，レベル2地震動に対して早期の復旧が可能となる範囲の損傷にとどめることが要求される。

なお，盛土の性能2や性能3の照査では，盛土に許容する損傷の程度の評価が必要となる。しかしながら，盛土が地震時にどの程度損傷するかについては，盛土を構成する材料特性の多様性や不均一性，材料特性の経年変化，地震発生時の環境条件，盛土の被災パターンや被災程度を精度よく予測するための解析手法の不確実性等から，現状の技術水準では未だ定量的な照査が困難である場合も多い。このため，盛土に性能2や性能3を要求する場合には，震前対策と震後対応等の総合的な危機管理を通じて必要な性能の確保が可能となるように努める視点も重要である。なお，道路震災対策の考え方については「道路震災対策便覧」に示されているので参考にするとよい。

4−1−4　性能の照査

> (1)　盛土の設計に当たっては，原則として要求性能に応じて限界状態を設定し，想定する作用に対する盛土の状態が限界状態を超えないことを照査する。
> (2)　設計に当たっては，前提とする盛土の要求性能を実現できる施工，品質管理，維持管理の条件を定めなければならない。
> (3)　4−3及び4−4〜4−11に従って設計し，5章以降に基づいて施工，品質管理，維持管理を行えば，上記(1)，(2)を行ったとみなしてよい。

(1)　盛土の性能照査の原則

　盛土の性能照査の原則を示したものである。盛土の設計に当たっては，要求性能に応じて限界状態を設定し，各作用に対する盛土の状態が限界状態を超えないことを照査することを原則とする。

　盛土の限界状態は盛土条件，施工条件，維持管理の容易性等の諸条件によって様々な考え方がある。このため，一般的な盛土を対象とした限界状態の考え方を「4−1−5　盛土の限界状態」の解説に示している。

(2)　設計の前提条件

　盛土の安定性，耐久性は，設計のみならず施工の良し悪し，維持管理の程度により大きく依存する。このため，設計に当たっては，前提とする施工，品質管理，維持管理の条件を定めなければならない。特に，盛土材料の力学特性は盛土材料の土質，締固めの程度に強く依存するため，設計に当たっては前提とする強度が発揮されるよう，使用する盛土材料の土質，締固め管理基準値，品質管理の方法と頻度等を定める必要がある。

　ただし，設計時には用いる盛土材料の土質を詳細に把握することが困難な場合もあり，施工段階になって想定外の発生土に遭遇することも少なくない。このようなことが想定される場合には，事前に盛土材料の不確実性を考慮して，設計段階で施工時の対応を検討しておくことや，安定性検討で用いる土質定数等に安全余裕を見込んでおくことが望ましい。

また，施工段階では，盛土材料の適切な処置を施すことや，必要に応じて設計の見直しを行うなど，臨機応変に対応する必要がある。

(3) 経験・実績に基づく照査手法

これまでの経験・実績から，4－3及び4－4～4－11に従って設計するとともに，5章以降の施工，品質管理，維持管理が行われる場合には，上記(1)，(2)を満足するとみなしてよい。

4－3－1及び4－4～4－10には，既往の経験・実績に基づく仕様を示しており，これに基づいた構造の盛土については，基礎地盤に問題がなく，基礎地盤からの地下水の浸透のおそれがなく，十分な排水処理及び入念な締固めが行われた場合には，過去において被害が限定的であり，ある程度の降雨・地震に耐え得ることが認められている。このことから，上記の仕様に基づいた盛土は，想定する作用に対して性能の照査を行わなくても，その適用範囲において**解表4－1－1**に例示した重要度1の盛土に要求される性能を満足するとみなせるものとする。

一方，上記の仕様の適用範囲を大きく超える盛土については，過去において大規模な被害を受けた事例も認められる。このため，4－3－2～4－3－4には，既往の経験・実績から妥当な結果を与えるとみなせる各作用に対する安定性の照査法を示しており，既往の事例から各作用により変状・被害が想定されるような条件の盛土については，これに従い安定性の照査を行うことにより所定の要求性能を満足するとみなすことができる。

4－1－5　盛土の限界状態

(1) 性能1に対する盛土の限界状態は，想定する作用によって生じる盛土の変形・損傷が盛土の機能を確保し得る範囲内で適切に定めるものとする。
(2) 性能2に対する盛土の限界状態は，想定する作用によって生じる盛土の変形・損傷が修復を容易に行い得る範囲内で適切に定めるものとする。
(3) 性能3に対する盛土の限界状態は，想定する作用によって生じる盛土の変形・損傷が隣接する施設等への甚大な影響を防止し得る範囲内で適切に定め

るものとする。

盛土の要求性能に応じた限界状態の考え方及び照査項目を例示すると，**解表 4-1-2** 及び以下のとおりである。なお，**解表4-1-2**には，盛土の主たる構成要素ごとに，一般的な照査項目を併せて示している。

(1) 性能1に対する盛土の限界状態

性能1に対する盛土の限界状態は，想定する作用によって盛土としての健全性を損なわないように定めたものである。盛土の長期的な沈下や変形，降雨や地震動の作用による軽微な損傷を完全に防止することは現実的ではない。このため，性能1に対する盛土の限界状態は，盛土の安全性，供用性，修復性を全て満足する観点から，盛土に軽微な亀裂や段差が生じた場合でも，平常時においての点検と補修，また地震時の緊急点検と緊急措置により，盛土としての機能を確保できる限界の状態として設定すればよい。この場合，基礎地盤の限界状態は，力学特性に大きな変化が生じず，かつ基礎地盤の変形が盛土及び路面から要求される変位にとどまる限界の状態，盛土本体の限界状態は，その力学特性に大きな変化が生じず，かつ路面から要求される変位にとどまる限界の状態として設定すればよい。また，路床については，舗装設計から要求される支持力を確保するよう設計する必要がある。

(2) 性能2に対する盛土の限界状態

性能2に対する盛土の限界状態は，想定する作用に対する損傷が限定的なものにとどまり，盛土としての機能の回復をすみやかに行えるようにするために定めたものである。盛土の安全性及び修復性を満足する観点から，盛土に損傷が生じて通行止め等の措置を要する場合でも，応急復旧等により盛土としての機能を回復できる限界の状態を限界状態として設定すればよい。この場合，基礎地盤の限界状態は，復旧に支障となるような過大な変形や損傷が生じない限界の状態として，盛土本体については，損傷の修復を容易に行い得る限界の状態として設定すればよい。この際，損傷に対する修復方法を考慮して設定する必要がある。

(3) 性能3に対する盛土の限界状態

性能3に対する盛土の限界状態は，想定する作用による損傷が盛土として致命的とならないようにするために定めたものである。盛土の供用性及び修復性は失われても，安全性を満足する観点から，盛土の崩壊による隣接する施設等への甚大な影響を防止できる限界の状態を限界状態として設定すればよい。この場合，基礎地盤及び盛土本体の限界状態は，隣接する施設等へ甚大な影響を与えるような過大な変形や損傷が生じない限界の状態として設定すればよい。

なお，性能1，2，3に対応した変形量の許容値は盛土の特性によって異なるため，盛土の構造形状，想定される被災パターンと修復の難易，立地条件と周辺への影響，道路の社会的役割等を総合的に勘案して定めるのがよい。

解表4-1-2 盛土の要求性能に対する限界状態と照査項目

要求性能	盛土の限界状態	構成要素	構成要素の限界状態	照査項目	照査手法
性能1	想定する作用によって生じる盛土の変形・損傷が盛土の機能を確保でき得る限界の状態	基礎地盤	基礎地盤の力学特性に大きな変化が生じず，盛土，路面から要求される変位にとどまる限界の状態	変形	変形照査
				安定	安定照査
		盛土	盛土の力学特性に大きな変化が生じず，かつ路面から要求される変位にとどまる限界の状態	変形	変形照査
				安定	安定照査
性能2	想定する作用によって生じる盛土の変形・損傷が修復を容易に行い得る限界の状態	基礎地盤	復旧に支障となるような過大な変形や損傷が生じない限界の状態	変形	変形照査
		盛土	損傷の修復を容易に行い得る限界	変形	変形照査
性能3	想定する作用によって生じる盛土の変形・損傷が隣接する施設等への甚大な影響を防止し得る限界の状態	基礎地盤	隣接する施設へ甚大な影響を与えるような過大な変形や損傷が生じない限界の状態	変形	変形照査
		盛土	隣接する施設へ甚大な影響を与えるような過大な変形や損傷が生じない限界の状態	変形	変形照査

4-1-6 照査方法

> 照査は，盛土の形式，想定する作用，限界状態に応じて適切な方法に基づいて行うものとする。

照査に際しては，考慮する作用及び限界状態に応じて，適切な手法を選定する必要がある。
盛土を含む構造物一般の性能照査方法には以下のものがある。
① 論理的な妥当性を有する方法や実験等による検証がなされた解析手法等による照査
② 既往の経験・実績から妥当とみなせる解析手法による照査
③ 既往の経験・実績から要求性能を満足すると見なせる仕様（標準のり面勾配等）の適用

①は，照査の対象となる項目（変形量等）を論理的な妥当性を有する方法や実験等による検証がなされた適切な手法等で照査するものである。②は比較的簡単な試験・解析手法であるが，既往の経験・実績からほぼ適切な結果を与えると見なせる解析手法等で照査するものである。③は，既往の経験・実績に基づいて要求性能を満足すると見なせる構造仕様を所定の適用範囲のもとで適用するものである。これは定量的な照査という行為を必要としないがここでは便宜上同列に扱う。

盛土の照査方法には原理的に種々の方法があり，想定する作用，重要度，要求性能，調査精度，解析精度等を勘案し，適切な方法を選択する必要がある。①の手法では，照査手法と盛土を構成する要素の限界状態に応じて，沈下量や安全率等の照査指標並びにその許容値を適切に設定する必要がある。盛土に係わる照査指標としては，安全率，沈下量，側方変位量等があり，照査指標の種類は照査項目（安定，沈下，変形の照査，地震動の作用に対する照査）や照査方法によって，その許容値は限界状態に応じて適切に定める必要がある。限界状態に応じた許容値は，構造物条件，施工条件，維持管理の容易性，立地条件と周辺への影響，道路の社会的役割等の諸条件によって変わるものである。このため，許容値の設定

に当たっては，構造条件，施工条件，日常点検，異常時の緊急点検と緊急復旧体制を含めた維持管理の容易さ等を考慮して定めることが重要である。

②の既往の経験・実績から妥当な結果を与えるとみなせる解析手法，及び③の既往の経験・実績から要求性能を満足するとみなせる仕様については，4－3及び4－4～4－11に示しており，その適用範囲においてはこれを活用するのがよい。

4－1－7　表面排水施設の要求性能と照査

> 表面排水施設については，想定する降雨条件のもとで生じる表面水を滞りなく流末まで流下できるものとし，「道路土工要綱　共通編　第2章　排水」に従い照査するものとする。

「4－2－4　降雨の影響」に後述するように，降雨の影響は表面水によるものと浸透水によるものとがある。路面等の雨水の排除を主目的とする表面排水施設の要求性能は，盛土の要求性能とは考え方が異なるため，独立に項立てしてここに示したものである。

道路の走行性及び盛土の安定性にとって非常に重要な機能を有する付帯構造物である表面排水施設については，設計で想定する降雨条件のもとで生じる表面水を滞りなく流末まで流下できるものとする。

表面排水施設の設計で考慮する降雨条件，排水施設の計画，及び水理設計は，「道路土工要綱　共通編　第2章　排水」によるものとする。

4－2　設計に用いる荷重及び土質定数
4－2－1　荷　　重

> (1) 盛土の設計に当たっては，以下の荷重から，盛土の設置地点の諸条件，形式等によって適宜選定するものとする。
>   1）自重
>   2）載荷重

> 3) 降雨の影響
> 4) 地震の影響
> 5) その他
> (2) 荷重の組合せは，同時に作用する可能性が高い荷重の組合せのうち，最も不利となる条件を考慮して設定するものとする。
> (3) 荷重は，想定する範囲内で盛土に最も不利となるように作用させるものとする。

(1) **考慮すべき荷重**

盛土の設計に当たって考慮する荷重を列挙したものであり，盛土の設置地点の諸条件，形式等によって適宜選定し，必ずしも全部採用する必要はない。

その他の荷重としては，水辺に接した盛土や地下水位が高い場合には水圧・浮力を考慮する。また，寒冷地では凍上の影響も考慮する。凍上に関する事項については，「道路土工要綱　共通編　第3章　凍上対策」によるものとする。

(2) **荷重の組合せ**

盛土の設計は，同時に作用する可能性が高い荷重の組合せのうち，盛土に最も不利となる条件を考慮して行わなければならない。

解表4−2−1に一般的な荷重の組合せの例を示す。

解表4−2−1　荷重の組合せの例

想定する作用		考慮する荷重
常時の作用	施工時	自重（＋載荷重）*
	供用時	自重（＋載荷重）*
降雨の作用**	供用時	自重＋降雨の影響
地震動の作用	レベル1地震動	自重＋地震の影響
	レベル2地震動	自重＋地震の影響

＊：( )内のものは盛土への影響や施工条件等を踏まえて必要に応じて考慮する。
＊＊：降雨の作用に対してはこの他に排水工の設計も行う。

(3) 荷重の作用方法

荷重を想定する範囲内で盛土が最も不利となる状態で作用させることを示したものである。

4-2-2 自　重

> 自重は，材料の単位体積重量を適切に評価して設定するものとする。

舗装部を含めた盛土の自重は，盛土材料の湿潤単位体積重量 γ_t に盛土体積（舗装部を含む）を乗じて算出してよい。

単位体積重量については一般には，**解表4-2-2**に示す値を用いてよい。なお，しらす等の材料で明らかに軽い材料や軽量盛土材料等を使用する場合や，急勾配盛土で安定性の照査を必要とする場合には，締固め試験を実施し，適切な締固め程度に応じた単位体積重量を使用する。

解表4-2-2　土の単位体積重量（kN/m³）

地盤	土質	ゆるいもの	密なもの
自然地盤	砂及び砂礫	18	20
	砂質土	17	19
	粘性土	14	18
盛土	砂及び砂礫	20	
	砂質土	19	
	粘性土（ただし w_L<50%）	18	

注）地下水位以下にある土の単位体積重量は，それぞれ表から9kN/m³を差し引いた値としてよい。
　　また，プレロードの場合は転圧が不足することがあるため締固め程度に応じて適宜割り引く。

4-2-3 載荷重

> 載荷重は，自動車の交通の状況や施工状況を考慮して適切に設定するものとする。

盛土の設計に当たっては，載荷重としては一般に 10kN/㎡を用いてよい。

4－2－4　降雨の影響

> 降雨の影響として，表面水や地山からの浸透水を考慮するものとし，そのときの降雨強度は地域の降雨特性，盛土の特性，照査項目等を考慮して適切に定めるものとする。

　降雨時においても安全で円滑な道路交通を確保するためには，路面から雨水が円滑に排除されていなければならない。また，盛土の降雨による崩壊を防ぐためには，表面水及び浸透水を適切に排除するための各種の排水施設を設けなければならない。このため，盛土の設計において，降雨時の走行安全性の確保，のり面の侵食防止及び盛土の安定性確保のために，降雨の影響を考慮しなければならない。以下に，表面排水施設の設計，地下排水施設の設計及び降雨時の盛土の安定性照査において考慮する降雨の影響について述べる。

(1)　表面排水施設の設計において考慮する降雨の影響

　道路排水の対象は主として降雨であり，いかなる強い降雨の場合でも完全に排水することが望ましいが，これを完全に実施することは経済的に得策とはいえない。したがって，降雨時の走行性を確保するとともにのり面の侵食を防止するために，計画道路の種類，規格，交通量及び沿道の状況を十分考慮して雨水流出量を選定し，個々の排水工について排水の目的，排水工の立地条件，計画流量を超過した場合に予想される周辺地域に与える影響の程度，経済性等を考慮して排水工の規模を適切に決定することが必要である。

　詳細については，「道路土工要綱　共通編　第2章　排水」を参照されたい。

(2)　地下排水施設の設計及び降雨時の盛土の安定性照査において考慮する降雨の影響

　降雨時の盛土の安定性確保のために，地下排水施設の設計及び降雨の影響を考

慮した盛土の安定性の照査を行う場合には，盛土のり面及び地山からの浸透水を考慮する必要がある。ただし，地下排水施設の設計及び降雨の影響を考慮した盛土の安定性の照査については，定量的な流出量の計算を経て設計することは一般に行われず，事前の調査及び施工時の地山からの湧水の状況を観察した結果に基づき，その配置計画や規模を設定するのが通常である。この場合には，降雨強度が定量的に想定されることはなく，当該地域の過去の経験等を踏まえて設計がなされる。

しかしながら，比較的規模の大きい傾斜地盤上の盛土，谷間を埋める盛土，片切り片盛り，切り盛り境部等，地山からの浸透水の影響が大きいと考えられる場合に，地下排水施設の設計照査を行う必要がある場合も想定される。このときに想定する降雨強度としては，当該地域周辺において得られている既往の降雨記録を参考に設定する方法が考えられる。この際，浸透水の影響は短時間の降雨よりも長時間の降雨の方が大きくなるので，降雨の継続時間の取り方には留意する必要がある。

4-2-5 地震の影響

> 地震の影響として，盛土の振動応答に起因する慣性力（以下，慣性力という），液状化の影響を考慮する。

盛土の照査で考慮すべき地震の影響の種類を示したものである。地震動の作用に対する盛土の安定性の照査においては，地震の影響として，慣性力及び基礎地盤・盛土の液状化の影響を考慮する。これら地震の影響は，地盤条件や盛土条件に応じて適切に組み合わせるものとする。地震動の作用に対する照査方法としては，4-3-4 に後述するように静的照査法と動的照査法とがあるが，照査法の特性に応じて地震の影響を適切に考慮する。

(1) 慣性力

慣性力による盛土の地震時の変形や破壊は，一般に水平方向が支配的であるた

め，鉛直方向の慣性力の影響は考慮しなくてよい。静的照査法により照査する場合の慣性力は，質量に設計水平震度を乗じた水平力とし，設計水平震度の値については，地震動レベル，構造形式，構造物の立地条件に応じて適切に設定する。円弧すべり面を仮定した震度法による安定解析に用いる設計水平震度については，「4-3-4　地震動の作用に対する盛土の安定性の照査」に示している。

　動的解析により照査を行う場合には，時刻歴で与えられる入力地震動が必要となる。この場合には，「道路橋示方書Ⅴ　耐震設計編」を参考に，目標とする加速度応答スペクトルに近似したスペクトル特性を有する加速度波形を用いるのがよい。なお，地震動の入力位置を耐震設計上の基盤面とする場合には，地盤の影響を適切に考慮して設計地震動波形を設定しなければならない。

(2)　液状化の影響

　液状化地盤上の盛土では，支持地盤の変形が盛土の変形に影響する。このため，地震時に液状化が生じる可能性がある場合は，液状化が生じると判定される土層の土質定数を低減させるなど，液状化の影響を適切に考慮する必要がある。軟弱粘性土地盤上に構築される盛土や，液状化の発生が懸念されるゆるい飽和砂質土地盤上に構築される盛土など，盛土基礎地盤の安定性が問題となる場合の地震動の作用に対する安定性の照査は，「道路土工－軟弱地盤対策工指針」によるものとする。

4-2-6　土質定数

設計に用いる土質定数は，地盤調査結果及び土質試験結果に基づき設定することを原則とする。

　盛土の基礎地盤及び盛土材料は多様であり，現地の条件により大きく異なり，また大きく変化する。このため，設計に用いる土質定数は，地盤調査結果及び土質試験結果に基づき設定することを原則とした。

　なお，軟弱地盤上の盛土では，基礎地盤及び盛土の双方について調査試験が必要となるが，基礎地盤については「道路土工－軟弱地盤対策工指針」に譲り，こ

こでは盛土材料を主体に述べる。

「3-4-4 盛土材料の調査」に述べたように，盛土の安定性の照査に必要となる土質定数，特に強度定数は，想定する作用（常時の作用，降雨の作用，地震動の作用等）とそのときの含水条件，盛土の締固め程度，上載荷重，及び適用する照査方法により異なる。

(1) 常時，降雨時に用いる土質定数

常時の作用（盛立て時及び盛立て直後），及び降雨の作用（地山からの浸透水の影響を含む）に対して後述する円弧すべり法により安定性の照査を行う場合のせん断強さの標準的な求め方を**解表4-2-3**に示す。常時，降雨時に用いるせん断強さは，降雨等により盛土内に水が浸透する可能性を考慮して，一般的には飽和状態の値を用いる。また，強度定数は拘束圧に大きく依存するため，対象としている盛土に応じて適切な拘束圧の下で試験を行うのが望ましい。なお，土のせん断強さ特性は諸条件により多様に変化する。例えば，**解表4-2-3**の土質材料とせん断試験の対応関係は，盛土の土質構成により排水条件も変化することや，土の密度により排水条件と非排水条件でのせん断強さの大小が変化するなどの事情があるため，一律に定めがたいのが実情である。また，ここには書ききれないその他の要因（供試体の作製方法，土の異方性，原位置と室内試験での応力条件の違い等）もある。したがって，土質試験を計画し，適用するに当たっては，「地盤材料試験の方法と解説」（（社）地盤工学会）[1]を参照するとともに既往の調査検討事例を参考にすることが望ましい。

解表4-2-3 土質材料，検討対象時期に応じた土のせん断強さの標準的な求め方の例

土質材料		検討対象時期	試験法	せん断強さ
飽和土	細粒土	短期	UU, CU, $\overline{CU}$	$\tau_f = c_u + (\sigma_n - u_0)\tan\phi_u$
		長期	CU, $\overline{CU}$, D（CV）	$\tau_f = c_{cu} + (\sigma_n - u_0)\tan\phi_{cu}$
	粗粒土	短期・長期	CD, D（CP）	$\tau_f = c_d + (\sigma_n - u_0)\tan\phi_d$
不飽和土		短期・長期	CD, D（CP）	$\tau_f = c_d + \sigma_n \tan\phi_d$

解表4-2-3について以下に説明する。
1) 「細粒土」とは，粘土・粘性土・シルトあるいは関東ローム等の透水性の低い材料をさす。「粗粒土」とは，砂・砂質土・砂礫・礫質土等の透水性の高い材料をさす。降雨時においては，地山及びのり面からの水の浸透状況に応じて土質材料の飽和，不飽和状態の判別を行う。
2) 「短期」とは，盛土を急速施工した時点をさす。また，「長期」とは，盛土を十分に緩速施工して完成した時点，及び盛土荷重により十分に圧密された後に降雨・浸透水の影響が生じる時点をさす。
3) 試験法はそれぞれ以下のとおりである。

  UU   ：土の非圧密非排水三軸圧縮試験方法(JGS 0521)
  CU, $\overline{CU}$ ：土の圧密非排水三軸圧縮試験方法(JGS 0522, 0523)
  CD   ：土の圧密排水三軸圧縮試験方法(JGS 0524)
  D(CV), D(CP)：土の圧密定体積，定圧一面せん断試験方法
         （JGS 0560, 0561）

4) 盛土の安定計算の方法については従来より全応力法と有効応力法がある。有効応力法は，土のせん断特性が本質的に有効応力に支配されることから原理的に正しい方法である。これを適用するためには飽和土のせん断に伴って発生する間隙水圧を知る必要があるが，これは一般には困難である。実務上は，間隙水圧として定常浸透水圧のみを考慮する全応力法が適していると考えられるので，ここでは全応力表示のせん断強さを示した。表中の記号の意味は以下のとおりである。

  τ_f：せん断強さ(kN/m²)
  σ_n：すべり面に作用する直応力(kN/m²)
  u_0：浸透水によるすべり面上での定常水圧(kN/m²)

5) UU試験は供試体の作製過程等の影響を受けやすいことに留意する必要がある。場合によってはCU（ないしは$\overline{CU}$）試験の適用を検討する。
6) 高含水比粘性土やローム等では含水比の違いや練返し等により安定的なせん断強さを得にくいことがある。このような場合には含水比や突固め回数等の試験条件を変化させて試験を行うか，あるいは安定計算に頼らず既往の類似の施

工実績を参考にして観測施工を行うのがよい。
7) CU試験の結果から安定計算に用いる強度定数 c_{cu}, ϕ_{cu} を求める際には，すべり面での圧密圧力とせん断強さの関係の補正を行う必要がある（「地盤材料試験の方法と解説」（(社)地盤工学会)[1]を参照）。
8) 透水性が高い粗粒土については，せん断に伴って発生する間隙水圧は無視できると考えられるため，排水強度を用いる。なお，このような材料の飽和供試体を用いたCD試験により得られる強度定数 c_d, ϕ_d と$\overline{CU}$試験により得られる強度定数 c', ϕ' はほぼ一致するので，$\overline{CU}$試験を用いることもできる。

(2) 地震時に用いる土質定数

地震時の安定性照査を行う場合のせん断強さについて述べる。

4-3-4 に後述する円弧すべり面を仮定した安定計算法ないしはニューマーク法を用いて地震動の作用に対する安定性の照査を行う場合は，盛土材料のせん断試験を行いせん断強さを求める。この際，砂質土や礫質土等の，圧密時やせん断中の排水が良好である粗粒土の場合には，圧密排水条件で試験を実施する。地震時等の短時間では排水が困難な粘性土等の細粒土の場合には，圧密非排水条件で試験を実施する。なお，盛土内の排水に万全を期待できない場合には盛土の底部が飽和状態となることを想定しなければならないが，適切な材料を選択する，あるいは十分に締め固めることで，地震動の作用により容易に強度低下しないようにすることが設計の基本であり，かつ上記の照査法の適用条件である。

なお，十分な締固めを行った盛土材料においては，せん断強さが増加し，地震時の残留変位量を低減させる効果がある。一般に，良質な材料を十分に締め固めることにより，締固め度の増加に伴いピーク強度は急激に増加する傾向があることがわかっている。このためニューマーク法の適用に当たっては，十分な締固めを行うことを前提として，一旦ピーク強度を示した後，すべりが発生することにより土の強度が軟化し残留強度まで低下することの影響を考慮してよい。

(3) 経験的な土質定数の利用

高さ20m程度以下の盛土において，予備設計段階等で土質試験を行うことが困

解表 4−2−4　設計時に用いる土質定数の仮定値[4]

種類		状態		単位体積重量 (kN/m³)	せん断抵抗角 (度)	粘着力 (kN/m²)	地盤工学会基準[注2]
盛土	礫および礫まじり砂	締め固めたもの		20	40	0	{G}
	砂	締め固めたもの	粒径幅の広いもの	20	35	0	{S}
			分級されたもの	19	30	0	
	砂質土	締め固めたもの		19	25	30以下	{SF}
	粘性土	締め固めたもの		18	15	50以下	{M}, {C}
	関東ローム	締め固めたもの		14	20	10以下	{V}
自然地盤	礫	密実なものまたは粒径幅の広いもの		20	40	0	{G}
		密実でないものまたは分級されたもの		18	35	0	
	礫まじり砂	密実なもの		21	40	0	{G}
		密実でないもの		19	35	0	
	砂	密実なものまたは粒径幅の広いもの		20	35	0	{S}
		密実でないものまたは分級されたもの		18	30	0	
	砂質土	密実なもの		19	30	30以下	{SF}
		密実でないもの		17	25	0	
	粘性土	固いもの（指で強く押し多少へこむ）[注1]		18	25	50以下	{M}, {C}
		やや軟らかいもの（指の中程度の力で貫入）[注1]		17	20	30以下	
		軟らかいもの（指が容易に貫入）[注1]		16	15	15以下	
	粘土およびシルト	固いもの（指で強く押し多少へこむ）[注1]		17	20	50以下	{M}, {C}
		やや軟らかいもの（指の中程度の力で貫入）[注1]		16	15	30以下	
		軟らかいもの（指が容易に貫入）[注1]		14	10	15以下	
	関東ローム			14	5(ϕ_u)	30以下	{V}

注1）；N値の目安は次のとおりである。
　　　固いもの（$N=8\sim15$），やや軟らかいもの（$N=4\sim8$），軟らかいもの（$N=2\sim4$）
注2）；地盤工学会基準の記号は，おおよその目安である。

難な場合は，「第5章　施工」に示す締固め基準を満足することを前提として，経験的に推定した**解表 4−2−4**の値を用いてもよい。ただし，必要に応じて詳細な設計を行う段階で土質試験を実施し，設計定数の確認を行うのがよい。なお，擁壁工等では，降雨時に裏込め土に地山等の地下水が浸水した時に本強度定数（特に粘着力）は過大になるおそれがあるため，粘着力は見込んでいないので適用に当たっては留意する必要がある。本表の使用に当たっては，次の点に注意するものとする。

1）地下水位以下にある土の有効単位体積重量は，それぞれ表中の値から飽和土

の場合は10kN/㎥,不飽和土の場合は9kN/㎥を差し引いた値とする。
2)土の単位体積重量を決定する場合は,次の点に注意するものとする。
　① 砕石は,礫と同じ値とする。
　② トンネルずりや岩塊等では,粒径や間隙比により値が異なるので既往の実績や現場試験により決定する。
　③ 礫まじり砂質土や礫まじり粘性土は,礫の混合割合及び状態により適宜定める。
3)せん断抵抗角及び粘着力の値は,飽和条件のもとで得られた概略的な値である。
4)砕石,トンネルずり,岩塊等のせん断抵抗角及び粘着力は,礫の値を用いてよい。
5)粒径幅の広い土とは,様々な粒径の土粒子を適当な割合で含んだ土で,締固めが行いやすいものをいう。分級された土とは,ある狭い範囲に粒径のそろった土で,密な締固めが行いにくいものをいう。
6)地盤工学会基準の記号は,おおよその目安である。
　なお,本表の値は,適切に締め固められた土について,上記3)に述べたように飽和条件のもとで得られた試験結果から残留強度相当のせん断強度をいくぶん安全側に設定したものである。このため,地震動の作用に対する検討を本表の数値を用いて行うと安定性を過小評価する可能性があるため,詳細な設計を行う段階で土質試験を実施し,設計定数の確認を行うのがよい。

4−3　盛土の安定性の照査
4−3−1　一　般

(1) 盛土の設計に当たっては,想定する作用に対し,盛土及び基礎地盤の安定性を照査することを原則とする。ただし,既往の経験・実績に基づく仕様に基づいて設計を行えばこれを省略してよい。
(2) 常時の作用,降雨の作用及び地震動の作用に対する盛土の安定性の照査は,それぞれ4−3−2,4−3−3及び4−3−4に従ってよい。

(3) 上記(1),(2)は5章以降に示した施工,品質管理,維持管理が行われることが前提である。

(1) 盛土の安定性の照査の基本的な考え方

　盛土の設計に当たっては,想定する作用に対し,盛土及び基礎地盤が安定であること,及び変位が許容変位以下であることを照査することを原則とする。ただし,既往の経験・実績や近隣あるいは類似土質条件の盛土の施工実績・災害事例等から要求性能を満足するとみなせる仕様については,その適用範囲においてはこれを活用し,実績を大きく超える場合や,既往の事例から想定する各作用により変状・被害が想定されるような条件の場合において工学的計算を適用するよう配慮するのが現実的である。

　このため,ここでは盛土の安定性検討のフローチャートの例を**解図4－3－1**に示し,設計の手順と照査方法の選択の考え方を述べる。

　解図4－3－1において,盛土本体の設計を,既往の経験・実績に基づく仕様(後述する標準のり面勾配)の適用,あるいは工学的計算による盛土の安定性の照査のいずれで行うかは,基礎地盤や盛土の条件等による。

　解表4－3－1に示すように,盛土及び盛土周辺地盤の条件が以下のいずれかに該当する場合には,常時の作用に対して,さらには必要に応じて降雨の作用及び地震動の作用に対する安定性の照査を行い,盛土構造(盛土材料の使用区分等),地下排水工,のり面勾配及び保護工,締固め管理基準値を検討するとともに,必要に応じて地盤対策を検討する。また,以下の条件のいずれにも該当しない,あるいは該当しても対策等によりその不安定要因(条件)に対処できる場合には,後述する標準のり面勾配を適用することができる。

（ⅰ）盛土周辺の地盤条件

(a) 盛土の基礎地盤が軟弱地盤や地すべり地のように不安定な場合(地震時にゆるい砂質地盤が液状化する場合を含む。軟弱地盤の場合については「道路土工－軟弱地盤対策工指針」を参照。地すべり地の場合については「道路土工－切土工・斜面安定工指針」を参照。)。

```
                    ┌─────────┐
                    │   始    │
                    └────┬────┘       盛土高，盛土材料，天端幅
                         │            盛土周辺の地盤条件
                         │◄──────── 盛土周辺の土地利用状況
                         ▼
              ┌──────────────────┐
              │ 盛土の基礎地盤が │          ┌────────────────────────┐
              │ 軟弱地盤や地すべ │  YES     │「道路土工－軟弱地盤対策工指│
              │ り地のように不安├─────────►│針」，「道路土工－切土工・斜面安│
              │ 定か？           │          │定工指針」参照          │
              └────────┬─────────┘          └────────────────────────┘
                       │ NO
                       ▼
              ┌──────────────────┐
              │ 盛土材料         │
              │ 盛土高，のり面勾 │   NO
              │ 配が標準のり面勾 ├─────────────────┐
              │ 配の適用範囲か？ │                  │
              │ (解表 4-3-2)     │                  │
              └────────┬─────────┘                  │
                       │ YES                        │
                       ▼                            │
              ┌──────────────────┐                  │
              │ 盛土内に水の浸透 │  NO              │
              │ のおそれがないか?├──────┐           │
              └────────┬─────────┘      ▼           │
                       │ YES    ┌──────────────┐   │
                       │        │十分な排水対策│NO │
                       │    YES │によりすみやか├───┤
                       │◄───────┤に排水可能か？│   │
                       │        │(4-9)         │   │
                       │        └──────────────┘   │
                       │                            ▼
                       │                   ┌──────────────┐    ┌──────────────────┐
                       │                   │のり面勾配の仮│───►│急勾配化のための構│
                       │                   │定            │    │造選定フロー(解図 │
                       │                   └──────┬───────┘    │4-11-2)           │
                       │                          ▼            └──────────────────┘
                       │                   ┌──────────────┐
                       │                   │常時の作用に対│
                       │                   │する安定性の照│
                       │                   │査(施工時,供用│
                       │                   │時)(4-3-2)    │
                       │                   └──────┬───────┘
                       │                          ▼
                       │                   ┌──────────────┐    ┌──────────────────┐
                       │                   │安定性を確保？│ NO │のり面勾配，盛土材│
                       │                   │              ├───►│料，締固め管理基準│
                       │                   └──────┬───────┘    │等の変更          │
                       │                          │ YES        └──────────────────┘
                       │                          ▼
                       │                   ┌──────────────┐
                       │              NO   │降雨の作用に対│
                       │          ┌────────┤する安定性の照│
                       │          │        │査を行うか？  │
                       │          ▼        └──────┬───────┘
                       │   ┌──────────────┐       │ YES
                       │   │標準的な排水工│       ▼
                       │   │の設置 (4-9)  │ ┌──────────────┐
                       │   └──────┬───────┘ │降雨の作用に対│
                       │          │         │する安定性の照│
                       │          │         │査(4-3-3)     │
              ┌──────────────┐    │         └──────┬───────┘
              │標準のり面勾配│    │                ▼
              │の適用        │    │         ┌──────────────┐    ┌──────────────────┐
              │(解表 4-3-2)  │    │         │安定性を確保？│ NO │のり面勾配,盛土材 │
              └──────┬───────┘    │         │              ├───►│料,締固め管理基準,│
                     │            │         └──────┬───────┘    │排水工等の変更    │
                     │            │                │ YES        └──────────────────┘
                     │            │                ▼
                     │            │         ┌──────────────┐
                     │            │         │盛土の崩壊によ│ YES
                     │            │         │る影響が大きい├────┐
                     │            │         │か？          │    │
                     │            │         └──────┬───────┘    ▼
                     │            │                │ NO  ┌──────────────┐
                     │            │                │     │地震動の作用に│    ┌──────────────────┐
                     │            │                │     │対する安定性の│◄───┤のり面勾配,盛土材 │
                     │            │                │     │照査(4-3-4)   │    │料,締固め管理基準 │
                     │            │                │     └──────┬───────┘    │等の変更,補強盛土,│
                     │            │                │            ▼            │補強土壁,耐震対策 │
                     │            │                │     ┌──────────────┐    │の検討            │
                     │            │                │     │安定性を確保？│ NO └──────────────────┘
                     │            │                │     │              ├────────┘
                     │            │                │     └──────┬───────┘
                     │            │                │            │ YES
                     │            │                ▼◄───────────┘
                     ▼            ▼         ┌────────────────────────┐
              ┌──────────────────────┐      │各構成要素の設計(4-4～4-│
              │各構成要素の設計      │      │10)(のり面保護工,構造物 │
              │(4-4～4-10)           │      │取付け部の設計等)       │
              │(排水工,のり面保護工, │      └────────────┬───────────┘
              │構造物取付け部の設計  │                   │
              │等)                   │                   │
              └──────────┬───────────┘                   │
                         │                               │
                         ▼◄──────────────────────────────┘
                    ┌─────────┐
                    │   終    │
                    └─────────┘
```

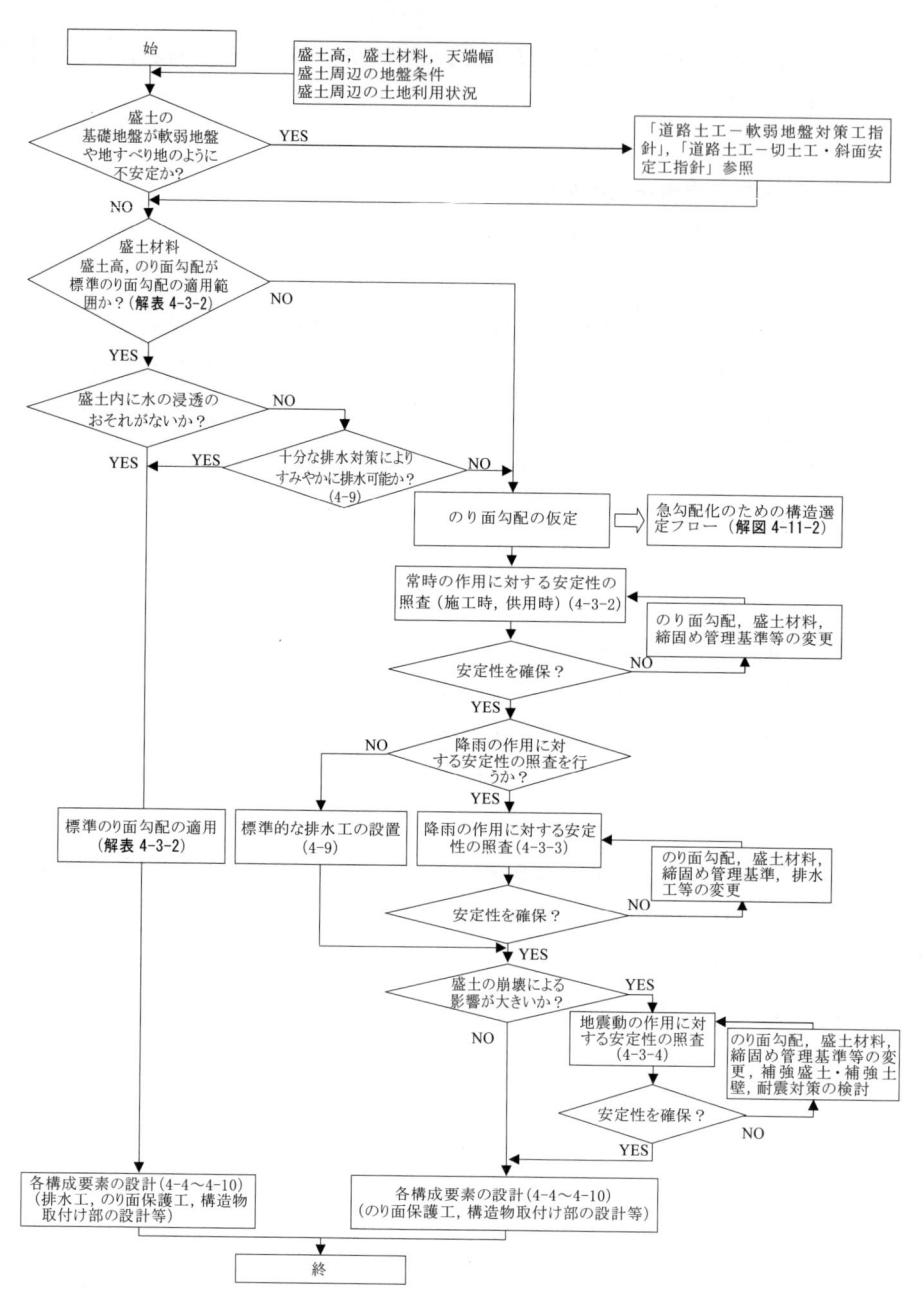

解図 4−3−1　盛土の安定性照査のフローチャートの例

解表 4-3-1 盛土の安定性の照査を行う盛土の条件

条　件		判断基準	備　考
盛土自体の条件	盛土高さ・勾配	盛土高・のり面勾配が**解表4-3-2**に示す標準値を超える場合	
	盛土材料	盛土材料が泥土等の**解表4-3-2**に該当しないような特殊土からなる場合	
盛土周辺の地盤条件	基礎地盤	盛土の基礎地盤が軟弱地盤や地すべり地のように不安定な場合	「道路土工－軟弱地盤対策工指針」及び「道路土工－切土工・斜面安定工指針」を参照する。
	湧水	降雨や浸透水の作用を受けやすい場合	ただし、4-9に従い、排水対策を十分に行い、**解表4-3-2**に示す標準のり面勾配の範囲内であれば安定性の検討を省略することができる。
	水際の盛土	盛土のり面が常時及び洪水時等に冠水したりのり尻付近が侵食されるおそれがある場合	

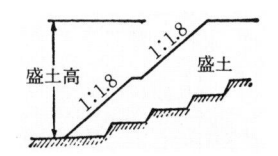

解図 4-3-2 盛土高の定義

(b) 降雨や浸透水の作用を受けやすい場合（例えば、片切り片盛り、腹付け盛土、斜面上の盛土、谷間を渡る盛土）。ただし、「4-9 排水施設」に従い、排水対策を十分に行い、**解表4-3-2**に示す標準のり面勾配の範囲内であれば、常時の作用、降雨及び地震動の作用に対する照査を省略することができる。排水対策の例を**解図4-3-3**に示す。

(c) 盛土が水際にあり、常時及び洪水時等に盛土のり尻付近が侵食されるおそれがある場合（例えば、池の中の盛土、川沿いの盛土）。

(ⅱ) 盛土自体の条件

(a) 盛土高・のり面勾配が**解表4-3-2**に示す標準値を超える場合。

(b) 盛土材料が**解表4-3-2**に該当しないような特殊土からなる場合。

解表4-3-2　盛土材料及び盛土高に対する標準のり面勾配の目安

盛土材料	盛土高（m）	勾配	摘要
粒度の良い砂(S)，礫及び細粒分混じり礫(G)	5m以下	1:1.5〜1:1.8	基礎地盤の支持力が十分にあり，浸水の影響がなく，5章に示す締固め管理基準値を満足する盛土に適用する。 （　）の統一分類は代表的なものを参考に示したものである。 標準のり面勾配の範囲外の場合は安定計算を行う。
粒度の良い砂(S)，礫及び細粒分混じり礫(G)	5〜15m	1:1.8〜1:2.0	
粒度の悪い砂(SG)	10m以下	1:1.8〜1:2.0	
岩塊（ずりを含む）	10m以下	1:1.5〜1:1.8	
岩塊（ずりを含む）	10〜20m	1:1.8〜1:2.0	
砂質土(SF)，硬い粘質土，硬い粘土（洪積層の硬い粘質土，粘土，関東ローム等）	5m以下	1:1.5〜1:1.8	
砂質土(SF)，硬い粘質土，硬い粘土（洪積層の硬い粘質土，粘土，関東ローム等）	5〜10m	1:1.8〜1:2.0	
火山灰質粘性土(V)	5m以下	1:1.8〜1:2.0	

注）盛土高は，のり肩とのり尻の高低差をいう（**解図4-3-2**参照）。

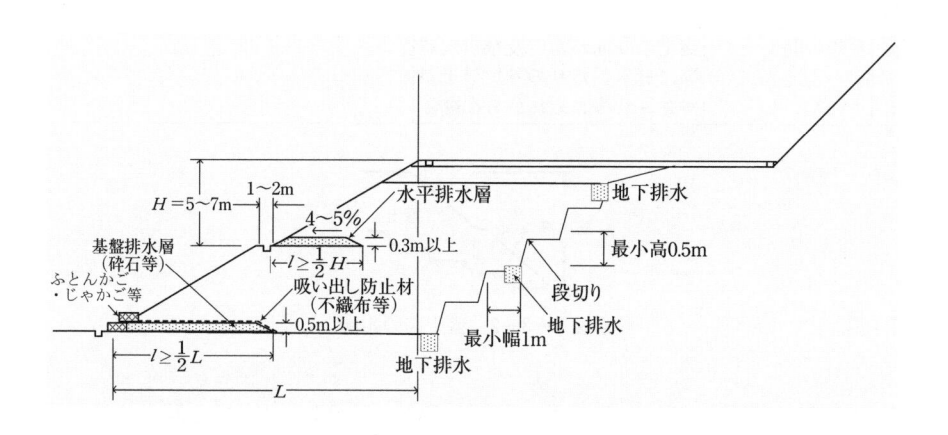

解図4-3-3　降雨や浸透水の作用を受けやすい盛土断面の排水対策例

　盛土に必要な性能が確保できるとみなせる仕様の一つとして，既往の数多くの施工実績や経験に基づき，**解表4-3-2**に示す盛土材料及び盛土高に対する標準的なのり面勾配（以下「標準のり面勾配」とする）がある。標準のり面勾配は，基礎地盤の支持力が十分にあり，基礎地盤からの地下水の浸透のおそれがない場合や，地下水の浸透に対しすみやかに排出する排水対策を十分に行い，かつ，水平方向に敷き均らし密実に転圧され，「5章　施工」に示す締固め管理基準値を満足する盛土で，必要に応じて侵食の対策（土羽土，植生工，簡易なのり枠，ブロ

ック張工等によるのり面保護工）を施した場合に適用できる。

なお，**解表 4－3－2** における盛土高の範囲は古い施工実績に基づく適用範囲の目安を示したものであり，近年ではこれを上回る高さの盛土も多く構築されているが，少なくとも上述した要件を満足する盛土については健全に機能していることが認められる。したがって，綿密な排水処理と盛土の締固めがなされることを前提に，近隣あるいは類似土質条件の盛土の施工実績，災害事例あるいは詳細検討事例等を踏まえて表中の盛土高さの範囲を拡大して適用することも可能である。

解図 4－3－4 に標準のり面勾配を適用した場合の盛土断面の仕様の例を示す。同図は砕石等の土質材料を基盤排水層として用いた場合の例である。ただし，岩砕盛土等の盛土材料の透水性が高い場合や平地部の両盛土で基礎地盤の地下水位が深い場合には，排水対策を省略してもよい。

なお，**解表 4－3－2** の勾配に幅があるのは，地域ごとに降水量の特性，土質の特性，凍上等の気温の特性等にばらつきがあることや，施工性を考慮したためである。

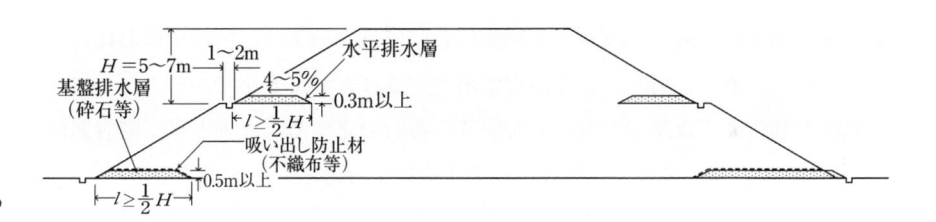

解図 4－3－4　標準のり面勾配を適用した場合の盛土の例

(2) 盛土の安定性の照査

解図 4－3－1 に従って検討した結果，盛土の安定性の照査を行う場合には，「4－2－1　荷重」に示す荷重条件のもと，4－3－2～4－3－4 に従って行えばよい。なお，この場合においても，計算結果のみに基づいて設計するのではなく，近隣あるいは類似土質条件の盛土の施工実績・災害事例等を十分に調査し，総合的な判断を加味して設計するのがよい。

(3) 設計の前提条件

　盛土の安定性，耐久性は，設計のみならず施工の善し悪し，維持管理の程度により大きく依存する。上記(1)，(2)は5章以降に示されている施工，品質管理，維持管理が適切に行われることを前提としている。したがって，実際の施工，品質管理，維持管理の条件が5章以降によりがたい場合には，5章以降に従った場合以上の性能が確保されるように別途検討を行う必要がある。特に，盛土材料の力学特性は盛土材料の土質，締固めの程度に強く依存するため，設計に当たっては，前提とする強度等の力学特性が発揮されるよう盛土材料の土質を定めるとともに，「5－4　締固め」に示されている締固め管理基準値，品質管理を満足する必要がある。

4－3－2　常時の作用に対する盛土の安定性の照査

(1) 既往の経験・実績に基づく仕様の適用範囲を超える盛土については，常時の作用に対する盛土の安定性の照査を行うことを原則とする。
(2) 常時の作用に対する安定性の照査においては，施工中，供用中における常時の作用に対し，盛土及び基礎地盤がすべりに対して安定であるとともに，変位が許容変位以下であることを照査するものとする。このとき，許容変位は，上部道路及び隣接する施設から決まる変位を考慮して定めるものとする。ただし，盛土材料及び基礎地盤に問題がない場合は，変位の照査を省略してよい。
(3) 常時の作用に対するすべりに対する安定の照査は，円弧すべり法によって安定を照査することにより行ってよい。

(1) 常時の作用に対する盛土の安定性の照査の基本的な考え方

　解表4－3－1に示したように，標準のり面勾配等の既往の経験・実績に基づく仕様の適用範囲を超える盛土については，常時の作用に対する安定性の照査を行うことを原則とする。解表4－3－2に示した盛土材料及び盛土高に対する標準的なのり面勾配をその適用範囲において用いる場合には，「5－4　締固め」に従って

入念に締め固め,「4-9 排水施設」に従って十分な排水施設を設置することを前提に,常時の作用に対する照査を省略してよい。

(2), (3) 常時の作用に対する盛土の安定性の照査の方法

　常時の作用に対する安定性の照査では,施工時,供用時に盛土が自重,載荷重等の組合せによって盛土が安定であること,及び,車両の走行に悪影響を及ぼす沈下や,隣接する施設や地盤に有害な沈下・変形・隆起等が生じないことを照査する。このため,常時の作用に対する照査に当たっては,盛土材料,盛土の基礎地盤の土質,湧水,地形等の条件を十分に考慮する必要がある。ただし,盛土自体の沈下については,圧縮性の低い材料を用い,第5章に示す締固め管理基準値を満足すれば,盛土自体の変形,沈下の照査を省略してよい。路床については,均一で十分な支持力を確保するために,舗装設計で仮定した強度を確保する必要がある。

　解図4-3-1に示すように,常時の作用に対する安定性が確保できない場合には,のり面勾配の変更,締固め管理基準値の引き上げ,盛土材料の変更・改良,地下排水工の設置,のり面保護工の適用,地盤改良,補強材等により安定性を確保することを検討する。

1) 常時の作用に対するすべりに対する安定の検討

① 照査指標及び許容値

　すべりに対する安定に関する照査指標としては,円弧すべり安全率を用いてよい。許容値は,地盤条件,施工中の動態観測の有無に応じて適切に設定する必要がある。下記②に示す方法を用いる場合については,長期間経過後(供用時)における許容安全率は1.2を目安とする。また,盛土材料として含水比の高い細粒土を用いる場合や,軟弱地盤上の盛土で詳細な土質試験を行い適切な動態観測による情報化施工を適用する場合には,盛土施工直後の安全率を1.1としてよい。基礎地盤が軟弱な場合の詳細については,「道路土工-軟弱地盤対策工指針」を参照されたい。

② 照査の方法

　常時の作用に対するすべりに対する安定の照査では,一般的に円弧すべり面や

複合すべり面を仮定した分割法を用いてよい。

常時荷重に対する照査は，盛土施工直後及び長期間経過後（供用中）について行う。盛土施工直後に盛土が不安定になるおそれがあるのは，基礎地盤が軟弱な場合，及び，高含水比の粘性土や火山灰土を用いる場合である。前者については，「道路土工－軟弱地盤対策工指針」を参照されたい。後者の場合，盛土自重の増加に伴う間隙水圧が残留することが不安定化の原因である。長期間が経過すると基礎地盤及び盛土は圧密の進行等により安定化する方向にある。長期間経過後に安定が問題となるのは降雨の作用または地震動の作用を受ける場合であるが，これらについては後述する。

③ 安定計算式

安定計算は，一般に，**解図4－3－5**に示すような円弧すべり面を仮定した分割法を用いて行ってよい。この方法はすべり面上の土塊をいくつかの分割片に分割し，各分割片で発揮されるすべり面上のせん断力と抵抗力を求め，それぞれ累計し，その比率によって安全率を求めるもので，計算式は以下に示すとおりである（修正フェレニウス法）。なお，盛土の構造，構成によっては，円弧すべり面の代わりに直線を含む複合すべり面を仮定する。

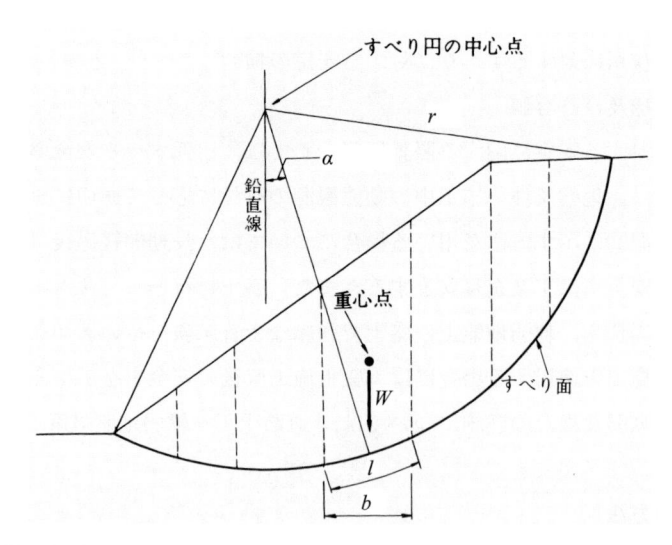

解図4－3－5 円弧すべり面を用いた常時のすべりに対する安定計算法

$$F_s = \frac{\sum\{c \cdot l + (W - u \cdot b)\cos\alpha \cdot \tan\phi\}}{\sum(W \cdot \sin\alpha)} \quad \cdots\cdots\cdots\cdots\cdots\cdots\cdots\cdots\cdots\cdots (\text{解 } 4-1)$$

ここに，F_s：安全率

c：土の粘着力(kN/m^2)

ϕ：土のせん断抵抗角（度）

l：分割片で切られたすべり面の長さ(m)

W：分割片の全重量(kN/m)，載荷重を含む。

u：間隙水圧(kN/m^2)

b：分割片の幅（m）

α：分割片で切られたすべり面の中点とすべり面の中心を結ぶ直線と鉛直線のなす角(度)

載荷重は，**解表4－3－2**に示す標準のり面勾配と同程度ののり面勾配を用いる場合には沈下のみ影響し，安定計算については影響が少ないので従来から考慮してこなかった。

しかし，以下のような盛土については，交通荷重や施工時の荷重を載荷重として考慮して安定計算を実施することが望ましい。

A．急勾配盛土工法，補強土壁工法

B．軟弱地盤上の低盛土（2～3m以下の盛土）

④ 土質定数

土の重量及び強度定数は「4－2－6 土質定数」による。

なお，高含水比の細粒土でUU強度を求める場合，練返しの程度，わずかな含水比の違い等により結果が大きく変化することがある。この場合，条件をいくつか変えた試験を実施した上で，盛立て条件と対比して慎重に強度定数を設定する必要がある。あるいは，施工含水比で締め固めた盛土材料の標準圧密試験より非排水条件下の間隙水圧を求め，経過した施工期間に排水されて低減される間隙水圧の度合いを圧密度より推定し，$\overline{CU}$試験により有効応力による強度定数 c', ϕ' を求めて有効応力法で安定計算する。

また，不飽和の効果を特別に考慮した解析を行う場合は，現場の盛土の含水比に対応する試験供試体についての三軸試験を実施して強度定数を求める。この場

合，不飽和土での試験ではモールの応力円の包絡線が**解図4－3－6**に示すように曲線になることがあるが，このような場合には計算対象盛土のすべり面の鉛直応力の領域で直線を引いて強度定数を求めるのがよい。

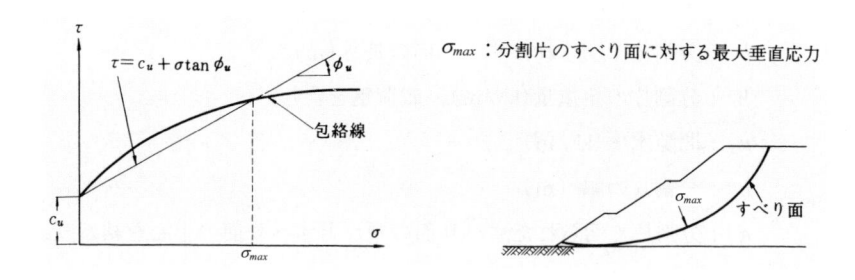

解図4－3－6 不飽和細粒土の非排水三軸試験結果と設計強度定数 c_u, ϕ_u の例

⑤ 間隙水圧

盛土材料が含水比の高い細粒土である場合に，盛土施工直後において盛土自重の増加に伴って盛土自体が圧縮し，そのために発生する過剰間隙水圧 u_r を考慮する。

粘土，軟岩，火山灰土（ローム）等の含水比の高い粘性土を盛土材料とした場合で，急速な施工をした場合に，この間隙水圧 u_r によって盛土が崩壊することがある。透水係数の高い盛土材料，圧縮しにくい硬い盛土材料では u_r は小さく無視できる。また，盛土の長期安定検討においても無視してよい。盛土施工中及び施工直後の間隙水圧を推定する方法には次の方法がある。

施工含水比で締め固めた盛土材料の標準圧密試験結果より，非排水条件下の間隙水圧（最大間隙水圧）を求め，経過した施工期間に排水される間隙水の圧力の減少度合いを圧密度より推定する。

なお，盛土下面や側方からの浸透水，あるいは雨水の浸透によって形成される間隙水圧については，「4－3－3　降雨の作用に対する盛土の安定性の照査」において考慮する。

[**参考**]　盛土内の間隙水圧 u_r の推定方法の例

盛土施工時の盛土内の間隙水圧 u_r は，次式に示す非排水条件を仮定したヒルフの式によって求めることもできる[2]。

$$u_r = \frac{P_a \cdot \Delta}{v_a + h \cdot v_w - \Delta} \quad \cdots\cdots\cdots\cdots\cdots\cdots\cdots\cdots\cdots\cdots\cdots\cdots\cdots\cdots (参4-1)$$

ここに，u_r：間隙水圧（kN/m²）

　　　　P_a：盛土施工箇所の大気圧（kN/m²）

　　　　Δ：盛土材料の圧縮率（$=(e_0-e)/(1+e_0)$）

　　　　e_0：供試体の間隙比

　　　　e：圧密圧力に対応する間隙比

　　　　v_a：締固め土の自由空気量（$=n_0(1-S_0)$）

　　　　h：水中の空気溶解度（$h=0.0198$）

　　　　v_w：締固め土の間隙内の水の量（$=n_0 S_0$）

　　　　n_0：締固め土の間隙率

　　　　S_0：締固め土の飽和度

⑥　安定対策を検討するときの照査方法

　高含水比の細粒土をそのまま用いて盛り立てると盛土の安定性が確保されないと判断される場合には，盛土内に水平排水層を設ける（**解図4-9-15** 参照），あるいは盛土材料を安定処理する（「4-6　盛土材料」参照）などの対策を検討する。水平排水層を設ける場合には，既往の経験と動態観測の結果により設計されることが多いが，照査を経て設計する場合には，圧密試験を行って排水層による間隙水圧消散効果を予測し，それによる強度増加を評価する。

　盛土材料を安定処理する場合には，安定処理材を配合した試料について一軸圧縮試験や三軸圧縮試験を行って発現強度を求める。ただし，室内試験と現場における発現強度には違いがあるので補正して用いる必要がある。また，養生時間に従って強度が増加していくことも適切に考慮する必要がある。

[**参考**]　崩壊のり面についての安定計算

　本計算手法は，一度すべり等が生じた盛土を再構築する場合に適用する。

一般には，崩壊のり面のすべり面付近から乱さない試料を採取し，せん断試験を実施し，その結果より安定計算のための強度定数を決定する。しかしながら，崩壊土の土質試験が可能である場合が少なく，また復旧までの時間的な余裕も少ないことから，崩壊すべり面を推定し，式（参4-2）からすべり面全体に沿った平均的なせん断強度の値を求める方法が合理的である。すなわち，次の方法によって崩壊のり面に関するせん断強度を推定し，対策工の検討における参考資料とすることができる。

$$\tan\phi = \frac{\Sigma(W\cdot\sin\alpha - c\cdot l)}{\Sigma\{(W - u\cdot b)\cos\alpha\}} \quad\cdots\cdots\cdots\cdots\cdots\cdots\cdots\cdots\cdots\cdots\cdots\cdots（参4-2）$$

ここに，ϕ：土のせん断抵抗角（度）
　　　　c：土の粘着力（kN／m²）

ここで，間隙水圧 u は崩壊時の湧水の状況，周辺の地盤調査における水位観測結果，原地形等を加味して推定する。またせん断抵抗角ϕは，粘着力 c を 0～10kN/m²程度の領域で任意に選択し，$\tan\phi$～c 図を作成して決定する。

2）常時の作用に対する変形の検討

　盛土自体の沈下については，良好な締固め施工を行った場合には道路の供用中に生じる圧縮量は盛土高の約1％以内であり，比較的早期に沈下が終わるのが普通である。このため，圧縮性の低い材料を用い，適切な締固め管理基準値を満足すれば，盛土自体の変形，沈下の照査を省略してよい。また，盛土自体の沈下としては，構造物裏込め部の沈下が特に問題となる。これらは現在のところ理論に基づく検証方法はない。本指針では，「4-10　盛土と他の構造物との取付け部の構造」に従い，裏込め材には良質な材料を用いるとともに，第5章に示す締固め管理基準値を満たせば，照査を省略してよいこととした。

　盛土材料に問題がある場合や軟弱地盤上の盛土で沈下や変形の影響が懸念される場合には，盛土及び基礎地盤の変形について照査する。

① 照査指標及び許容値

　変形に関する照査指標としては，一般に残留沈下量を用いる。常時の作用に対する変形の照査では，施工直後，供用期間中に想定される盛土及び基礎地盤の変形が，性能に応じて定められる許容値以内であることを照査する。土工構造物では，基礎地盤の沈下はある程度避けられないが，道路盛土はオーバーレイ等によ

り補修が比較的容易であることから，維持管理を含めたライフサイクルコストが最適となる程度の沈下等の変形は許容することができる。このため，残留沈下量の許容値は，段差等が交通の支障となる構造物取付け部や構造物間の盛土等の条件，踏掛版等の構造物取付け部の構造，路面及び沿道に及ぼす沈下の影響，維持管理での対応の難易度及び類似盛土・地盤条件の実績等を十分考慮して定める必要がある。軟弱地盤における残留沈下量の許容値は，橋梁・高架との取付け部の盛土において，維持修繕等で平坦性を確保することを前提として，盛土中央部における残留沈下量として舗装後3年間で10 cm～30 cm程度としてよい。

また，軟弱地盤上で近接する構造物等が存在し，基礎地盤の側方変位がそれらに影響を与える可能性がある場合には，照査指標としては，上記に加えて，側方変位量も考慮する。許容値は，状況によっては周辺構造物の管理者とも協議の上，適切に設定する必要がある。

② 照査の方法

圧縮性に問題がある盛土材料を用いる場合には，盛土材料の圧密試験等を行い盛土自体の圧縮沈下について検討するとともに，試験施工等により変形・沈下の検証が必要である。また，施工に当たっては動態観測を行うことが望ましい。

軟弱地盤上で近接する構造物等が存在する場合には，工事中・供用中における周辺の家屋や地盤に与える沈下・変形・隆起等の影響について，変形解析等により照査するとともに，原則として観測施工により計測・管理を行う。詳細については，「道路土工－軟弱地盤対策工指針」を参照すること。

4-3-3 降雨の作用に対する盛土の安定性の照査

(1) 地下水位の高い箇所の盛土，長大のり面を有する高盛土，傾斜地盤上の盛土，谷間を埋める盛土，片切り片盛り，切り盛り境部の盛土等の降雨や浸透水の作用を受けやすい盛土については，降雨の作用に対する盛土の安定性の照査を行うことを原則とする。ただし，「4-9 排水施設」に従い，表面排水工，のり面排水工，地下排水工等の十分な排水施設を設置する場合には，降雨の作用に対する盛土の安定性の照査を省略してよい。

(2) 降雨の作用に対する盛土の安定性の照査においては，降雨の作用，浸透水等の作用に対して盛土及び基礎地盤がすべりに対して安定であることを照査することを原則とする。

(3) 降雨の作用に対する安定性の照査は，降雨の作用による浸透流を考慮して円弧すべり法によってすべりに対する安定を照査することにより行ってよい。

(1) 降雨の作用に対する盛土の安定性の照査の基本的考え方

地下水位の高い箇所に盛土を構築するような場合，長大のり面を有する高盛土，傾斜地盤上の盛土，谷間を埋める盛土，片切り片盛り，切り盛り境部の盛土では，降雨時に盛土が崩壊することが多い。このため，このような箇所の盛土については，降雨の作用に対する盛土の安定性の照査を行うことを原則とする。ただし，降雨の作用に対する盛土の安定性には，のり面を流下する雨水や，のり面や地山からの盛土への浸透水が大きく影響するが，これらの評価については不明確な点が多い。このため，一般的には「5-4 締固め」に従って入念な締固めを行い，かつ「4-9 排水施設」に従い，表面排水工，のり面排水工，地下排水工等の十分な排水施設を設置することにより，降雨の作用に対する盛土の安定性の照査を省略してよい。

なお，のり面排水工，あるいは道路横断排水施設等の表面排水施設の配置計画及び設計照査の方法については「道路土工要綱　共通編　第2章　排水」を参照されたい。

(2), (3) 降雨の作用に対する盛土の安定性の照査の方法

降雨に対する盛土の安定性の照査を行う場合には，降雨の作用に対して盛土が安定であることを照査する。

① 照査指標及び許容値

降雨の作用に対する安定性の照査における照査指標としては，安全率を用いてよい。降雨の作用に対する許容安全率は1.2を目安として設定する。

② 照査手法

降雨の作用に対する安定性の照査では，降雨の作用によりのり面及び地山から浸透する水の影響を考慮して，便宜的・経験的に円弧すべり面を仮定した安定計算により照査してよい。ただし，盛土や原地盤の構造，構成によっては，円弧すべり面の代わりに直線を含む複合すべり面を仮定する。

　解図4－3－7において円弧ＡＣをすべり面とし，図示のような浸透流があるものとすると，このときの安全率は常時の作用に対する安定性の照査と同じく式(解4－1)で与えられる。式(解4－1)における土の強度定数は，「4－2－6　土質定数」によるものとする。

　式(解4－1)から，降雨により土の単位体積重量が増加したり（Wの増加），地中の間隙水圧uが上昇すると，のり面のすべり安全率F_sが低下する。この場合，間隙水圧としては通常の地下水による間隙水圧と降雨等の浸透流による間隙水圧を含む全水圧を用いる。盛土斜面の長期安定検討に当たっては，この間隙水圧の決定が最も重要である。この間隙水圧は，盛土の土質・形状・排水層の配置・原地盤の状態等を勘案して浸透流解析や図解法等によって推定をすることが望ましい。

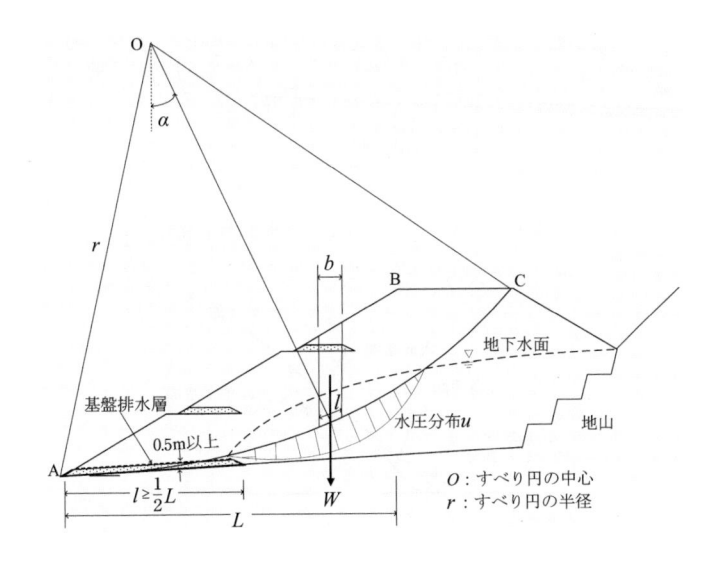

解図4－3－7　浸透流のある盛土の安定解析

ただし，地山の境界条件，盛土の浸透特性等の不確定な面が大きいため，実務上は「4-9-5　地下排水工」に示す排水材料，厚さの基盤排水層を設置することを前提に，**解図4-3-8**に示すような地山からの浸透流を仮定した簡便法で行えばよい。また，雨水の浸透によって発生する間隙水圧は盛土の構成によってはかなり大きな値となることがあるので，必要に応じてのり面からの浸透水も考慮する。ただし，「4-8-2　のり面の保護」，「4-9-2　表面排水工」，「4-9-5　地下排水工」を参考に，のり面保護工を設置し，かつ表面排水施設及び各小段に水平排水層を設置した場合には，のり面からの浸透水を考慮しなくてもよい。

　このような計算によってのり面の安定性の照査を行い，安定を確保するのに必要な地下水位の低下量や，基盤排水層の長さ等を検討しなければならない。

　しかし，粘着力の小さい材料では式(解4-1)が適用されるような全般破壊よりもむしろ，**解図4-3-9**に示すようにのり尻付近ではまず一次的な崩壊を生じ，

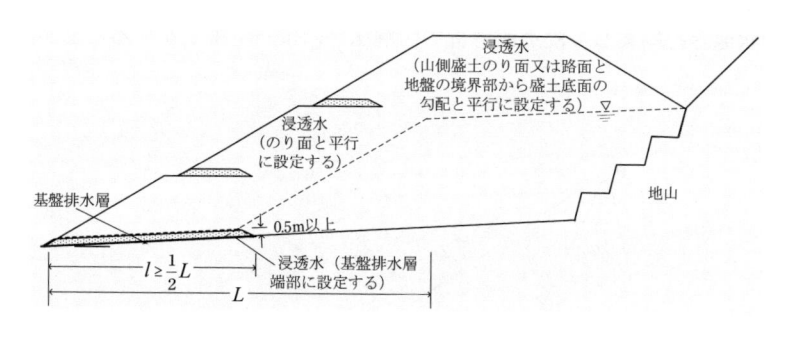

解図4-3-8　地山から浸透流の簡易設定法

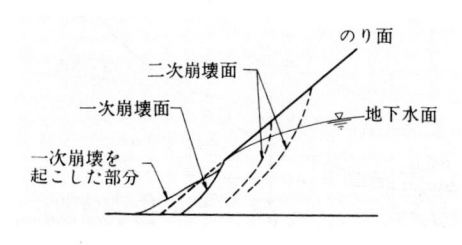

解図4-3-9　盛土のり面の一次と二次崩壊

これが原因となって二次的なすべりを誘発することが多い。このため，上記安定検討を行った場合にも，その結果にかかわらず，盛土のり尻にはのり尻からのり肩までの水平距離の1/2程度以上の長さの基盤排水層を設置し，また必要に応じてふとんかご・じゃかご工を設置することが望ましい。なお，降雨の作用に対する盛土の安定性の照査を省略した場合には，**解図4－3－3**及び「4－9－5　地下排水工」を参考に基盤排水層の長さを設定する。

　これらの地下排水工については，事前調査や施工時の観察等によりその配置計画や規模を設定するが，地山からの湧水及びその可能性については特に慎重に配慮し，地形・地質的にその可能性があり得ると考えられる場合には，余裕を持った地下排水工の配置，規模とすることが望ましい。

4－3－4　地震動の作用に対する盛土の安定性の照査

(1)　重要度1の盛土のうち，盛土の特性や周辺地盤の特性から大きな被害が想定される盛土については，地震動の作用に対する盛土の安定性の照査を行うことを原則とする。地震動の作用に対する盛土の安定性の照査に当たっては，十分な排水処理と入念な締固めを前提に，レベル1地震動に対する照査を行えば，レベル2地震動に対する照査を省略してよい。ただし，極めて重大な二次的被害のおそれのある盛土についてはレベル2地震動に対する照査を行うことが望ましい。

(2)　地震動の作用に対する盛土の安定性の照査においては，地震動レベルに応じて盛土及び基礎地盤がすべりに対して安定であること，ないしは，変位が許容変位以下であることを照査するものとする。このとき，許容変位は，上部道路への影響，損傷した場合の修復性及び隣接する施設への影響を考慮して定めるものとする。

(3)　レベル1地震動の作用に対する性能1の照査及びレベル2地震動の作用に対する性能2の照査は，地震の影響を考慮した円弧すべり法によって盛土及び基礎地盤のすべりに対する安定を照査することにより行ってよい。

(1) 地震動の作用に対する盛土の安定性の照査の基本的考え方

　過去の大地震時に被害を受けた盛土は，傾斜地盤上の盛土，谷間を埋める盛土，片切り片盛り，切り盛り境部の盛土，液状化を生じるようなゆるい砂地盤上の盛土が多く，まれに軟弱な粘性土地盤上の盛土も被害を受けている。これらの被害を防ぐためには，これまでの技術経験を踏まえて，段切り等の基礎地盤の処理，基礎地盤並びに盛土内の排水処理を適切に行うとともに，入念な施工及び適切な施工管理を行うことにより対応することが基本である。

　一方，重要な盛土では，立地条件によっては地震時に限定的な損傷にとどめることが要求される場合もある。このため，万一損傷すると交通機能に著しい影響を与える場合，あるいは，隣接する施設に重大な影響を与えるような重要度1の盛土のうち，盛土の特性や周辺地盤の特性から大きな被害が想定される盛土については，地震動の作用に対する盛土の安定性の照査を行うことを原則とする。大きな被害が想定される盛土としては，軟弱地盤や傾斜地盤上の高盛土，谷間を埋める高盛土，片切り片盛り部の高盛土，切り盛り境部の高盛土，著しい高盛土，過去に被災履歴のある盛土等が挙げられる。いずれの盛土においても，路線全てに渡り地震動の作用に対する盛土の安定性の照査を行うことは現実的ではないため，相対的に弱点となる上記のような盛土箇所を抽出して照査を行うのがよい。

　地震動の作用に対する盛土の安定性の照査に当たっては，上述した基礎地盤の処理，排水処理，締固め等の入念な施工が行われることを前提とする。特に，片切り片盛り部や傾斜地盤上の盛土，谷間を埋める盛土で大規模な崩壊を生じた事例の調査結果によると，盛土内の水の存在が被害の程度に大きく影響していることがわかっている。このため，傾斜地盤上の盛土，谷間を埋める盛土，片切り片盛り部の盛土，切り盛り境部の盛土では，4－9－2及び4－9－5に示す表面排水工，地下排水工を設置するとともに，必要に応じて「4－3－3　降雨の作用に対する盛土の安定性の照査」に従い地山からの浸透水を考慮して降雨の作用に対する安定性の検討を行った上で，地震動の作用に対する照査を行う必要がある。また，地震時には特に，切り盛り境部，カルバート及び橋台等の横断構造物取付け部に生じる段差が道路交通に影響を及ぼすが，これについては，「4－10　盛土と他の

構造物との取付け部の構造」に従い不同沈下による過大な段差等が生じないように適切な処理を施すことを原則とする。

地震動の作用に対する盛土の安定性の照査に当たっては，十分な排水処理と入念な締固めを前提にレベル1地震動に対する照査を行えば，レベル2地震動に対する照査を省略してよい。これは，盛土は既往の経験・実績から一般に修復性に優れていること，基礎地盤の処理，排水処理，十分な締固め等の入念な施工が行われていれば，被害は限定的であることを考慮したものである。ただし，極めて重大な二次的被害のおそれのある盛土については，レベル2地震動に対する照査を行うことが望ましい。

地震動の作用に対する盛土の安定性の照査は，地震動レベルに応じて盛土及び基礎地盤が安定であること，変位が許容変位以下であることを照査することにより行うことを基本とする。なお，軟弱粘性土，液状化の発生が懸念されるゆるい飽和砂質土上に構築される盛土等，盛土基礎地盤の安定性が問題となる場合の耐震性能の照査は，「道路土工－軟弱地盤対策工指針」によるものとする。

ただし，地震動の作用に対する盛土の安定性の照査手法には，土質・地質調査，試験も含めて多くの仮定や不確定要素を含んでおり，想定する作用に対する盛土の挙動を的確に予測するのは容易ではない。したがって，数値解析等の結果のみで判断するのではなく，数値解析等はあくまでも検討の一手段として取り扱い，周辺の道路等における類似盛土の条件（土質，盛土高等），施工実績や災害事例等の調査も含めた総合的な検討を行う必要がある。

検討の結果，必要とされる性能を満足しない場合には，のり面勾配の変更，基礎地盤の対策，盛土材料の改良について検討を行う。また，「4－11　補強盛土・軽量盛土」を参考に，補強盛土や補強土壁等の採用も検討することが望ましい。

(2), (3)　地震動の作用に対する盛土の安定性の照査の方法
1）照査指標と許容値

道路盛土の被害は，路面の沈下や段差，亀裂の形で表面化することが多い。これらの被害のうち，道路の性能に大きな影響を与えるものは段差であり，特に，切り盛り境部，カルバート及び橋台等の横断構造物取付け部に生じる段差が道路

交通に影響を及ぼす。横断構造物取付け部や切り盛り境部に生じる段差は，盛土部の残留沈下量とほぼ等しいため，地震時残留沈下量を照査指標として，耐震性の検討を行うことが妥当であると考えられる。ただし，過去の地震による盛土の被害程度と復旧日数の関係をみると，沈下量の大小と復旧日数の関係には必ずしも明瞭な相関は見られず，地震後の迅速な点検や復旧体制の構築の程度に依存している傾向がある。したがって，地震時残留沈下量の許容値の設定に当たっては，要求性能や地盤条件だけでなく，切り盛り境部，カルバート，橋台等の構造物との取付け部の条件，防災計画や震後対応についても吟味の上，総合的に判断する必要がある。さらに，地震時残留沈下量以外にも，周辺構造物の状況によって，地震動の作用による基礎地盤の側方変位が隣接する施設等に影響を与える可能性がある場合には，地震時側方変位量等も考慮する必要がある。その際には，万一盛土が被災した場合の周辺構造物への影響等を考慮し，許容値を適切に設定する必要がある。また，安定計算法によって耐震性の照査を行う場合には，照査指標として安全率を用いることができる。

2）照査の考え方

　地震動の作用に対する盛土の安定性の照査手法については，従来より種々の動的照査法や静的照査法が提案されている。しかしながら，盛土の地震時挙動を精緻に推定することは未だ困難であり，被災パターンや被災程度を精度よく推定する手法に関する研究開発が進められている途上であるが，ここでは，実務への適用性を考慮して比較的よく用いられる解析手法を示す。

① 　レベル1地震動に対する性能1の照査

　解表4－3－3に示したレベル1地震動に対する設計水平震度に対して，円弧すべり面を仮定した安定解析法によって算定した地震時安全率の値が1.0以上であれば，盛土の変形量は十分に小さいと考えられるため，レベル1地震動に対して性能1を満足するとみなしてよい。

　また上記以外の手法として，残留変形解析法によって算定した盛土の変形量が，性能1の限界状態に対応した変形量の許容値を下回れば，性能1を満足するとみなしてよい。

② 　レベル2地震動に対する性能2の照査

残留変形解析によって算定した盛土の変形量が，要求性能に応じた限界状態に対応した変形量の許容値を下回れば，要求性能を満足するとみなしてよい。なお，変形量を直接求めるものではないが，レベル2地震動に対する設計水平震度に対して，円弧すべり面を仮定した安定解析法によって算定した地震時安全率の値が1.0以上であれば，盛土の変形量は限定的なものにとどまると考えられるため，レベル2地震動の作用に対して性能2を満足するとみなしてよい。

3）照査手法

　地震動の作用に対する盛土の安定性の照査手法は，構造物の変形を直接的に求めることができる残留変形解析手法と構造物の地震時安定性を安全率等により照査する震度法による安定解析手法に大別される。残留変形解析手法は直接的に構造物の残留変形を求めることができるのに対し，震度法による安定解析手法は構造物の安定性の有無を照査するものであり，直接的に構造物の残留変形を評価するものではない。ただし，解析手法の種類によっては，これまでの被災事例等の分析により安全率に基づき経験的に盛土の変形性能や被災程度等を評価している手法もある。

　残留変形解析手法には，構造物の地震時挙動を動力学的に解析する動的照査法と，地震の影響を静力学的に解析する静的照査法に大別される。動的照査法には，後述するニューマークのすべりブロック法（以下，ニューマーク法[4]）や，動的弾塑性有限要素解析等がある。ニューマーク法は，入力パラメータの設定が円弧すべり法と同等であるが，比較的簡便に地震時の盛土の残留変位を求めることができる。動的弾塑性有限要素解析は，地震時の現象を詳細にモデル化したもので，詳細な地盤調査とそれに基づく入力データの設定と高度な技術的判断を必要とする。一方，静的照査法には，地震動による繰返し荷重による地盤の残留変形を見かけ上の剛性の低下によるものとしてモデル化して，静的な自重変形解析を実施する静的自重変形解析法[例えば3)]等がある。

　解析手法の選定に際しては，設計地震動の設定，構造物の地震時挙動，想定される被害形態，各々の解析手法のパラメータの設定方法，解析手法の適用限界，必要とされる精度等を考慮して，適切な手法を選定する必要がある。

① 震度法による安定解析手法

従来，耐震性の照査において，円弧すべり面を仮定した震度法等による安定解析により安全率を照査する方法が一般的に用いられてきた。震度法による安定解析手法は構造物の安定性の有無を照査するものであり，直接的に構造物の残留変形を評価するものではないが，これまでの被災事例等の分析により安全率に基づき経験的に構造物の変形性能や被災程度等を評価することもある。ここでは，これまでに蓄積された知見や技術的な現状を踏まえた上で，以下に示すような震度法により慣性力を考慮した円弧すべり面を仮定した安定解析法を紹介する。ただし，盛土周辺に施設があるなど特に重要な構造物の耐震性能の照査に当たっては，後述する地震時残留変形解析により地震時の残留変形量が許容値を満足することを確認することが望ましい。

　盛土が主として慣性力で崩壊すると考えられる場合には，修正フェレニウス法に震度法を適用した式(解4-2)を用いて安全率を算出することができる。本式では常時の強度を用いるが，地震動が作用すると水で飽和した土は，非排水条件での繰返し載荷の影響により地盤の強度が低下する場合もある。このため，土の強度低下が著しくない，十分な締固めがなされた山地部の盛土や粘性土の卓越した平地部盛土が一般的な適用範囲であり，液状化が生じる可能性のある地盤上の盛土等，地震動の作用による土の強度低下が著しい場合には適用できない。

$$F_s = \frac{\Sigma\{c \cdot l + [(W - u \cdot b)\cos\alpha - k_h \cdot W \cdot \sin\alpha]\tan\phi\}}{\Sigma\left(W \cdot \sin\alpha + \dfrac{h}{r} \cdot k_h \cdot W\right)} \qquad \cdots\cdots\cdots\cdots \text{(解 4-2)}$$

ここに，F_s：安全率
　　　　c：土の粘着力(kN/㎡)
　　　　ϕ：土のせん断抵抗角（度）
　　　　l：分割片で切られたすべり面の長さ(m)
　　　　W：分割片の全重量(kN/m)
　　　　u：間隙水圧(kN/㎡)
　　　　b：分割片の幅(m)
　　　　α：各分割片で切られたすべり面の中点とすべり円の中心を結ぶ直線
　　　　　　と鉛直線のなす角（度）

k_h : 式（解4-3）で定められる設計水平震度

h : 各分割片の重心とすべり円の中心との鉛直距離（m）

r : すべり円弧の半径(m)

　設計水平震度 k_h は，次式により算出してよい。ここに，地域別補正係数の値及び耐震設計上の地盤種別の算出方法については，「道路土工要綱　巻末資料　資料－1」によるものとする。

$$k_h = c_z \cdot k_{h0} \quad \cdots\cdots\cdots\cdots\cdots\cdots\cdots\cdots\cdots\cdots\cdots\cdots\cdots\cdots\cdots\cdots\cdots\cdots\cdots\cdots \text{（解4-3）}$$

　ここに， k_h ：設計水平震度（小数点以下2桁に丸める）

　　　　　 k_{h0} ：設計水平震度の標準値で，**解表4－3－3**による。

　　　　　 c_z ：地域別補正係数

　解表4－3－3に示す設計水平震度の標準値は，円弧すべり面を仮定した安定計算に用いることを想定して，既往地震における盛土の被害・無被害事例の逆解析結果に基づいて設定したものである。このため，上記以外の照査法により照査を行う場合には，**解表4－3－3**の値を用いてはならない。なお，円弧すべり面を仮定した安定計算に用いるレベル2地震動の設計水平震度は，地震動タイプによらず一律に与えることとした。これは，既往地震の逆解析に用いたデータが限られているため，考慮すべき設計水平震度に地震動タイプによる有意な差が見られなかったためである。**解表4－3－3**の設定根拠については，「付録2．地震動の作用に対する照査に関する参考資料」を参照されたい。

解表4－3－3　設計水平震度の標準値（k_{h0}）

	地盤種別		
	I種	II種	III種
レベル1地震動	0.08	0.10	0.12
レベル2地震動	0.16	0.20	0.24

　なお，レベル2地震動に対する照査に適用する場合には，すべり円弧の設定に際して，のり面表層付近のすべりは無視し，**解図4－3－10**のように車道を横切る（のり肩から4m程度以上）円弧を設定するのがよい。

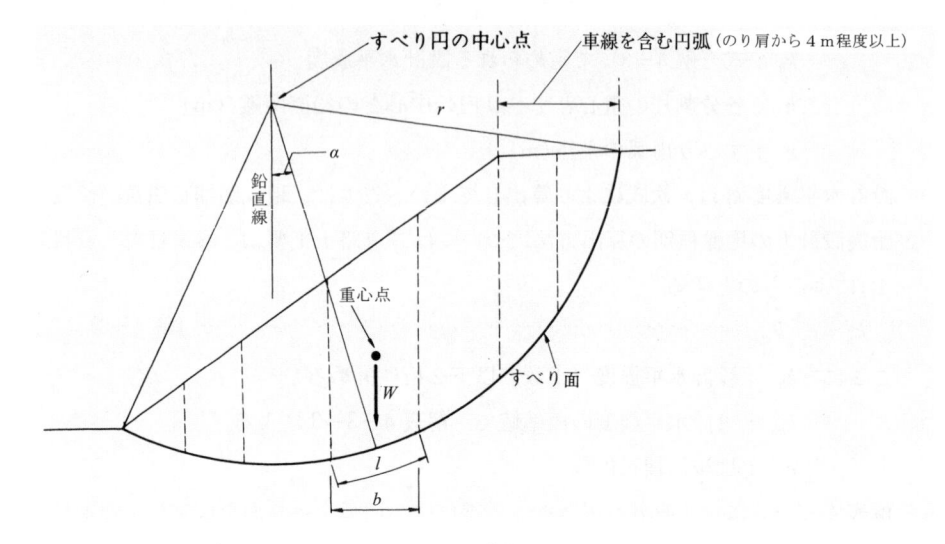

解図 4−3−10　レベル2地震動に対するすべり面の設定

② 地震時残留変形解析手法

　地震時残留変形解析手法には，簡便なものから複雑なものまで様々な手法が提案されている。ここでは，代表的な方法としてニューマークのすべりブロック法（以下，ニューマーク法[4]）を紹介する。

　ニューマーク法は，すべり土塊が剛体であり，すべり面における応力ひずみ関係が剛完全塑性であると仮定して地震時のすべり土塊の滑動変位量を計算する方法である。実際の盛土は，繰返し応力による変形の累積性，軟化性等が強い非線形性を示すため，ニューマーク法は厳密な方法ではない。しかしながら，この方法は入力パラメータの設定が円弧すべり法と同等であること，理論の簡明さに比べて比較的妥当な結果を与えることから，この方法により得られる滑動変位量は，盛土の耐震性を評価する指標として有効であると考えられている。ただし，ニューマーク法は，液状化が生じる可能性のある地盤上の盛土等，地震動の作用による土の強度低下が著しい場合には適用できない。なお，レベル2地震動に対する照査に適用する場合には，**解図 4−3−10** のように，すべり円弧の設定に際してのり面表層付近のすべりは無視して車道を横切る円弧を用いるのがよい。また，「4−2−6　土質定数」で述べたように，十分な締固めを行った盛土材料においては，

ピークせん断強度が増加し，地震時の残留変位量を低減させる効果がある。このためニューマーク法の適用に当たっては，十分な締固めを行うことを前提として，一旦ピーク強度を示した後，すべりが発生することにより土の強度が軟化し残留強度まで低下することの影響を考慮してよい。

その他にも，静的自重変形解析法[例えば3)]，弾塑性有限要素解析法等があり，想定する被害形態，現場条件，設定した照査指標，解析手法の特徴等を考慮して，適切な手法を採用する必要がある。

いずれの手法を採用した場合でも，入力パラメータと解析結果の吟味は非常に重要であり，各解析手法の精度を最大限引き出すために必要不可欠な作業である。なお，ここに紹介した以外の方法でも，合理的な方法であれば，採用することができる。

4-4 各構成要素の設計

盛土の各構成要素は，4-5〜4-10 を満足することを原則とする。ただし，別途詳細な検討を行った場合にはこの限りではない。

盛土の主な構成要素については**解図1-2-1**に示したが，これらについて，既往の経験・実績から**解表4-1-1**に例示した性能を満足するとみなせる標準的な仕様を4-5〜4-10に示した。盛土の安定性の照査を省略する場合にはこれに従うのが原則である。ただし，別途詳細な検討を行う場合にはこの限りでない。また，盛土の安定性の照査を行った場合においても，定量的な照査では確認できない項目については，これに従う必要がある。

4-5 基礎地盤

盛土の安定性を確保し，盛土の有害な変形の発生を抑制するため，必要な場合には盛土の基礎地盤について適切な処理を施さなければならない。

盛土の安定性を確保するため，あるいは盛土の有害な沈下を抑制するために，盛土の基礎地盤の処理が非常に重要である。したがって，適切な地盤調査を実施した上で対応が必要な場合には，盛土構造，基礎地盤の状況に応じて適切な処理を施さなければならない。具体的な施工方法については「5－2　基礎地盤の処理」を参照されたい。

以下に，特に基礎地盤の処理が必要となる場合について解説する。

(1)　軟弱地盤上の盛土

軟弱地盤上の盛土は安定，沈下，側方変形が問題となるが，その詳細は「道路土工－軟弱地盤対策工指針」を参照されたい。

(2)　傾斜地盤上等の盛土

傾斜地盤上の盛土，谷間を埋める盛土，片切り片盛り，切り盛り境部では地山からの湧水が盛土内へ浸透し，盛土が不安定となることが多い。このような場合は，盛土内へ地下水が浸透しないように，かつ盛土内の水圧を減少させるために「4－9－6　特に注意の必要な地下排水」，「4－9－7　盛土内の排水」を参考に地下排水工を設ける必要がある。また，地山の表面付近の土のせん断強さは風化等によって低いことがあり，その場合には**解図4－5－1**に示すように，できるだけ深く地山を掘削して段切りを施すことが安定性の確保の観点から望ましい。段切りを行う地山の勾配は，原則として1:0.5～1:4（鉛直：水平）の範囲とする。段切りの最小幅は1m，最小高さは0.5mとする（**解図4－5－1**(a)参照）。

解図4－5－2に示すような不安定な基礎地盤上に盛土する場合，土質調査等により事前に十分な検討を行うとともに，施工段階においても掘削状況により現場を十分調査し，基礎地盤の状況を把握することが重要である。

基礎地盤が傾斜し，表層部に高含水比の軟弱層が堆積している場合には，**解図4－5－3**に示すような表層部の軟弱層の除去や，地盤改良等の対策を考慮するものとする。

ゆるく堆積した崖錐または地すべり地のように不安定な場合には，降雨時や地震時に基礎地盤とともに盛土が崩壊することがある。このような場合にはできる

(a) 一般的な盛土の例

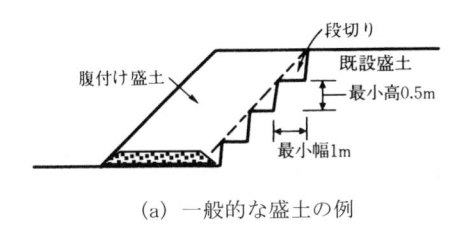

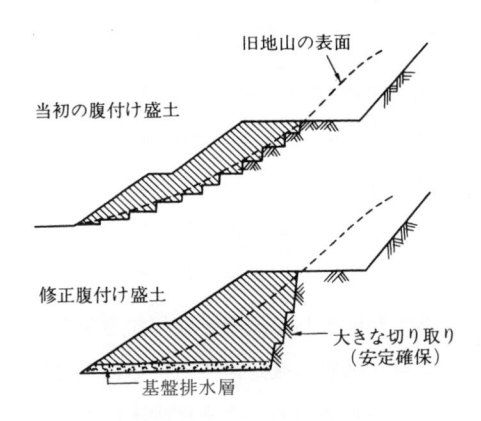

(b) 大きな切り取りを行った盛土の例

解図 4−5−1　腹付け盛土

だけ不安定な崖錐を除去した上で盛土を行うことが望ましい。また必要に応じて地盤改良等を検討する。

　なお、軟弱層が厚い場合には、「道路土工−軟弱地盤対策工指針」によるものとする。地すべり地の評価については、「道路土工−切土工・斜面安定工指針」によるものとする。

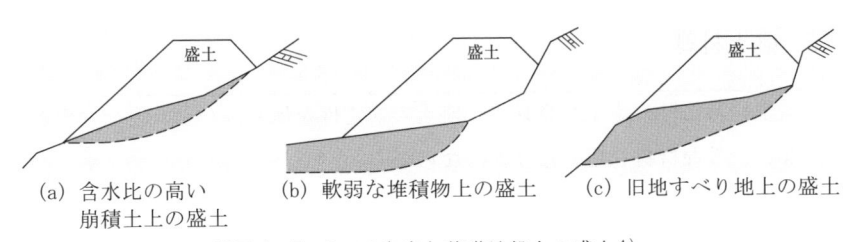

(a) 含水比の高い崩積土上の盛土
(b) 軟弱な堆積物上の盛土
(c) 旧地すべり地上の盛土

解図 4−5−2　不安定な基礎地盤上の盛土[4]

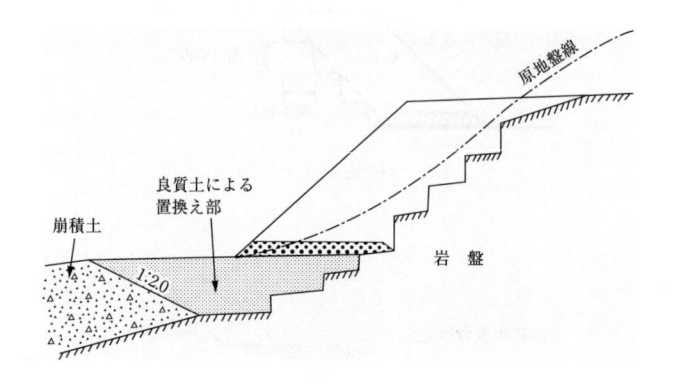

解図 4−5−3　良質土による置換え[4]

(3) 腹付け盛土

　既設の盛土に腹付け盛土を施工して道路を拡幅する場合，**解図 4−5−1**（a）に示すように重機による十分な締固めを確保するために，既設の盛土のり面を段切りして新しい盛土を施工する必要がある。また排水についても原地盤からの浸透水を排除するために，砕石や砂礫等の透水性の良い材料や地下排水工で処理する必要がある。

　また，傾斜した地山に薄く腹付けされた盛土は，締固め不足や段切りが不足し，降雨及び地震時に崩壊した例が多い。地山の斜面の安定度が確保された場合，**解図 4−5−1**（b）に示すように，切土部を多くして，できれば切土底面部を水平面として仕上げ，その上に盛土を行うことにより長期的に安定な腹付け盛土ができる。

4−6　盛土材料

(1) 盛土材料には，施工が容易で，盛土の安定性を保ち，かつ有害な変形が生じないような材料を用いなければならない。
(2) 盛土材料としては可能な限り現地発生土を有効利用することを原則とし，盛土材料として良好でない材料等についても適切な処置を施し有効利用する

> ことが望ましい。

(1) 盛土材料の選定

　盛土材料には，施工が容易で，盛土の安定性を保ち，かつ有害な変形が生じないような材料を用いなければならない。このため，盛土に用いる材料としては，敷均し・締固めが容易で締固め後のせん断強度が高く，圧縮性が小さく，雨水等の侵食に強いとともに，吸水による膨潤性（水を吸着して体積が増大する性質）が低いことが望ましい。粒度配合の良い礫質土や砂質土がこれにあたる。

　盛土材料として適する土質であるかどうかの概略の判定は，土質分類に基づき**解表4－6－1**を目安に行うことができる。盛土材料の選定に当たっては，室内締

解表4－6－1　盛土材料としての土質特性の一般的評価の目安

分　類	路体材料	路床材料・裏込め材料	備　考
岩塊・玉石	△	×	破砕の程度によって使用区分を考える。
礫 {G}	○	○	
礫質土 {GF}	○	△	有機質，火山灰質の細粒土を含む（GO, GV等）材料の場合：△
砂 {S}	○	○	粒径が均質な場合には降雨の作用によりのり面崩壊・侵食を受けやすいため，のり面付近に用いる場合：△
砂質土 {SF}	○	○	有機質，火山灰質の細粒土を含む（GO, GV等）材料の場合：△
シルト {M}	△	△	
粘性土 {C}	△	△	
火山灰質粘性土 {V}	△	△	
有機質土 {O}	△	×	
高有機質土 {Pt}	△	×	

　○：ほぼ問題ないもの　△：注意して用いるか，何らかの処理を必要とするもの
　×：用いられないもの

固め試験，コーン指数試験や試験施工等によりその特性を確認の上，適切に選定する必要がある。この際，敷均し層厚，施工性，品質の確保の観点等を考慮して材料の最大粒径に注意する必要がある。

(2) 現地発生土の有効利用

1）基本的な考え方

　環境保全の観点から，盛土の構築に当たっては建設発生土を有効利用することが望ましい。建設発生土は，**解表4－6－2**に示されるようにその性状やコーン指数により分類される。盛土材料として適する土質であるかどうかの判定に当たっては，**解表4－6－3**に示す道路盛土等の適用用途標準を目安にするとよい。現状の発生土の土質区分基準では，利用用途に対して○や△の場合は，含水比低下，粒度調整，機能付加・補強，安定処理等の土質改良を行うことにより利用することができる。

　盛土の設計に当たっては，下記や**解図4－6－1**に示すような処理方法や用途について検討を行い，発生土の有効利用及び適正処理に努める必要がある。

① 安定や沈下等が問題となる材料は，障害が生じにくいのり面表層部・緑地等へ使用する。
② 高含水比の材料は，なるべく薄く敷き均した後，十分な放置期間をとり，ばっ気乾燥を行い使用するか，処理材を混合調整し使用する。
③ 安定が懸念される材料は，盛土のり面勾配の変更，ジオテキスタイル補強盛土やサンドイッチ工法の適用や排水処理等の対策を講じる，あるいはセメントや石灰による安定処理を行う。
④ 支持力や施工性が確保できない材料は，現場内で発生する他の材料と混合したり，セメントや石灰による安定処理を行う。
⑤ 有用な表土は，可能な限り仮置を行い，土羽土として有効利用する。
⑥ 透水性の良い砂質土や礫質土は，排水材料への使用を図る。
⑦ 岩塊や礫質土は，排水処理と安定性向上のためのり尻への使用を図る。

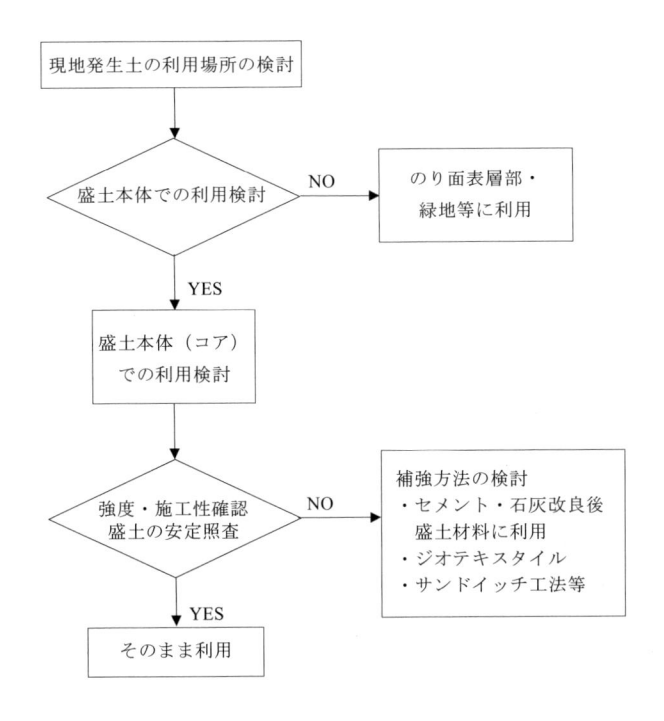

```
                ┌─────────────────────────┐
                │ 現地発生土の利用場所の検討 │
                └─────────────────────────┘
                              │
                              ▼
                      ╱─────────────╲        NO   ┌─────────────────┐
                   ╱ 盛土本体での利用検討 ╲──────────▶│ のり面表層部・   │
                      ╲─────────────╱             │ 緑地等に利用     │
                              │                   └─────────────────┘
                           YES│
                              ▼
                    ┌─────────────────┐
                    │ 盛土本体（コア） │
                    │  での利用検討    │
                    └─────────────────┘
                              │
                              ▼
                      ╱─────────────╲        NO   ┌─────────────────────┐
                   ╱ 強度・施工性確認 ╲──────────▶│ 補強方法の検討       │
                   ╲ 盛土の安定照査   ╱            │ ・セメント・石灰改良後 │
                      ╲─────────────╱             │  盛土材料に利用      │
                              │                   │ ・ジオテキスタイル    │
                           YES│                   │ ・サンドイッチ工法等  │
                              ▼                   └─────────────────────┘
                    ┌─────────────┐
                    │ そのまま利用 │
                    └─────────────┘
```

解図4−6−1　現場発生土の利用方法

解表4-6-2 土質区分基準[5]

区分 (国土交通省令)[*1]	細区分[*2),3),4)]	コーン指数 q_c[*5] (kN/m²)	土質材料の工学的分類[*6),7)]			備考[*6)]	
			大分類	中分類 土質　{記号}		含水比 (地山) w_n(%)	掘削方法
第1種建設発生土 (砂,礫及びこれらに準ずるもの)	第1種	―	礫質土	礫 {G}, 砂礫 {GS}		―	
			砂質土	砂 {S}, 礫質砂 {SG}		―	
	第1種改良土[*8)]		人工材料	改良土 {I}		―	
第2種建設発生土 (砂質土,礫質土及びこれらに準ずるもの)	第2a種	800 以上	礫質土	細粒分まじり礫 {GF}		―	*排水に考慮するが,降水,浸出地下水等により含水比が増加すると予想される場合は,1ランク下の区分とする。 *水中掘削等による場合は,2ランク下の区分とする。
	第2b種		砂質土	細粒分まじり砂 {SF}		―	
	第2種改良土		人工材料	改良土 {I}		―	
第3種建設発生土 (通常の施工性が確保される粘性土及びこれに準ずるもの)	第3a種	400 以上	砂質土	細粒分まじり砂 {SF}		―	
	第3b種		粘性土	シルト {M}, 粘土 {C}		40%程度以下	
			火山灰質粘性土	火山灰質粘性土 {V}			
	第3種改良土		人工材料	改良土 {I}		―	
第4種建設発生土 (粘性土及びこれに準ずるもの) (第3種建設発生土を除く)	第4a種	200 以上	砂質土	細粒分まじり砂 {SF}		―	
	第4b種		粘性土	シルト {M}, 粘土 {C}		40〜80%程度	
			火山灰質粘性土	火山灰質粘性土 {V}			
			有機質土	有機質土 {O}		40〜80%程度	
	第4種改良土		人工材料	改良土 {I}		―	
泥土[*1),*9)]	泥土a	200 未満	砂質土	細粒分まじり砂 {SF}			
	泥土b		粘性土	シルト {M}, 粘土 {C}		80%程度以上	
			火山灰質粘性土	火山灰質粘性土 {V}			
			有機質土	有機質土 {O}		80%程度以上	
	泥土c		高有機質土	高有機質土 {Pt}			

*1)　国土交通省令(建設業に属する事業を行う者の再生資源の利用に関する判断の基準となるべき事項を定める省令　平成13年3月29日　国交令59号,建設業に属する事業を行う者の指定副産物に係る再生資源の利用の促進に関する判断の基準となるべき事項を定める省令　平成13年3月29日　国交令60号))においては区分として第1種〜第4種建設発生土が規定されている。

*2)　この土質区分基準は工学的判断に基づく基準であり,発生土が産業廃棄物であるか否かを決めるものではない。

*3)　表中の第1種〜第4種改良土とは,土(泥土を含む)にセメントや石灰を混合し化学的安定処理したものである。例えば第3種改良土は,第4種建設発生土または泥土を安定処理し,コーン指数400kN/m²以上の性状に改良したものである。

*4)　含水比低下,粒度調整等の物理的な処理や高分子や無機材料による水分の土中への固定を主目的とした改良材による土質改良を行った場合には,改良土に分類されないため,処理後の性状に応じて改良土以外の細区分に分類する。

*5)　所定の方法でモールドに締め固めた試料に対し,コーンペネトロメーターで測定したコーン指数。

*6)　計画段階(掘削前)において発生土の区分を行う必要があり,コーン指数を求めるために必要な試料を得られない場合には,土質材料の工学的分類体系((社)地盤工学会)と備考欄の含水比(地山),掘削方法から概略の区分を選定し,掘削後所定の方法でコーン指数を測定して発生土の区分を決定する。

*7)　土質材料の工学的分類体系における最大粒径は75mmと定められているが,それ以上の粒径を含むものについても本基準を参照して区分し,適切に利用する。

*8)　砂及び礫と同等の品質が確保できているもの。

*9)　・港湾,河川のしゅんせつに伴って生じる土砂その他これに類するものは廃棄物処理法の対象となる廃棄物ではない。(廃棄物の処理及び清掃に関する法律の施行について　昭和46年10月16日　環整43　厚生省通知)
　　・地山の掘削により生じる掘削物は土砂であり,土砂は廃棄物処理法の対象外である(建設工事等から生じる廃棄物の適正処理について　平成13年6月1日　環廃産276　環境省通知)
　　・建設汚泥に該当するものについては,廃棄物処理法に定められた手続きにより利用が可能となる。

解表 4-6-3 道路盛土等の適用用途標準[5]

区分	適用用途		工作物の埋戻し		土木構造物の裏込め		道路用盛土 路床		道路用盛土 路体	
			評価	留意事項	評価	留意事項	評価	留意事項	評価	留意事項
第1種建設発生土（砂，礫及びこれらに準ずるもの）	第1種	礫質土 砂質土	◎	最大粒径注意 粒度分布注意	◎	最大粒径注意 粒度分布注意	◎	最大粒径注意 粒度分布注意	◎	最大粒径注意 粒度分布注意
	第1種改良土	改良土	◎	最大粒径注意	◎	最大粒径注意	◎	最大粒径注意	◎	最大粒径注意
第2種建設発生土（砂質土，礫質土及びこれらに準ずるもの）	第2a種	礫質土	◎	最大粒径注意 細粒分含有率注意	◎	最大粒径注意 細粒分含有率注意	◎	最大粒径注意	◎	最大粒径注意
	第2b種	砂質土	◎	細粒分含有率注意	◎	細粒分含有率注意	◎		◎	
	第2種改良土	改良土	◎		◎		◎		◎	
第3種建設発生土（通常の施工性が確保される粘性土及びこれらに準ずるもの）	第3a種	砂質土	◎		◎		◎		◎	施工機械の選定注意
	第3b種	粘性土 火山灰質粘性土	○		○		○		◎	施工機械の選定注意
	第3種改良土	改良土	◎		◎		◎		◎	施工機械の選定注意
第4種建設発生土（粘性土及びこれらに準ずるもの）	第4a種	砂質土	○		○		○		◎	
	第4b種	粘性土 火山灰質粘性土 有機質土	△		△		△		○	
	第4種改良土	改良土	△		△		△		○	
泥土	泥土a	砂質土	△		△		△		○	
	泥土b	粘性土 火山灰質粘性土 有機質土	△		△		△		△	
	泥土c	高有機質土	×		×		×		△	

◎：そのままで使用が可能なもの。留意事項に使用時の注意事項を示している。
○：適切な土質改良（含水比低下，粒度調整，付加機能・補強，安定処理等）を行えば使用が可能なもの。
△：評価が○のものと比較して，土質改良にコスト及び時間がより必要なもの。
×：良質土との混合等を行わない限り土質改良を行っても使用が不適なもの。

土質改良の定義
　含水比低下：水切り，天日乾燥，水位低下掘削等を用いて，含水比の低下を図ることにより利用可能となるもの。
　粒度調整：利用場所や目的によっては細粒分あるいは粗粒分の付加やふるい選別を行うことで利用可能となるもの。
　機能付加・補強：固化材，水や軽量材等を混合することにより発生土に流動性，軽量性等の付加価値を付けることや，補強材等による発生土の補強を行うことにより利用可能となるもの。
　安定処理等：セメントや石灰による化学的安定処理や高分子系の無機材料による水分の土中への固定を主目的とした改良材による土質改良を行うことにより利用可能となるもの。

留意事項
　最大粒径注意：利用用途先の材料の最大粒径，または1層の仕上がり厚さが規定されているもの。
　細粒分含有率注意：利用用途先の細粒分含有率の範囲が規定されているもの。
　粒度分布注意：液状化や土粒子の流出等の点で問題があり，利用場所や目的によっては粒度分布に注意を要するもの。
　施工機械の選定注意：過転圧等の点で問題があるため，締固め等の施工機械の接地圧に注意を要するもの。

2) 特に問題となる盛土材料

ローム等の高含水比粘性土は，機械施工によってこね返されると軟弱化し，強度が低下し圧縮性も高くなる。しかし，盛土路体部においては，上記の高含水比粘性土についても，適切な排水層やジオテキスタイル等を用いた施工法あるいは安定処理を施すことによって，ほとんどの場合構造的に安定性を満足させることが可能になるため，特に不良なものを除いて盛土材料として不適当とみなすケースは少ない。

つぎに岩や転石，玉石層等の掘削によって得られる破砕岩，あるいは岩塊玉石等の多く混じった土砂は，敷均しや締固め作業が難しく取り扱いにくい材料であるが，盛土としてできあがった場合には安定性が高いことが特徴として挙げられる。したがって，これらの材料は小割りすることによって路盤材料として利用することも可能である。また，盛土材料として利用する場合には，大塊は盛土の下部等に埋めて使用するとともに岩塊の隙間は細粒土等で埋め（解図4-9-12参照），路床部分では岩塊の大きさを制限して使用することにより，安定性の高い良好な材料として利用することができる。

新第三紀層の泥岩，頁岩，風化した蛇紋岩，圧砕岩，風化結晶片岩，変質した安山岩（特にかなり温泉余土化したもの）等の脆弱岩は膨潤性を示すことが多い。これらの岩石は「3-4-5 特に注意の必要な盛土材料」でも述べたとおり，乾湿の繰返しによって細片化するスレーキング現象を示し，盛土完了後に大きな圧縮沈下を起こすことがある。また，盛土材料のスレーキングが要因となって地震時に崩壊したと考えられる事例もある。そのため，これらの材料を盛土材料として用いる場合には，施工に当たって材料ができるだけ小粒径となるような掘削方法を検討し，薄層にまき出してタンピングローラ，大型振動ローラ等で転圧破砕することが望ましい。また，乾燥・湿潤作用の繰返しにより細粒化が促進されるため，降雨対策，地震対策の観点からも盛土内の排水処理を十分に行う必要がある。

なお，高速道路の盛土施工においては，脆弱岩材料の圧縮性の評価を**解図4-6-2**により行っている[4]。図中のスレーキング率と破砕率は，「3-4-5 特に注意の必要な盛土材料」で紹介した岩のスレーキング試験，岩の破砕試験により求められる。**解図4-6-2**に示す(3)材に該当する盛土材料については，地下水，湧

水の多い高さ10m～15m程度以上の高盛土，維持管理時に補修に伴う交通規制が困難なインターチェンジ付近の高さ10m～15m程度以上の高盛土，盛土上に擁壁やカルバート等，構造物を構築する箇所への適用はできる限り控えるものとしている。また，高速道路の盛土施工においては，やむを得ずスレーキングしやすい材料（スレーキング率30%以上）を盛土の路体に用いる場合には，施工後の圧縮沈下を軽減するために，空気間隙率が15%以下となるように締め固めることが望ましいとしている（解図3－4－9参照）。

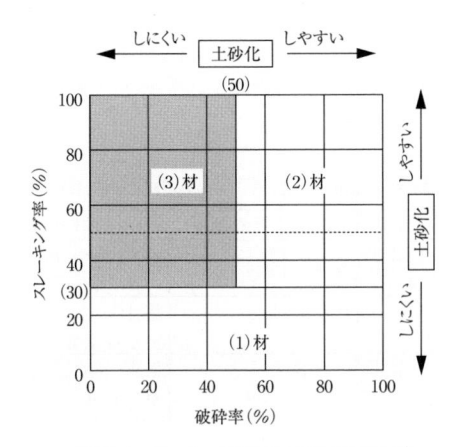

解図4－6－2　脆弱岩材料の区分[4]

ベントナイト，酸性白土，多量の腐植物を含んだ土等は，そのままでは盛土材料に使用してはならない。ただし，これらの材料を使用せず新たに購入土を求めるかあるいは何らかの処理（例えば安定処理等）をして盛土材料に利用するかについては，盛土に必要な強度特性，土量の均衡，近傍の土取り場の有無，建設発生土受入地の制約，環境への影響，経済性等を総合的に検討して決定する必要がある。

また，盛土工事以外のシールド工事，地中連続壁工事，場所打ち杭等から発生する建設汚泥については，産業廃棄物に該当するが，安定処理，脱水等の適切な改良により盛土工事で有効利用することが望ましい。

なお，建設発生土の利用に当たっては，文献5)～10)により利用用途に応じた

強度等の適切な品質管理を行う必要がある。また，廃棄物混じり土についても適切に分別等を行い有効利用することが望まれる。

3) 安定処理

解図4-6-1に示したように，強度，施工性あるいは盛土の安定性が懸念される材料を盛土本体で利用するために，セメントや石灰による安定処理を行うことがある。安定処理を行う場合の配合設計の指標，基準値は，適用する部位や安定処理の目的により異なる。安定処理を行う場合の配合設計の考え方を**解表4-6-4**に目安として示す。ここで，現場における固化材の添加量の決定に当たっては，改良目的に応じて，設計強度を補正し改良目標強度を設定する，あるいは固化材添加量を補正する。詳細は「5-9　盛土材料の改良」を参照されたい。

解表4-6-4　安定処理を行う場合の配合設計の考え方の例

	必要性，目的	配合設計の指標	設計強度	施工管理の指標
路体	トラフィカビリティーの改善	コーン指数	$q_c>400kN/m^2$	締固め度
	安定性の確保	せん断強さ	盛土の安定性に必要となる強度	締固め度 一軸圧縮強さ
路床	材料規定を満足しない場合 強度不足	CBR	路床，舗装厚設計時のCBR	締固め度 一軸圧縮強さ
構造物裏込め	材料規定を満足しない場合 圧縮沈下の低減	一軸圧縮強さ	許容沈下量から得られる一軸圧縮強さ	締固め度 一軸圧縮強さ

盛土の安定性確保を目的とする場合には，配合試験，一軸圧縮試験ないし三軸圧縮試験等の室内土質試験，「4-3　盛土の安定性の照査」による安定性検討を行ったうえで，盛土の安定性に必要な強度を確保するように安定処理土の設計強度を設定する。この際，室内土質試験に用いる供試体の密度，養生条件については，施工条件，環境条件に応じて設定する。養生条件について，一般的には，セメント系の固化材では空気中3日，水浸4日，石灰系の固化材では空気中6日，水浸4日としてよい。なお，固化材を混合した後，所定期間放置し，ときほぐして施工を行うことが想定される場合には，その影響を考慮する必要がある。

4−7 路床・路体

> 路床は，舗装から要求される支持力を有し，変形量が少なく，また，水が浸入しても支持力が低下しにくい材料を用いた構造としなければならない。
> 路体は，盛土の安定性を有するよう，変形量が少なく，また，水が浸入しても強度が低下しにくい材料を用いた構造としなければならない。

路床・路体は盛土の主要部分となるため，自重，載荷重，降雨，地下水，地震動等に対して安定性を保ちかつ有害な変形が生じないよう材料の選定を行うとともに，5章に示す施工及び施工管理を確実に行うことが重要である。

路床は，舗装を直接支えるほぼ均一な厚さ約1mの土の層であり，その支持力は舗装の厚さを決定する基礎となる。その役割は，上部の舗装と一体となって交通荷重を支持するとともに，交通荷重を均一に分散して路体に伝えることである。

このため，路床は，良質な土質材料を用いて，入念な締固めを行い，舗装から要求される支持力を有し，変形量が少なく，また，水が浸入しても支持力低下しにくい構造とする必要がある。

一般的に適用可能な土質条件の目安を**解表 4−6−1**に，締固めについては「5−4 締固め」に後述しているが，路床の状態が舗装の設計に大きな影響を及ぼすことを踏まえ，路床の構造と舗装の設計が全体として合理的なものとなるよう留意するとともに，路床の構築に当たっては，舗装から要求される支持力を満足するよう実施する必要がある。

現在の舗装の構造設計において，最も一般的に用いられているT_A法においては，路床の状態に基づく設計CBRにより構造設計が行われ，この設計CBRの値により舗装の構造設計上必要となる舗装厚が変化する。

構築した路床の状態が舗装の構造設計で想定している設計CBRを満たさないと，舗装の構造設計の変更，場合によっては構築した路床に対する改良等が必要となり工事が手戻りとなってしまうこともある。

このようなことから，路床の構築にあたっては，舗装の構造設計で想定している路床の条件（設計CBR等）を満足するよう，路床材料や締固め等の条件を適

切に設定し，舗装設計の考え方を十分に踏まえて実施することも大切な視点である。

　路体は盛土の主要部分を占めており，盛土の安定性を支配する重要な部分である。このため，**解表 4-6-1** に示す適用可能な土質材料を用いる，あるいは「5-9　盛土材料の改良」，「5-10　補強盛土・軽量盛土」に示すような材料の改良や補強を行うとともに，入念な締固めと必要に応じて盛土内排水工を敷設することが大切である。締固めについては「5-4　締固め」に後述するが，盛土の要求性能を満足するような適切な管理基準値を設定する必要がある。また，排水工については「4-9　排水施設」において後述する。締固めと盛土内の排水処理を入念に行うほど，豪雨・地震に対する盛土の安定性は飛躍的に増大することが明らかとなっており[11]，十分な排水処理を行うとともに，最低基準として「5-4　締固め」に示す管理基準値の目安以上の基準値を必要に応じて設定し，十分な締固めを行うことが要求性能を保証する手段であることに留意するのがよい。

　盛土と橋台・カルバート等の構造物との取付け部については，取付け部の段差を緩和するため適切な材料の使用，入念な締固め，踏掛板の設置等を行う必要がある。詳細は「4-10　盛土と他の構造物との取付け部の構造」を参照されたい。

　複数の種類の材料で盛土を構築する場合には，盛土の安定性，舗装に与える影響を考慮して，盛土材料を次のように使い分けるのが望ましい。

① 盛土高が低く安定性に問題のないとき

　舗装設計を合理的に行うために，舗装構造に影響のある高さ（路床部）は礫質土ないし砂を使用するのが望ましい。

② 盛土の安定性に問題のあるとき

　軟弱地盤，傾斜地盤，沢地等で湧水が盛土に流入するおそれがあるときには，細粒分の少ない礫質土，砂等を盛土下部へできる限り使用したり，サンドイッチ状に交互に使用することにより，盛土内の水圧の上昇を防止して盛土崩壊の危険性を軽減するのがよい。

4－8　のり面
4－8－1　のり面の構造

> のり面は，盛土としての要求性能に適合した形状を保つために十分な強度を保持する構造とするとともに，盛土完了後の降雨等の外的要因に対し，のり面保護工等により耐久性を確保する構造としなければならない。また，排水工，維持管理等のため小段を適切に設けなければならない。

(1)　盛土のり面勾配の標準

　盛土ののり面勾配は**解表4－3－2**に示す値を標準とする。**解表4－3－2**に示す標準のり面勾配とは，基礎地盤の支持力が十分にあり基礎地盤からの地下水の流入，あるいは浸水のおそれがなく水平薄層に敷き均らし転圧された盛土で，必要に応じて侵食の対策（土羽工，植生工，簡易なのり枠，ブロック張工等による保護工）を施したのり面の安定性確保に必要な最急勾配を示したものである。なお，**解表4－3－2**の勾配に幅があるのは，地域ごとに降水量の特性，土質の特性，凍上等の気温の特性等にばらつきがあることや，施工性を考慮したためである。

　したがって**解表4－3－2**より緩い勾配で樹林化を行う場合や，のり面勾配を緩やかにして建設発生土の処理をすること等を妨げるものではない。

　一般に，高さの低い盛土ではのり面勾配は1：1.5で良好に施工すれば，特に土質に問題のある盛土材料以外では大きな崩壊を起こすことはまずないと考えてよい。しかし，1：1.5ではのり面の締固めが不十分となりやすく，それが原因となって表面付近のはだ落ちや侵食が起こる危険性を持っている。そのため標準のり面勾配では，機械転圧が可能なように1：1.8を必要に応じて適用できるように定めている。

　また，河川や海岸等の堤防と共用されるときは，その機能を考えてのり面勾配を定め，洗掘防止にも十分配慮しなければならない。

　なお，のり面を急勾配とする場合には，「4－3　盛土の安定性の照査」に従い盛土の安定性の照査を行うとともに，侵食等の防止のためのり面保護工について十分な検討が必要である。また，のり面の急勾配化のために補強盛土や軽量盛土を

採用する場合には「4-11　補強盛土・軽量盛土」に従うものとする。

(2)　のり面形態と盛土構造

　盛土構造は現場ごとの条件（地盤条件，材料，気象等），盛土の安定性，施工性等を配慮した合理的な設計をするものとし，のり面は少なくとも小段と小段にはさまれた部分を単一勾配とするのがよい。

　また，2種類以上の材料による高い盛土では，各土質に応じた標準のり面勾配を小段ごとに適用するものとする。

　切込み砕石，砂等からなる盛土のり面は一般に植生による保護が困難である。したがってのり面を保護しなければ侵食を受けやすいので，必要に応じ**解図4-8-1**のようにのり面を侵食に強い粘土 {C} または細粒分まじり礫 {GF} 等で被覆する必要がある。このような被覆土を土羽土と呼んでいる。土羽土の厚さは一般にのり面に垂直に30cm以上が必要とされている。厚さ30cmとは芝（地被植物）が生育するのに必要な最小厚さである。しかしながら，実施工においては，土羽土の厚さは路体の施工機種で水平薄層転圧の可能な2～3mが望ましい。なお，道路敷の表土を集積，仮置きして土羽土に使用することも行われている。

　この場合，路体内の浸透水を容易に排水し得るような設計上の配慮（例えば**解図 4-8-1**）を行う。また，場合によっては沿道との境界に背の低い重力式擁壁を腰留め擁壁として利用することもある。この場合，腰留め擁壁が浸透水の排水を阻害し盛土内の水位を上昇させないように，擁壁背面の排水には十分注意が必要である。

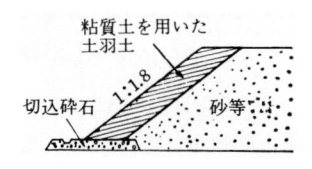

解図4-8-1　盛土のり面の被覆及び排水

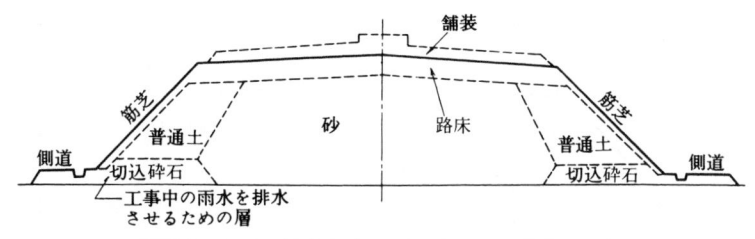

解図 4－8－2 粒度配合の悪い砂による盛土の一例

また，粒度配合の悪い砂を盛土材料として用いる場合は，トラフィカビリティーの確保が困難な場合もあるので，のり面保護と運搬路を兼ねて**解図 4－8－2**のような構造にすることもある。

(3) 小　段

ⅰ）のり面では，のり肩から垂直距離 5～7m 程度下がるごとに幅 1～2m 程度の小段を設ける必要がある。小段の勾配は**解図 4－8－3**のように 5～10％程度つけることを標準とする。小段を設置する目的は次のとおりである。

a) 施工中及び施工後の降雨によるのり面の侵食防止のために，のり面を流下する水の流速を抑えるとともに，小段に排水溝を設けてこれを排除する機能を有している。

b) 土工構造物は当初設計に修正補足を加えつつ構築せざるを得ないものであり，小段はそのための余裕（構造物によるのり面保護工の基礎を設ける場所等）の機能を有している。

c) 点検のための通路としての役割，補修・補強対策（構築後の災害復旧，部分的なのり面の補強等）用の足場等の機能も果している。

ⅱ）狭い谷を横断して盛土を構築する場合は，最大盛土高（ほぼ谷の中央部）を基準とせず，平均高を基準に小段の設置高さを設定すればよい。

ⅲ）盛土内に水平排水層を設ける場合，そこからの湧水を処理するため，小段と水平排水層の位置関係を考慮して設計する（**解図 4－9－14** 参照）。

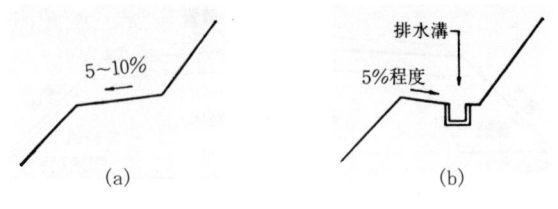

解図4−8−3　小段の横断勾配

4−8−2　のり面の保護

> のり面保護工には，植物によるのり面保護工（以下，のり面緑化工）と，構造物によるのり面保護工（以下，構造物工）があり，のり面の侵食や風化を防止し，のり面の安定性を図るとともに，必要に応じて自然環境の保全や修景を行う構造でなければならない。

(1)　のり面保護工の種類

のり面保護工には大きく分けてのり面緑化工と構造物工がある。のり面保護工の標準的な工種を**解表4−8−1**に示す。なお，詳細については「道路土工−切土工・斜面安定工指針　第8章　のり面保護工」を参照されたい。

のり面緑化工は，のり面に植物を繁茂させることによってのり面の表層部を根で緊縛し，雨水による侵食の防止と地表面の温度変化の緩和，並びに，寒冷地の土砂のり面では凍上による表層崩壊を抑制する効果がある程度は期待できる。さらに，周辺の自然環境と調和のとれた植生を成立させることで自然環境の保全を図ったり，植物による修景を目的として行うものである。

のり面緑化工には，植物をのり面に導入する植生工と，植生工の施工が可能となるように基礎を設置する緑化基礎工がある。植生工によるのり面の崩壊防止に関しては，植物の根系は比較的表層にとどまるため，深い場所のすべりを直接防止する効果はない。また，高架や橋梁のような構造物の下等の光や雨水の供給が少ない場所では，適正な植物の選定，適正な生育基盤の造成等を行わなければ，植物の生育は不良もしくは不可能である。さらに植生工の施工にはのり面が安定していることが前提条件であり，侵食や表層崩壊が起こりやすい土質やのり面勾

配であったり，湧水等の不安定な要素が認められる場合には，緑化基礎工や排水工の併用を検討するか，構造物のみによるのり面保護工を適用する必要がある。

構造物工には，のり面の風化や侵食あるいは表層崩壊の防止を目的としたもの，さらには深層部に至る崩壊の防止を目的としたもの等各種ある。また，植生工のための基盤の安定を図ることを目的とした緑化基礎工として構造物工を用いる場合もある。

解表4-8-1　主なのり面保護工の工種と目的

分類		工　種	目　的・特　徴
のり面緑化工	植生工	播種工	種子散布工	侵食防止，凍上崩落抑制，植生による早期全面被覆
			植生基材吹付工	
			植生シート工	
			植生マット工	
			植生筋工	植生を筋状に成立させることによる侵食防止，植物の侵入・定着の促進。盛土のり面でのみ用いる。
			植生土のう工	植生基盤の設置による植物の早期生育，厚い生育基盤の長期安定確保
			植生基材注入工	
		植栽工	張芝工	芝の全面貼り付けによる侵食防止，凍上崩落抑制，植生による早期全面被覆
			筋芝工	芝の筋状貼り付けによる侵食防止，植生の侵入・定着の促進。盛土のり面でのみ用いる。
			樹木植栽工	樹木の生育による良好な景観の形成
		苗木設置吹付工	早期全面被覆と樹木の生育による良好な景観の形成
構造物工＊		編柵工	のり面表層部の侵食や湧水による土砂流出の抑制
		補強土工	すべり土塊の滑動力に抵抗
		じゃかご工	のり面表層部の侵食や湧水による土砂流出の抑制
		プレキャスト枠工	中詰が土砂やぐり石の空詰めの場合は侵食防止
		石張工 ブロック張工	風化，侵食，表面水の浸透防止
		コンクリート張工 吹付枠工 現場打ちコンクリート枠工	のり面表層部の崩落防止，多少の土圧を受けるおそれのある箇所の土留め
		石積，ブロック積擁壁工 ふとんかご工 井桁組擁壁工 コンクリート擁壁工	ある程度の土圧に抵抗
		グラウンドアンカー工 杭工	すべり土塊の滑動力の抵抗

＊構造物工を植生工の施工を補助する目的で用いる場合は緑化基礎工と定義される。

構造物工のうち，擁壁工，杭工，グラウンドアンカー工を併用した現場打ちコンクリート枠工等は，ある程度の土圧やすべり土塊の滑動力に対する抑止力を有すると考えてよいが，これらを除く他ののり面保護工は，土圧や滑動力が働くような不安定な箇所に設置するものではない。したがって，将来の状況変化によって土圧や滑動力が増加した場合には，別途対策を講じることが必要である。また，構造物工のなかには，適用を誤ると後になって構造物自体が変形して支障を生じやすいものがあるので注意が必要である。

また，のり面に湧水がある場合は，のり面の洗掘を防止して安定を図るため，のり面保護工に加えてのり面排水工を併用する必要がある。さらに，のり面が侵食を受けやすい土砂からなる場合や，長大のり面のように降雨時に流下する水が下部でかなりの量になるような場合には，表面水による侵食を防ぐための排水溝をのり肩や小段に設けて流下水を処理しなければならない。詳細については「4－9－3　のり面排水工」を参照されたい。

(2)　のり面保護工の選定

のり面保護工は，のり面の長期的な安定性確保を第一の目的としているため，その選定に当たっては，のり面の岩質，土質，土壌硬度，pH等の地質・土質条件，湧水や集水の状況，気温や降水量等の立地条件や植生等の周辺環境について把握し，各工種の特徴（機能）を十分理解したうえで，のり面の規模やのり面勾配，経済性，施工性，施工後の維持管理の容易性も考慮する必要がある。

盛土のり面におけるのり面保護工の一般的な選定フローを**解図4－8－4**に示す。のり面保護工の選定に当たっては，のり面の長期的な安定性確保とともに自然環境の保全や修景を主目的とする点から，まずのり面緑化工の適用について検討することが望ましい。緑化可能なのり面勾配を確保できないなど植生工の施工が不可能な場合には，構造物工のみを採用する。一般的な選定の目安としては，採択するのり面勾配がそののり面における安定勾配より緩い場合には，土質に適合した植生工を選定する。安定勾配よりも急な場合には，比較的安定度の高いのり枠工等の緑化基礎工と植生工の組合せによるのり面保護工を選定する。なお，ここでいう安定勾配とは，盛土のり面の標準のり面勾配の平均値を一つの目安に考え

ている。

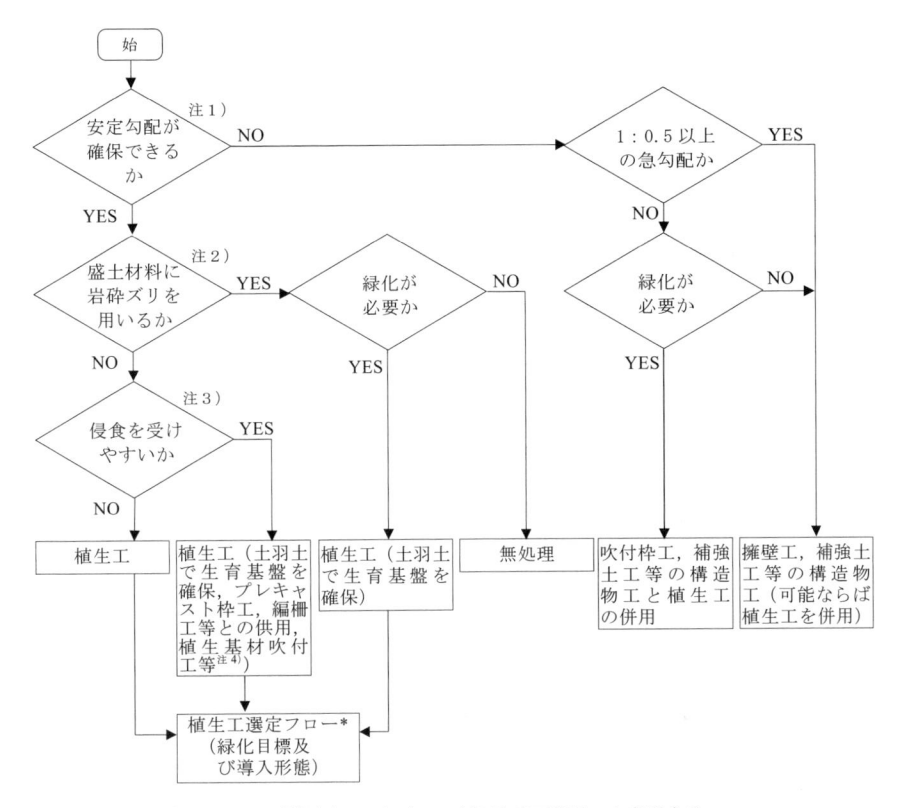

```
                          始
                           │
                           ▼
                    ┌──────────┐   注1)
                    │ 安定勾配が │         NO                         ┌──────────┐    YES
                    │ 確保できる ├──────────────────────────────────►│1：0.5以上 ├──────┐
                    │   か      │                                    │の急勾配か │      │
                    └────┬─────┘                                    └────┬─────┘      │
                       YES                                                 NO          │
                         │                                                 │          │
                         ▼                                                 ▼          │
                    ┌──────────┐ 注2)                              ┌──────────┐      │
                    │ 盛土材料に │  YES    ┌──────────┐  NO          │  緑化が   │ NO   │
                    │ 岩砕ズリを ├────────►│  緑化が   ├──────┐      │  必要か  ├──────┤
                    │  用いるか │         │  必要か  │      │      └────┬─────┘      │
                    └────┬─────┘         └────┬─────┘      │           YES          │
                        NO                   YES           │            │            │
                         │                    │            │            │            │
                         ▼                    │            │            │            │
                    ┌──────────┐ 注3)         │            │            │            │
                    │ 侵食を受け│  YES         │            │            │            │
                    │ やすいか ├────┐        │            │            │            │
                    └────┬─────┘    │        │            │            │            │
                        NO          │        │            │            │            │
                         │          │        │            │            │            │
                         ▼          ▼        ▼            ▼            ▼            ▼
                     ┌──────┐ ┌──────────┐┌──────────┐┌──────┐  ┌──────────┐┌──────────┐
                     │植生工│ │植生工(土羽土││植生工(土羽土││無処理│  │吹付枠工，補││擁壁工，補強│
                     │      │ │で生育基盤を││で生育基盤を││      │  │強土工等の││土工等の構造│
                     │      │ │確保，プレキャ││確保）     ││      │  │構造物工と││物工（可能ならば│
                     │      │ │スト枠工，編柵││          ││      │  │植生工の併││植生工を併用）│
                     │      │ │工等との併用，││          ││      │  │用       ││          │
                     │      │ │植生基材吹付 ││          ││      │  │         ││          │
                     │      │ │工等 注4)    ││          ││      │  │         ││          │
                     └──────┘ └─────┬────┘└─────┬────┘└──────┘  └──────────┘└──────────┘
                                    │           │
                                    ▼           ▼
                              ┌─────────────────┐
                              │ 植生工選定フロー* │
                              │ （緑化目標及    │
                              │ び導入形態）    │
                              └─────────────────┘
```

＊植生工選定フローは，「道路土工－切土工・斜面安定工指針」を参照する。
注1) 盛土のり面の安定勾配としては，**解表 4-3-2** に示した盛土材料及び盛土高に対する標準
のり面勾配の平均値程度を目安とする。
注2) ここでいう岩砕ズリとは主に風化による脆弱化が発生しにくいような堅固なものとし，そ
れ以外は一般的な土質に準じる。
注3) 侵食を受けやすい盛土材料としては，砂や砂質土等があげられる。
注4) 降雨等の侵食に耐える工法を選択する。

解図 4-8-4　盛土のり面におけるのり面保護工選定のフロー

最近では比較的急勾配ののり面でも適用できる植生工が開発されつつあるので，構造物工を採用する場合でもできるだけ植生工との併用を考えるのが自然環境の保全と修景の観点から望ましい。また，しらす，まさ土等の特殊土からなる

のり面では，後で述べる注意事項を考慮した上でその土の特性に応じたのり面勾配やのり面保護工を選定する必要がある。

のり面保護工の選定に当たって注意すべき事項を列挙すると次のとおりである。

（ⅰ）植物の生育に適したのり面勾配

造成する植物群落の形態や植物の導入方法にもよるが，一般的な盛土の場合には，のり面勾配が1：1.5より緩い範囲にあれば植生工のみでのり面の侵食や表層崩壊を防止できると考えてよい。のり面勾配がこれより急な場合は，植生工のみではのり面の安定性を保つのが困難になり，のり枠工や編柵工等の緑化基礎工の併用が必要になる。1：0.5より急な場合は，植生工と緑化基礎工の併用ではのり面の侵食や崩壊を防止することは困難であることが多いので，まず構造物工の適用を検討し，可能ならば植生工の併用について検討すべきである。

（ⅱ）砂質土等の侵食されやすい土砂からなるのり面

砂質土等の侵食されやすい土砂ののり面は，湧水や表面水によって侵食されることが多い。砂質土からなる盛土のり面は，厚さ30～50cm程度以上の土羽土で保護することが望ましい。また，ジオテキスタイルを盛土のり面に敷設することにより，のり面の締固め不足を補うとともに，のり面の侵食抵抗を高めることも可能である。詳細は「4－11　補強盛土・軽量盛土」を参照されたい。さらに，高盛土となる場合ののり尻部は，洗掘されたり浸透水によって泥流状に崩壊することがある。このような場所では植生工だけでなく，排水層や地下排水工によって対処するか，あるいは編柵工，じゃかご工，ふとんかご工やプレキャスト枠工，ブロック積擁壁工等を併用することが必要である。

（ⅲ）寒冷地域ののり面

寒冷地域において，細粒分の多い土質ののり面では，凍上や凍結融解作用によって植生がはく離したり滑落することが多い。このようなおそれのある場合は，のり面勾配をできるだけ緩くしたり，地下排水施設を設置することが望ましい。のり面勾配を緩くできない場合，早期の安定性確保のため，ネット等でのり面を被覆してアンカーピン等で固定しておくとともに，長期的な凍上はく落防止のため，植生工を行うことが望ましい。また，凍上が予想される場合及び凍上により

崩壊した場合の対策として，特殊ふとんかご工（かごマット工）等を施工することもある。特殊ふとんかご工の詳細は「道路土工－切土工・斜面安定工指針」を参照されたい。

（iv）土壌酸度が問題となる土砂からなるのり面

盛土材料のpHが当初から4以下の強酸性である場合は，植物の生育が困難であるため，炭化カルシウムによる中和を行うとともに，厚さ30～50cm程度以上の土羽土で保護することが望ましい。pHの値が8以上のアルカリ性である場合は，ピートモス等の酸性土壌改良材の混入を行い中和する。

4－9　排水施設
4－9－1　一　　般

> (1) 排水施設は，降雨や地下水等をすみやかに盛土外に排出し，路面への滞水，水の浸入による盛土の弱体化を防止することを目的として設計する。このため，排水施設は，現地条件に応じて適切な工種の排水工を選定し組み合わせて設計する。
> (2) 排水施設の設計に当たっては，事前に降雨，地表面の状況，土質，地下水の状況，既設排水路系統等を十分調査し排水能力を決定する。

(1) 排水施設の設計

盛土の被害は，降雨や地山からの浸透水等が原因となって生じることが非常に多く，施工中あるいは完成直後の盛土は中程度の降雨でも崩壊することがある。また，地震時においても大規模な崩壊が生じた盛土では，盛土内の水の存在が被害の程度に大きく影響していることが分かっている。実際，2004年新潟県中越地震では，地震発生前の台風により盛土内の含水比が高まり，これが盛土の被害を拡大させた要因であると指摘されている。

水を原因とした盛土の崩壊は，のり面を流下する表面水により表面が侵食・洗掘されることによる崩壊と，浸透水によりのり面を構成する土のせん断強さが減少するとともに間隙水圧が増大することから生じる崩壊とに分けられる。この両

者を防止するために，排水施設を適切に設計しなければならない。また，路面に降った雨水や道路隣接地からの雨水により路面に滞水が生じないようにしなければならない。

地表水に対する排水施設は，設計で想定する雨水流出量に対して，適切な排水能力を有するように設計する必要がある。

また，地下水位の高い箇所に盛土を構築するような場合，片切り片盛り，切り盛り境部，沢を埋めた盛土の場合には，降雨時に地盤からの浸透水によって盛土の安定性の低下を招くおそれがある。したがって，このような箇所では原地盤や道路隣接地から流入してくる水をしゃ断または排除するために地下排水工を設けて地下水位を低下させ，盛土を良好な状態に保つ必要がある。ただし，浸透水についてはその動きを事前の土質調査のみによって正確につかむことは難しく，施工中に地下水や透水層の存在が判明することもあり，適宜計画を変更して有効な排水施設を設けていくことが大切である。また，排水施設が適切でないとかえってのり面の安定性を損なうことになるので，十分に効果を発揮するよう配置することが必要である。

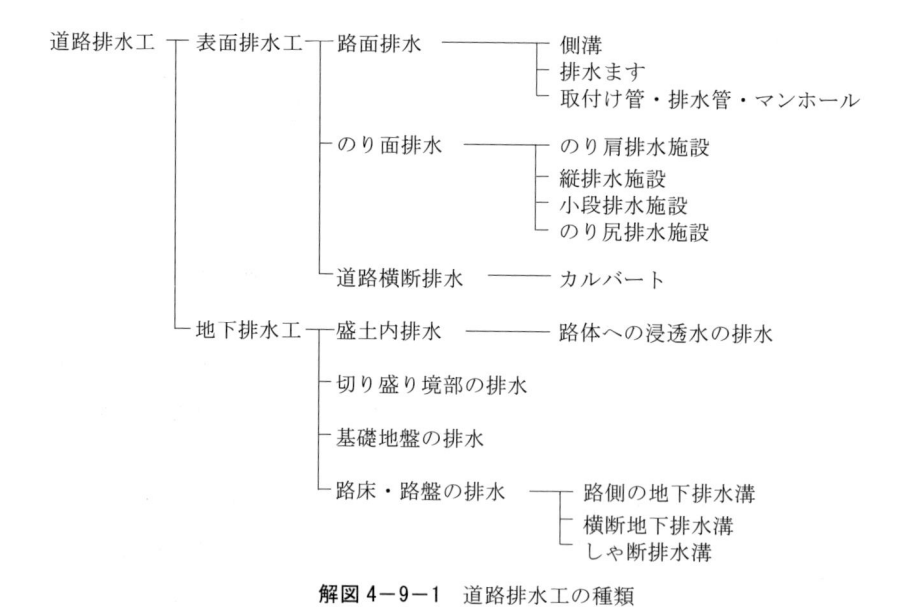

```
道路排水工 ─┬─ 表面排水工 ─┬─ 路面排水 ─────┬─ 側溝
            │              │                ├─ 排水ます
            │              │                └─ 取付け管・排水管・マンホール
            │              │
            │              ├─ のり面排水 ───┬─ のり肩排水施設
            │              │                ├─ 縦排水施設
            │              │                ├─ 小段排水施設
            │              │                └─ のり尻排水施設
            │              │
            │              └─ 道路横断排水 ─── カルバート
            │
            └─ 地下排水工 ─┬─ 盛土内排水 ─── 路体への浸透水の排水
                           │
                           ├─ 切り盛り境部の排水
                           │
                           ├─ 基礎地盤の排水
                           │
                           └─ 路床・路盤の排水 ─┬─ 路側の地下排水溝
                                                ├─ 横断地下排水溝
                                                └─ しゃ断排水溝
```

解図 4−9−1　道路排水工の種類

排水施設を構成する排水工の種類を**解図4-9-1**に示す。表面排水は，路面やのり面に降った雨を排除し，あるいは隣接する集水地に降り沢に集まる雨水を盛土下を横断して排除するものである。地下排水は，路体や舗装の基礎である路床・路盤の安定性を図るために，盛土内に浸透してくる水を排除するものである。排水施設は，現地条件に応じてこれら排水工の中から適切なものを選定し組み合わせて設計する必要がある。また，排水施設は隣接する切土区間や流末の施設等と一体として計画設計する必要があるので，「道路土工要綱　共通編　第2章　排水」を併せて参照されたい。

(2) 排水施設の設計における留意点
1) 検討項目
　排水施設の設計に当たっては，事前に降雨，地表面の状況，土質，地下水の状況，既設排水路系統等を十分調査し，一般的に，以下の項目について整理・検討を行う必要がある。
① 主に表面排水の設計に用いるもの
　降雨確率年，降雨強度，集水面積，流出係数，流達時間，平均流速，流路勾配，通水断面積等
② 主に地下排水の設計に用いるもの
　気象，地形及び地表面の被覆状況，地下水位，季節的な湧水状況，透水係数，土質等
③ 主に施工中の排水の設計に用いるもの
　土質，地盤条件，地下水位等
2) 排水施設の設計に当たっての配慮事項
　排水施設の設計に当たって，注意しなければならない箇所，配慮すべき事項を挙げると以下のとおりである。
① 盛土材料の特性
　a)　砂質土を用いた盛土の崩壊は，排水路の不備により盛土の表層に表面水が集中し表層崩壊に至る場合と，片切り片盛り部等の傾斜地盤上の盛土，沢部を埋めた盛土で，地山からの浸透水による間隙水圧の上昇やパイピング現象

により崩壊に至る場合等が多い。これらの対策としては，表面水が集中し跳水，越流が発生しないよう，路面排水及びのり面排水を十分整備することや，表面水や浸透水をすみやかに盛土外に排出するために，基盤排水層や水平排水層を設置する方法等がある。

 b) 高含水比状態の粘性土を用いた盛土は，施工時のこね返しにより土中の水が自由水化し間隙水圧が上昇するため，盛土の安定性に留意する必要がある。したがって，著しく軟弱な粘性土では，間隙水圧の消散及び強度増加のために水平排水層を設置するとよい。

② 表面水が局部的に集中して流れる箇所

 a) 表面水が局部的に集中して流れる箇所においては，想定以上の流量によりオーバーフローし盛土の洗掘や崩壊に至る場合が多いため，必要に応じて設計断面を大きくするなど工夫をするとよい。

 b) 表面排水工の合流部や屈曲部においては，跳水等によりのり面の洗掘や崩壊に至る場合が多いことから，必要に応じて設計断面を大きくすることや，ふたを設置する，または，少々の跳水があっても排水溝の外が洗掘されないよう，張りコンクリートや張石等で保護しておくなどの措置が必要である。

③ 地山からの湧水や浸透水の多い箇所

 a) 盛土内に水位が存在すると盛土材料及び盛土高さによっては，盛土の安定性を確保できない場合があることから，十分な排水対策を行うことが重要である。

 b) 地下排水工は，事前の調査に基づいて計画されるが，地表面の湧水の有無や，地中の浸透水の動きを調査のみによって正確につかむことは難しく，また，一般的に流量計算により規模等を求めることが難しい。しかしながら，地下排水工を設置することは，盛土内の水位を低下させる上で大変有効な対策である。一方，施工後，維持管理段階で湧水の処理対策を実施する場合，地山の湧水箇所を特定しづらく，安定性を確保するまでの対策には多大な費用を要する。

  したがって，地下排水工の設計に当たっては，調査結果の把握及び十分な現地踏査を実施するとともに，細心の注意を払って実施しなければならない。

特に，不確定要素を多く含む山間部の谷地形や斜面の箇所については，施工中に新たな地下水や透水層の存在が判明することが多いため，あらかじめ山間部の谷地形や斜面の箇所に地下排水工を設計しておき，施工中に現地の状況にあわせ適時計画を変更し，有効な排水工を設けていく必要がある。

また，排水工が適切でないとかえって盛土の安定性を損なうことになるので，十分に効果を発揮するよう施工することが必要である。

④ 周囲の地下水の状況

地下水は，一般に季節変動が大きいことや施工時に新たに発見される場合が多いため，工事中及び工事完了後も排水工には十分な注意を払い，必要に応じて，適宜排水工を追加したり，改良したりしなければならない。

⑤ 集めた水を排除する流末の状況

十分な機能を持った排水工が作られても，これを受け入れる流末処理の能力が十分保たれていない場合には下流に被害を及ぼすことにもなるので，排水工は流末の排水能力のある施設に接続するようにしなければならない。流末処理については「道路土工要綱　共通編　第2章　排水」を併せて参照されたい。

4-9-2　表面排水工

> 表面排水工は，盛土の安定性を確保し，滞水により通行車両に対し支障とならないよう，路面，のり面及び道路隣接地から盛土内に流入する降雨や融雪水を盛土外にすみやかに排除する構造としなければならない。

表面排水とは，降雨または降雪によって生じる，路面，のり面，道路隣接地からの表面水を排除することを指す。表面排水は大きく，路面排水，のり面排水及び道路横断排水に分類できる。

なお，排水計画の考え方，雨水流出量の算定，及び路面排水の設計については，「道路土工要綱　共通編　第2章　排水」によるものとする。

また，水路ボックス等の道路横断排水については「道路土工－カルバート工指針」を参照するものとする。

のり面排水工については4-9-3で述べる。

なお計画する排水工の断面は，側溝については土砂等の堆積を考慮して少なくとも20％程度余裕を持った断面とするが，特に豪雨の際に多量の土砂が流出するおそれのあるのり面や供用中の点検，清掃等が困難な箇所では，さらに十分な余裕を持たせる必要がある。

また，小段排水溝や縦排水工のようなのり面排水工は，ごみが詰まりやすいこと，排水勾配が急であること及び延長が比較的短いことから，等流条件を仮定したマニングの式が成立しないことが一般的である。このため，マニングの式から求まる断面の数倍ないし10数倍程度の断面余裕を持たせるのがよい。

4-9-3　のり面排水工

> のり面排水工は，のり面を流下する表面水によるのり面の侵食及び洗掘を防ぎ，盛土内への浸透を低減することにより，浸透水によるのり面を構成する土のせん断強さの減少，間隙水圧の増大から生じる崩壊を防止できるよう，適切な構造としなければならない。

(1) のり面を流下する表面水

のり面に降る雨水は浸透能力を超えればのり面を流下し，その水は分散作用と運搬作用によりのり面を侵食する。侵食の形態には，のり面をほぼ均一な厚さで侵食する層状侵食，流水が各所に集まって細流となって流れるときに起こるリル侵食，のり面で筋状に集まった水の洗掘作用により次第に大きな溝を作るガリ侵食等がある。

浸透量（浸透能）は，降雨強度や土質，含水状態，地下水位，地表面の傾斜，植生の程度等により異なるが，一般に砂質土が大きく，粘性土は小さい。

のり面侵食の防止には，のり面を流下する水を少なくする必要があり，そのためのり肩排水溝，縦排水溝，小段排水溝等を設置する。

しらす，まさ土，山砂等の侵食に弱い土ののり面の排水溝は，のり肩・小段及び縦排水の各施設とも十分な余裕を持った断面とし，これら排水工からの溢水，跳

水，漏水等が生じないようにしなければならない。また，排水溝周辺ののり面は芝，草地とし裸地のままにしないようにし，素掘りの溝は避ける。

のり面に植生工を施工した直後で植生が十分活着していないときには，のり面の侵食や植生工の脱落（すべり）が生じやすいので，特に排水が支障なく行われるように注意しなければならない。

(2) 盛土内の浸透水

一般に，砂質の材料でできた盛土は表層崩壊を起こしやすい。また，斜面に腹付け施工をした場合，締め固められた盛土にゆるい土羽土を施工した場合，あるいは工事用運搬路の位置に後から急に盛り立てたり，構造物取付け部等の透水性の異なる土からできた盛土に浸透水が集中するとき等にも表層崩壊が起こりやすい。表層崩壊のおそれのある箇所には，排水層等による排水を行ったり，のり尻に空石積みをしたり，あるいはのり尻部を砂礫，砕石やふとんかご等により置き換えて補強と排水を併用した対策を行う。また，盛土のり面の表面付近の材料に粘着性のある礫まじり土を用いて十分締め固め，浸透水が集中しないようにすればのり面の安定性を高めることができる。なお，「4-9-5　地下排水工」に示すように，のり尻部には必要に応じて基盤排水層を設ける必要がある。

(3) のり面排水の種類

のり面の安定性のために設けられる排水工の主なものを**解表4-9-1**に示す。

この他に，のり面への浸透水が流出するのを防止するため浸透経路の途中に止水壁を設けたり，また，浸透水の供給をなくすためのり肩を不透水性の膜で覆うこともある。これらも排水工法の一方法である。

ⅰ）のり肩排水溝

路面や道路隣接地から表面水がのり面に流入しないようのり肩に沿って排水溝を設ける。のり肩排水溝は路面排水工を兼ねるため，詳細は「道路土工要綱　共通編　2-4-2　路面排水工の設計」を参照されたい。なお，排水溝の延長が長くなると，勾配も一様でなくなり，あふれた水によって排水溝の外側が洗掘され排水溝が破損し，のり面を破壊することもあるので，適切な位置に縦排水溝を設け

のり尻に導くようにする。

ⅱ）縦排水溝

　縦排水溝はのり面に沿って設ける水路で，のり肩排水溝や小段排水溝からの水をのり尻排水溝に導くためのものであり，鉄筋コンクリートU形溝，遠心力鉄筋コンクリート，コルゲート半円管，鉄筋コンクリート管等が用いられる。**解図4－9－2**にその一例を示す。U形溝・コルゲート半円管はのり面に明渠として，また鉄筋コンクリート管はのり面に埋設して暗渠として用いられるが，前者の方が施工及び維持管理が容易である。U形溝はソケット付きがよく，水が裏面にまわらないよう継目のモルタルを完全にし，3m程度ごとにすべり止めを設置する。

解表4－9－1　のり面排水工の種類

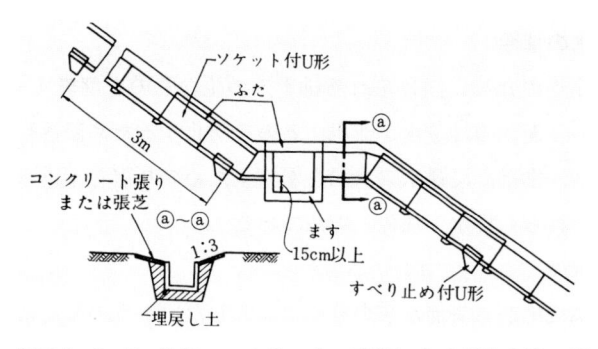

排水工の種類	機　　能	必要な性能
のり肩排水溝	のり面への表面水の流下を防ぐ。	想定する降雨に対し溢水，跳水，越流しない。
小段排水溝	のり面への雨水を縦排水溝へ導く。	
縦排水溝	のり肩排水溝，小段排水溝の水をのり尻へ導く。	
のり尻排水溝	のり面への雨水，縦排水溝の水を排水する。	
のり尻工（ふとんかご・じゃかご工）	盛土内の浸透水の処理及びのり尻崩壊の防止。	十分な透水性の確保。

解図4－9－2　鉄筋コンクリートU形溝による縦排水溝の例

　豪雨等により縦排水溝に土砂が大量に流れ込んだり，草木等により排水溝が閉塞されたりすることもあるので，現地の状況に応じて断面を大きくしておく必要

がある。また，縦排水溝を流下する水は流速が大きいため水がはね出し，両側を洗掘するおそれがあるので，両側面の土砂部を横断勾配を付けたコンクリート張りで保護するのが望ましい。

縦排水溝が他の水路と合流する箇所や流れの方向が急変するところには，ますを設け，簡単な土砂だめを作り，流水の減勢を図る。ます及びますの上流側には必ずふたを設ける。

ⅲ）小段排水溝

小段排水溝にはのり肩排水溝と同様に鉄筋コンクリートU形溝等が用いられ，これによって集められた水は縦排水溝によってのり尻に導かれる。

鉄筋コンクリートU形溝によって作る小段排水溝は，のり肩排水溝とほぼ同じ構造であるが，**解図4－9－3**に示すようにのり尻に近接させて配置する。また水が排水溝の側面や裏面にまわらないように注意し，鉄筋コンクリートU形溝を使用する場合には，コンクリート等を打設して周辺を固める。小段排水溝を設置するときには小段幅を1.5m以上とることが望ましい。

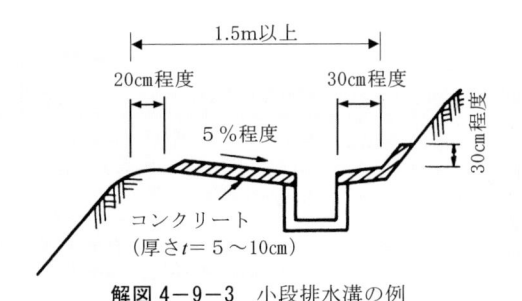

解図4－9－3 小段排水溝の例

ⅳ）のり尻排水溝

のり尻排水溝は，盛土あるいは切土のり尻に沿って設ける水路で，のり面への雨水や縦排水溝からの水を排水するため，あるいはのり面に降った雨水が盛土に浸入するのを防ぐためのものである。のり尻排水溝には鉄筋コンクリートU形溝等が用いられるのが一般的である。側道の排水施設あるいは路面排水施設と兼用することもある。

ⅴ）のり尻工（ふとんかご・じゃかご工）

傾斜地盤上の高盛土や，湧水の多いのり面では地下排水溝等と併用し，のり尻部に**解図4－9－4**のようにのり尻工を設置する。これは排水と同時にのり尻崩壊の防止にも役立つ。のり尻工としては，ふとんかご・じゃかご工等も用いられる。また，比較的面積の狭いのり面では，ふとんかご・じゃかご工等ののり尻工を設置することで，地下排水溝を兼ねることもある。

　じゃかご工には円形，扁平及びふとん等，種々の形状がある。径，長さ，目の開き等にもある程度自在であり，使用する場所，採取される玉石の大きさ等を考慮して決定すればよい。

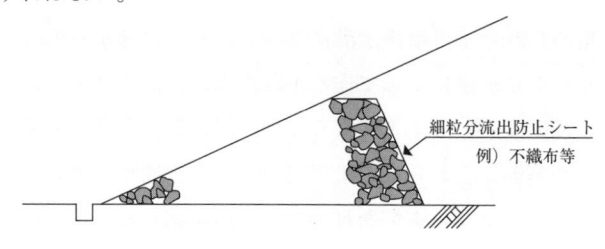

解図4－9－4　のり尻工の例

　ふとんかご・じゃかご工の一般的な使用例は**解写真4－9－1**，**解図4－9－5**のとおりである。材質は従来のような鉄線ばかりでなく，合成樹脂製のもの等もある。

解写真4－9－1　じゃかご工の使用例

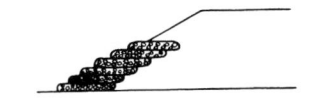

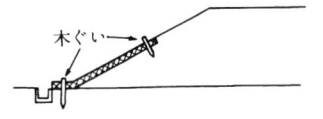

ふとんかごを盛土のり尻に使用した例　　普通じゃかごを盛土のり尻に使用した例

解図 4－9－5　ふとんかご・じゃかご工の使用例

4－9－4　特に注意の必要な表面排水

> 　表面排水の設計において，以下に示す箇所は，盛土の安定性に対して特に注意が必要であることから，適切な処置を施さなければならない。
> (1)　雨水が集中する箇所
> (2)　片切り片盛り部
> (3)　道路横断排水工を設置している箇所

　完成後の盛土の表面排水処理に関連した崩壊事例を概観すれば，次のような箇所での崩壊事例が多いので，特に注意が必要である。なお，地下排水処理に関しては「4－9－5　地下排水工」を参照するとよい。

(1)　雨水が集中する箇所

　側溝が十分機能せずに，路面高が最も低くなっている箇所に路面水が集中してのり面を流下する場合や，切り盛り境部で切土部の雨水を排除するために設けられた縦排水溝の容量が十分でなく，オーバーフローするような場合に表層崩壊が起こることが多い。特に，前者について一例を挙げれば，**解図 4－9－6** に示すような曲線部の盛土では，路面の横断勾配が片勾配になり，図のA，B地点に路面水が集中し，A，Bに設置されたますの排水能力を超えて路外へ表面水が流出し，のり面を洗掘することがある。この場合，完成後の路面水の流れをよく検討し，側溝ますや縁石ますの間隔位置，容量について十分余裕をもたせる必要がある。

　また，切り盛り境部については，切土上部の自然斜面からの流出量も含めて切土部からの雨水流出量を算定すること，及び，側溝から縦排水溝に接続するため

の雨水ますは十分な余裕を持ったものとすることが大切である。

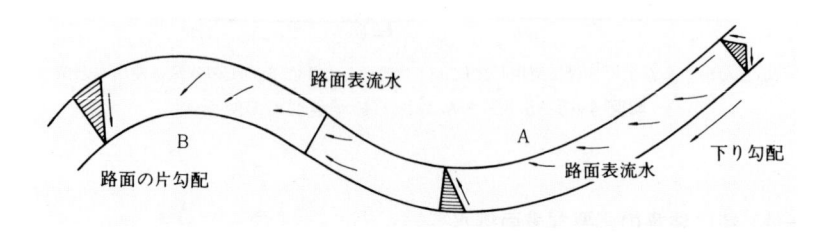

解図4－9－6　曲線道路における路面の水の集中

(2)　片切り片盛り部

　片切り片盛り部で切土側地山の雨水がのり尻側溝で排除されずにそのまま路面を横断して盛土のり面を流下，洗掘することがある。この場合，「(1)　雨水が集中する箇所」と同様，自然斜面からの流出量を適切に考慮することが大切である。

(3)　道路横断排水施設を設置している箇所

　横断排水施設（カルバート）の容量を超える流水があったり，流入口が流木・土砂により閉塞されることにより，流水が盛土をオーバーフローして大規模なのり面崩壊あるいは完全流失に至ることがある。この場合，山腹からの流木や土砂を手前で捕捉するための山腹工を設けるか，ないしは流出水を集めこれらを適切に下流に導くことができるだけの十分な断面を有する横断排水施設を設けることが望ましい。

4－9－5　地下排水工

> 　地下排水工は，盛土及び路盤内の地下水位を低下させるため，周辺地山からの湧水が盛土内に浸透しないよう排除するとともに，路肩やのり面からの浸透水をすみやかに排除できるよう，湧水の状態，地形，盛土材料及び地山の土質に応じて，適切な構造としなければならない。
> 　盛土各部位の地下排水の詳細は4－9－6～4－9－9によるものとする。

盛土の崩壊は,「1-3　盛土の変状の発生形態及び特に注意の必要な盛土」に記述したように,表面水と併せて浸透水及び湧水が原因となって生じることが多い。したがって,傾斜地盤上の盛土,谷間を埋める盛土,片切り片盛り,切り盛り境部では地山からの湧水が盛土内へ浸透し,盛土を不安定にすることが多いため,地下排水処理が重要となる。また,舗装を健全な状態に維持するためには,路床・路盤の地下排水を確実に行うことが大切である。
　地下排水の計画設計においては,特に以下のことに留意することが大切である。
・道路隣接地を含む原地形における表面水・地下水の状況を把握するとともに,盛土を構築した後の流況を適切に予測すること。
・地盤からの湧水は施工中にはじめて確認されることが多いため,施工途中や降雨後の観察が重要であり,その結果に応じて適宜計画を修正していくこと。
・将来の機能低下に備え,地下水を1箇所に集中させず,分散して排水するよう配慮すること。
　排水全般については「道路土工要綱　共通編　第2章　排水」を参照されたい。
　盛土各部位の地下排水の詳細については,4-9-6～4-9-9に述べている。

(1)　地下排水工の種類
　地下排水工には,**解表4-9-2**に示すようなものがある。
1）地下排水溝
　盛土内に浸透してくる地下水や地表面近くの浸透水を集めて排水するためには,**解図4-9-7**のような地下排水溝が有効である。湧水量の多い箇所では排水溝内に集水管を設置するのがよい。山地部の沢部を埋めた盛土では,地表面の湧水の有無や,地中の浸透水の動きを事前の調査のみによって正確につかむことは難しいため,流水や湧水の有無にかかわらず旧沢地形に沿って地下排水溝を設置する。沢埋め盛土における地下排水溝の設置例を**解図4-9-8**に示す。

解表4−9−2　地下排水工の種類

排水工の種類	機能	材料の特性等	関連項目
地下排水溝	盛土内の浸透水の排除	透水性が高くかつ粒度配合が良い材料	「4−9−5　地下排水工」(2)1)
水平排水層	盛土内の浸透水の排除	透水性が高くかつ粒度配合が良い材料	「4−9−5　地下排水工」(2)2)
基盤排水層	地山から盛土への水の浸透防止	透水性が高くかつ粒度配合が良い材料	「4−9−5　地下排水工」(2)3)
のり尻工（ふとんかご・じゃかご工）	盛土内の浸透水の排除及びのり面の崩壊防止	岩塊等の透水性が高い材料	「4−9−5　地下排水工」(2)4)
しゃ断排水層	路盤への水の浸透しゃ断	透水性が高くかつ粒度配合が良い材料	「4−9−9　路床・路盤の排水」

解図4−9−7　地下排水溝の例

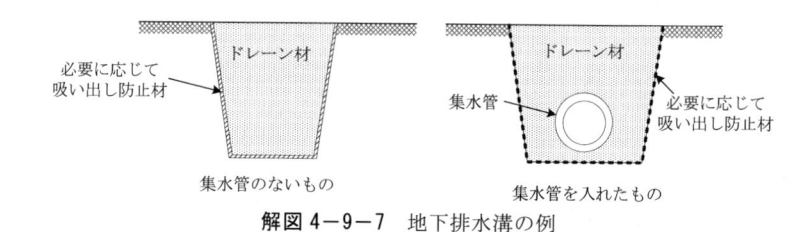

解図4−9−8　沢埋め盛土における地下排水溝及び基盤排水層の設置例[4]を一部修正

また，地下排水溝の配置は施工中における盛土の変位，不慮の破損及び目詰まり等を考慮して網目状に計画することが望ましい。

2）水平排水層

盛土内の浸透水を排除するため，必要に応じて**解図4－9－9**のように盛土の一定厚さごとに水平の排水層を挿入する。特に，長大のり面を有する高盛土，片切り片盛り，切り盛り境部，沢を埋めた盛土や傾斜地盤上の盛土では，水平排水層を設置する必要がある。また，含水比の高い土で高盛土を構築すると，盛土内部の間隙水圧が上昇しのり面のはらみ出しや崩壊が生じることがあるので，透水性の良い材料で水平排水層を敷設し，間隙水圧を低下させて盛土の安定性を高めることが行われる。最近は排水材料として高い排水機能をもつ不織布等を使用する場合もある。また，盛土が取り付いている地山からの浸透水が盛土内へ浸透してくる場合の崩壊防止にも効果が期待される。

水平排水層は小段毎に設置することを標準とする。なお，水平排水層の機能を十分に発揮できるよう，適切な排水勾配及び層厚を確保しなければならない。砕石または砂を用いる場合は，①透水係数が $1\times10^{-2}\sim1\times10^{-3}$cm/s 程度以上，かつ盛土材料の透水係数の100倍程度以上の良質な材料，②排水勾配が4〜5％程度，③層厚30cm以上，④長さは小段高さの1/2以上あれば，排水機能は満足できるものとみなしてよい。また**解図4－9－9**に示すように不織布等の吸い出し防止材を設置することが望ましい。

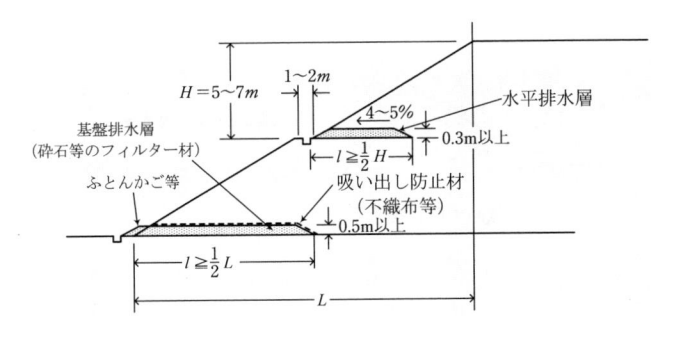

解図4－9－9　水平排水層及び基盤排水層の例

3) 基盤排水層

　地山から盛土への水の浸透を防止するために地山の表面に基盤排水層を設ける必要がある（**解図 4－9－10** 参照）。特に，地下水位の高い箇所に盛土を構築するような場合，長大のり面を有する高盛土，片切り片盛り，切り盛り境部，沢を埋めた盛土や傾斜地盤上の盛土等の雨水や浸透水の影響が大きいと想定される盛土では設置する必要があり，慎重な検討を要する。基盤排水層には，砕石または砂等の透水性が高く，せん断強さの大きい土質材料を用いるものとし，透水係数，吸い出し防止材は水平排水層に準じる。基盤排水層の厚さは浸透流量の大小によって異なるが，一般には 50cm 程度以上である。また長さについては，雨水や浸透水の影響が大きいと想定される盛土で降雨の作用に対する安定性の照査を省略した場合には，**解図 4－9－9** に示すようにのり尻からのり肩までの水平距離の 1/2 以上を標準とするが，特に湧水が多い箇所や高盛土では原地盤の段切りを施工しない範囲全面に設置するのが望ましい。特に浸透水の多いときには，排水層の中に集水管を埋設すると効果的である。沢埋め盛土における基盤排水層の設置例を**解図 4－9－8** に示す。

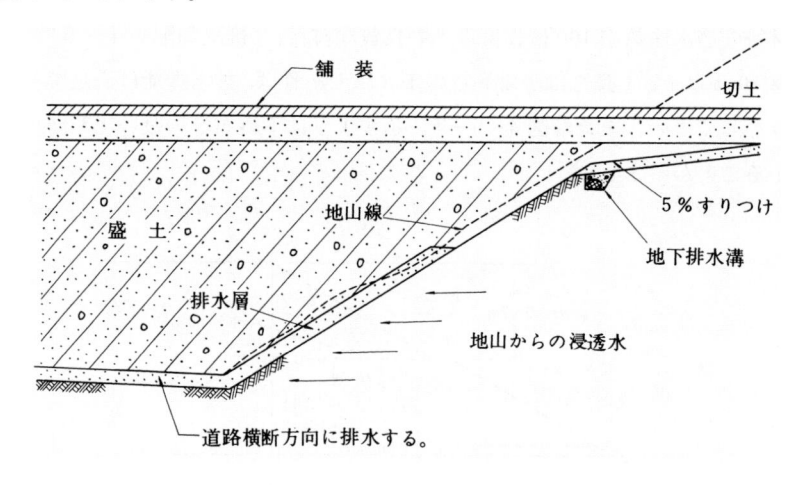

解図 4－9－10　切り盛り境部の地山の表面に設けた基盤排水層の例

4) のり尻工（ふとんかご・じゃかご工）

のり尻工（ふとんかご・じゃかご工）とは，盛土内の浸透水の排水及びのり面の崩壊防止のために設置する排水工である。小規模なのり面等では地下排水溝の代わりに使用する場合がある。適用例は**解図4－9－5**に示した。詳細については，「4－9－3　のり面排水工」を参照するとよい。

5）しゃ断排水層

平地部や切土部の道路で地下水位が高く水の供給量が多い場合に，路盤よりも下方に設置して路盤ないし路床に浸透する水をしゃ断する排水工である。詳細については，「4－9－9　路床・路盤の排水」を参照するとよい。

(2)　**地下排水工の材料**

1）ドレーン材料の選定

ドレーン材料は，透水性が大きく，かつせん断強さの大きい材料であることが望ましい。また，排水溝内に集水管を設置して埋め戻す場合には，その機能を長期的に維持させるために，透水性が大きく，かつ粒度配合の良い材料を用いなければならない。

ドレーン材料として必要な性能は，粒子自体または材料の安定性が高く，風化したり，溶解しないこと，長期的にドレーン材料が周辺の土から流入してくる微粒子によって詰まらないこと，ドレーン材料が周辺の土と比較して十分な透水性があること，及び，集水管の孔及び継目にドレーン材料が詰まらないことである。ドレーン材料は土質材料と人工材料に大別することができ，それぞれ以下の条件を満足しているものが望ましい。

（ⅰ）土質材料

ドレーン材料に透水性が大きく，かつ粒度配合の良い天然の砂利，あるいは粒度調整をした砂利，砕石等を用いる場合には，以下に示す条件を満足するものを用いるのがよい。

　ⅰ）ドレーン材料が盛土から流入してくる微粒子によって詰まらないとみなせる条件

$$\frac{D_{15}(ドレーン材料)}{D_{85}(周辺の土)} < 5 \quad \cdots\cdots\cdots\cdots\cdots\cdots\cdots\cdots\cdots\cdots\cdots\cdots\cdots\cdots（解4－4）$$

ここに，D_{15}，D_{85} はそれぞれ，粒径加積曲線において通過重量百分率の 15%，85%に相当する粒径である。

ⅱ）ドレーン材料が盛土材料に比較して十分な透水性があるとみなせる条件

$$\frac{D_{15}(ドレーン材料)}{D_{15}(周辺の土)} > 5 \quad \cdots\cdots\cdots\cdots\cdots\cdots\cdots\cdots\cdots\cdots\cdots\cdots \quad (解4-5)$$

ⅲ）ドレーン材料の粒度は，集水管を設置する場合には，次の条件を満足するのが望ましい。

$$\frac{D_{85}(ドレーン材料)}{D(孔の径)} > 2 \quad \cdots\cdots\cdots\cdots\cdots\cdots\cdots\cdots\cdots\cdots\cdots\cdots \quad (解4-6)$$

ドレーン材料の粒径加積曲線は，上記の条件を満足するような周辺の土の粒径加積曲線に平行で，かつ滑らかな曲線がよい。

（ⅱ）人工材料

人工材料としては，不織布やパイプ状あるいは板状のジオテキスタイルが使用されている。また，吸い出し防止材あるいは目詰まり防止材と称される不織布等のジオテキスタイルは，砕石等の排水層の目詰まり防止のためにも使用される。人工材料の適用に当たっては，透水性が高く，長期的に目詰まりを生じず，材料の強度が高く，また化学的変質に対して安定な材料を選定するとともに，砕石等の土質材料を用いた場合と同等以上の透水性，排水能力を確保するよう設置しなければならない。

2）集水管の選定

排水溝の中に埋設する集水管として，遠心力鉄筋コンクリート管，合成樹脂管等を用いるものとし，外面が平滑な管の場合，孔の径は 1.2～2.0 cmを標準としてよい。集水管の内径は 15～30 cmを標準とし，地下水位が著しく高い場合及び湧水の多い箇所においては，地下排水調査の結果によって断面を決定するのがよい。溝の中に埋設する管は，内径 30 cm以下の細いものが多く，しかもトレンチ型の埋設条件となるため，荷重条件が特殊な場合を除き，一般に用いられている有孔コンクリート管，コンクリート透水管，合成樹脂管等では強度の面での検討は通常必要ない。ただし，施工の際に埋設後に安易に重機を載荷させて破損することのないよう注意が必要である。

3) のり尻工（ふとんかご・じゃかご工）の材料

のり尻工（ふとんかご・じゃかご工）に用いる材料は「4-9-3　のり面排水工」によるものとする。

また，岩塊等を用いてのり尻を強化する場合には，透水係数が $1×10^{-1}$ cm/s 程度以上の透水性が高い材料を用いることでのり尻工の排水性を満足するものとする。

この場合，盛土材料の細粒分の流出を防ぐために，吸い出し防止材等を必要に応じ設置するものとする。

4-9-6　特に注意の必要な地下排水

> 切り盛り境部，片切り片盛り，沢部を埋める盛土，斜面上の盛土等では，特に排水計画について入念に行い，盛土内へ水を浸透させないよう適切な地下排水工の配置を行わなければならない。

切り盛り境部，片切り片盛り，谷間（沢部）を埋める盛土，斜面上の盛土等では地山からの湧水が盛土内へ浸透し，盛土のり面を不安定にすることが多い。また，施工中に湧水が認められない場合でも季節，天候によっては湧水が生じることや，切り盛り境部等は雨水等が集まりやすいことに留意する必要がある。したがって，**解図4-9-11**に示すように，路体上面，切土部路肩，のり尻及び各小段に地下排水工を配置するとよい。

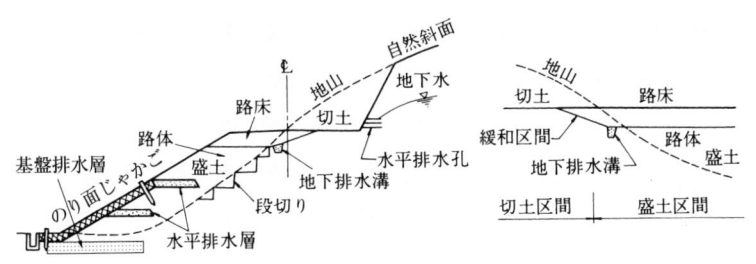

(a) 片切り片盛り部における例
　　（横断面図）

(b) 切り盛り境部における例
　　（縦断面図）

解図4-9-11　片切り片盛り部及び切り盛り境部の地下排水工の例

さらに，必要に応じて**解図 4-9-12** に示すように透水性の良い現地発生材を有効利用したり，**解図 4-9-13** に示すように盛土内へ地下水が浸透しないように地下排水溝を配置し，かつ盛土内の水圧を減少させるために基盤排水層及び盛土内に水平排水層を設けるとよい。特に，沢部を埋めた盛土では，流水や湧水の有無にかかわらず旧沢地形に沿って連続的に地下排水溝を設置しなければならない。

ここで，透水性の良い材料に粒径のそろった岩塊材料を使用する場合には，上部盛土材料の細粒分の流出を防ぐために，吸い出し防止材を設置したり，岩塊材料と上部盛土材料の中間的な粒径を使用した層を施工するなどの対策を行う必要がある。

山地部，丘陵地，台地等に発達する谷間の湿田，かんがい用水路等はその周辺の地下水が流出している場所であり，盛土の接する地山から盛土への地下水流入が崩壊に大きく影響する。したがって，地山の透水層，不透水層に注目して降雨，融雪水等の浸透水を地下排水溝で処理するものとする。

なお，盛土の地下水位を低下させることは，降雨災害の軽減はもちろん，耐震対策としても有効である。

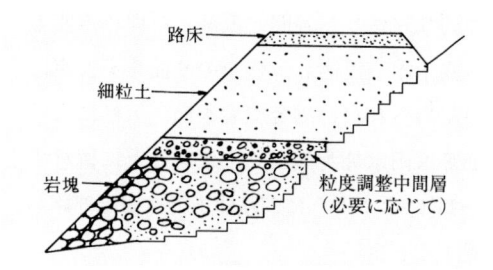

解図 4-9-12　透水性の良い材料（例えば岩塊）の有効利用の例[4]

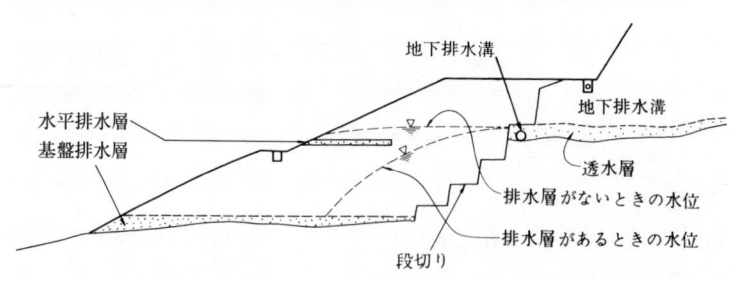

解図 4-9-13　地山の表面に設けた砂層の排水層

4-9-7　盛土内の排水

> 盛土内の排水については，盛土の安定性を確保するために，水平排水層や地下排水溝等の地下排水工を設け，浸透水，湧水等を盛土外に排出できるような構造としなければならない。

　盛土崩壊の要因として，地下水，降雨，融雪水等の浸透による盛土内水位の上昇等がある。盛土内の水位を低下させるためには，地盤及び盛土内の排水処理が重要である。排水処理を設計するに当たっては，広範囲に渡る踏査及び土質調査結果等により，透水層や不透水層の把握，並びに断層破砕帯の存在等，原地盤の湧水の有無を把握し，湧水が盛土内に浸透しないよう，確実に盛土外に導くよう配慮しなければならない。しかし，湧水の有無や，地中の浸透水の動きを調査のみによって正確につかむことは難しいため，山地部の沢部を埋めた盛土では，流水や湧水の有無にかかわらず，水平排水層，地下排水溝及び基盤排水層等の地下排水工を設置する必要がある。

　また，盛土の安定性が懸念されるような場合には，必要に応じて水平排水層や基盤排水層等を設置することで，盛土内水位を低下させるように配慮しなければならない。

　盛土内の排水処理には，路体への浸透水の排水，施工中の降雨等に対する排水処理，及び，高い含水比の材料で盛土を構築する場合における間隙水圧低下のための排水等がある。

(1)　**路体への浸透水の排水**

　地山から路体への浸透水は，地下排水溝や基盤排水層等により，路体内へ浸透させないように配慮するものとする。

　降雨等による路体への浸透水は，できるかぎり早期に路体の外に排出するように配慮しなければならない。例えば，火山灰質粘性土，しらす，山砂等，水による盛土の安定性が懸念される盛土材料については，**解図4-9-14**に示すように水平排水層等により路体への浸透水を小段排水溝等に導き，すみやかに路体外に排

出する必要がある。

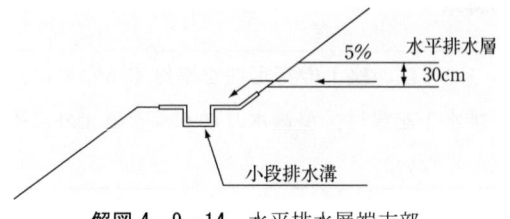

解図 4−9−14 水平排水層端末部

(2) 間隙水圧低下のための排水

　沢部を埋めた盛土，片切り片盛りや，しらす，山砂等，雨水が浸透しやすく，しかもそれによって強度の低下が著しい土質材料や，高含水比の火山灰質粘性土によって高い盛土を構築せざるを得ない場合には，**解図 4−9−15** のように盛土のり面内に水平排水層を設置し，盛土内の排水をはからなければならない。水平排水層の厚さ及び設置間隔は，盛土材料の圧密特性，盛土材料及び排水層の透水係数，施工速度等を考慮して決定する。

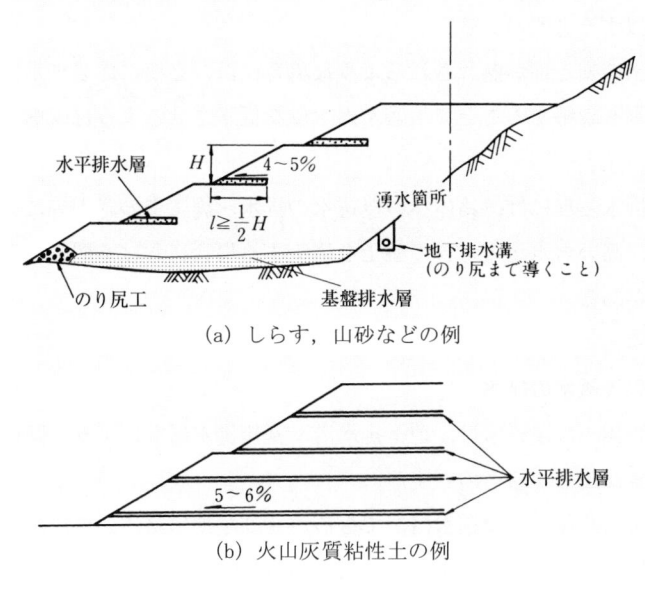

(a) しらす，山砂などの例

(b) 火山灰質粘性土の例

解図 4−9−15 水平排水層の例

4-9-8　基礎地盤の排水

> 基礎地盤の排水は，盛土の安定性を確保する上で重要であり，土質調査等の結果により，その性状，分布等を把握するとともに，適切な排水対策を講じなければならない。

基礎地盤からの湧水は，盛土内水位を上昇させ盛土を不安定にし，のり面崩壊の原因となることもあるので注意しなければならない。一般的に，切土部と盛土部の境界は地下水位が高く，かつ地表面からの浸透水が集まるので湧水の量が多い。湧水の処理の例を**解図4-9-16**に示す。

また，水田等で水位が高く，建設機械のトラフィカビリティーが得られない場合や，基礎地盤の地下水が毛管水となって盛土内に浸入するおそれのある場合には，素堀り排水溝の設置やサンドマット（敷砂層）を設けて排水をはかる。詳細は「5-2　基礎地盤の処理」を参照されたい。

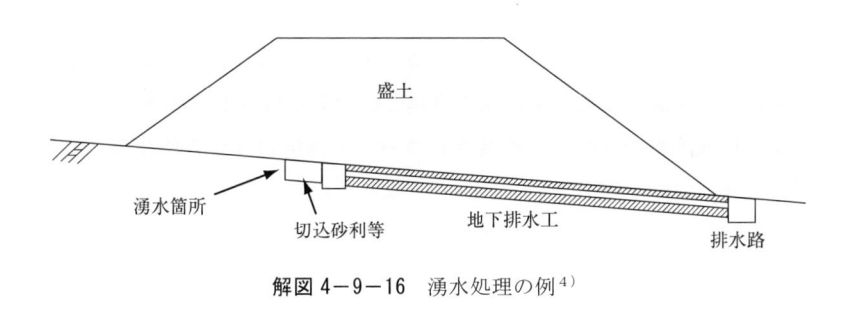

解図4-9-16　湧水処理の例[4]

4-9-9　路床・路盤の排水

> 路床・路盤の排水施設は，路体あるいは地盤内の地下水位を低下させ，あるいは道路隣接地から路床等に浸透する水をしゃ断し，路床，路盤を良好に維持するような構造としなければならない。

路床・路盤の地下排水工は，路床，路盤を良好に維持するために，道路隣接地

並びに路面から路盤及び路床に浸透してくる水をしゃ断または排水し、路面下の地下水位を低下させるものである。排水が良好でないと路面、路盤等の支持力が減少し、また、路床土の細粒土が浸透水によって路盤内に移動したり、ときによっては、舗装の継目や側端部、亀裂から地表に流れ出て舗装の破損の原因になることもある。

なお、地中水の路床・路盤に及ぼす影響については、「道路土工要綱　共通編　2－1－2　排水の目的」を参照されたい。

(1) **路床・路盤の排水の計算**

一般に、地下排水工の設計を行う場合には、計算を行わず類似した条件の場所で行われた工事の例を利用して設計することも少なくない。しかし、重要な排水工等では調査資料に基づく浸透流の検討を行う。実際には複雑な条件の浸透流を計算することは難しいが、地下水位の高い箇所や浸透流の多いと考えられる地域、並びに広い駐車場等の大きな排水工では調査資料に基づく検討を行って、浸透量や地下水位低下量等の値の目安を得ておくことが望ましい。

地盤内等の地下水低下のための排水が必要な箇所は、地下水の高い湿潤な場所、道路隣接地から多量の浸透水が流入するおそれのある場所等である。

この他、積雪地帯では融雪水が長期に渡って道路隣接地から路体等に浸透し、路床、路盤等の強度を弱めることがある。排水を良好にすると同時に、浸透水に対して安定性の高い路体、路床及び路盤等を施工することが大切である。

以下に、地下排水溝(集水管あり)を用いた場合の排水量の簡易な計算法を示す。

① 不透水層の勾配が大きい場合

排水溝の単位長さ当たりの流入量は式(解4－7)によって求める（**解図4－9－17** 参照）。

$$q = k \cdot i \cdot H_0 \quad \cdots\cdots\cdots\cdots\cdots\cdots\cdots\cdots\cdots\cdots\cdots\cdots\cdots\cdots\cdots\quad (解4-7)$$

ここに、q　：単位長さ当たりの流入量(cm^3/sec/cm)

　　　　k　：透水係数(cm/sec)

　　　　i　：不透水層の勾配

　　　　H_0　：排水管埋設位置付近の地下水位低下量(cm)

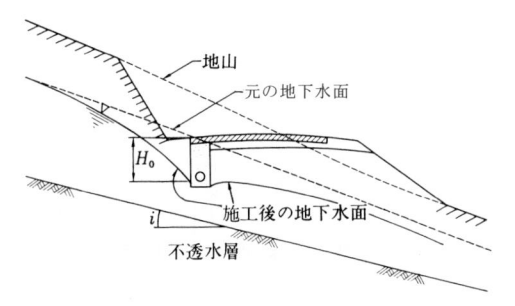

解図 4−9−17　不透水層の勾配が大きい場合

　路床土，あるいは地盤の透水係数は試験によって求める。試験を行っていない場合は**解表 4−9−3**を参考とするとよい。

解表 4−9−3　代表的な土の透水係数の概略値

代表的な土	透水係数（cm/sec）	透　水　性
礫	0.1 以上	透水性が高い
砂	$0.1 \sim 1 \times 10^{-3}$	中位の透水性
砂　質　土	$1 \times 10^{-3} \sim 1 \times 10^{-5}$	透水性が低い
粘　性　土	$1 \times 10^{-5} \sim 1 \times 10^{-7}$	非常に透水性が低い
粘　　　土	1×10^{-7} 以下	不透水性

② 不透水層の勾配が緩やかな場合

　排水溝の単位長さ当たりの流入量は式(解4−8)によって求める（**解図 4−9−18**参照）。

$$q = \frac{k(H^2 - h_0^2)}{2R} \quad \cdots\cdots\cdots\cdots\cdots\cdots\cdots\cdots\cdots\cdots\cdots\cdots\cdots\cdots \text{（解 4−8）}$$

　ここに，H　：排水前の地下水位（cm）
　　　　　h_0　：排水管埋設位置の地下水（cm）
　　　　　R　：排水によって地下水が影響を受ける水平距離（cm）

　その他の記号は式(解4−7)と同様である。

　R は一般に，透水係数，水位低下量，透水層の厚さや広がり等の地域的な条件の影響を受けることから一定の値とならないが，近似的に**解表 4−9−4**の値を用

いて概略の計算を行ってもよい。

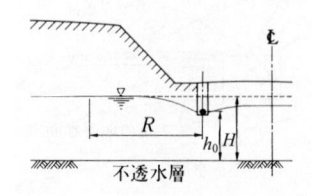

解図 4−9−18　不透水層の勾配が緩やかな場合

解表 4−9−4　排水によって地下水が影響を受ける水平距離 R の値

細 粒 砂	25 〜 500m
中 粒 砂	100 〜 500m
粗 粒 砂	500 〜 1000m

（井戸の水位を2〜3mに低下させた時の影響半径である。）

③　不透水層が深い場合

解図 4−9−19 に示したように不透水層が深い場合は，排水溝の単位長さ当たりの流入量は式(解 4−9)から求められる。

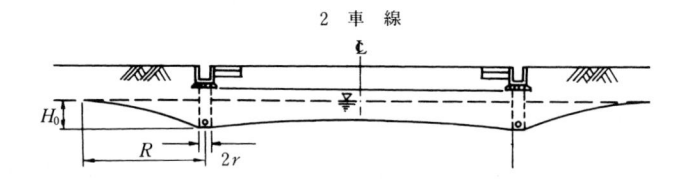

解図 4−9−19　不透水層の深い場合

$$q = \frac{\pi \cdot k \cdot H_0}{2\ln\left[\dfrac{2R}{r}\right]} = \frac{\pi \cdot k \cdot H_0}{4.6\log\left[\dfrac{2R}{r}\right]} \quad \cdots\cdots\cdots\cdots\cdots\cdots\cdots\cdots\cdots\cdots\cdots (解 4−9)$$

ここに，r：排水溝の幅の半分（cm）

その他の記号は式(解 4−7)，式(解 4−8)と同様である。

(2) 路側の地下排水溝

路床及び路盤を対象とする地下排水溝は，地下水位の高い地域では施工される場合が多く，地中の排水に極めて有効である。

一般に，平地部のように地下水面がほぼ平らな所では，**解図 4−9−20** に示すように道路の両側に設ける。しかし，傾斜地で地下水が一方からのみ流出してくるような箇所では，**解図 4−9−21** に示すように山側の路側にのみ設けることもある。

道路の幅員が大きい場合は，**解図 4−9−22** に示すように中央の分離帯にも地下排水溝を設ける。

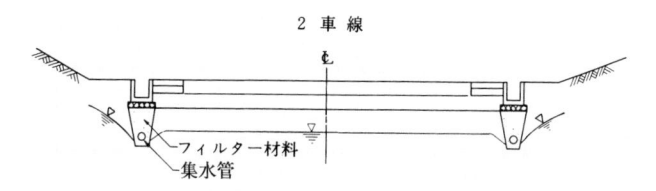

解図 4−9−20 両側の路側に設けられた地下排水溝

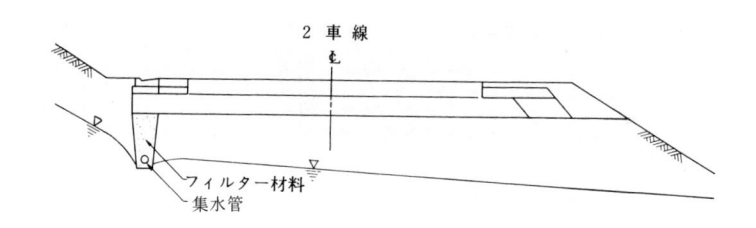

解図 4−9−21 片側に設けられた地下排水溝

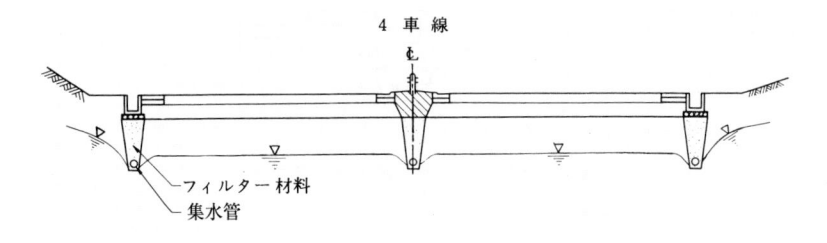

解図 4−9−22 中央分離帯のある場合の地下排水溝

地下水の特に多い地域では，地下排水溝のみでは排水能力が不足するため，路床と路盤の境界，あるいは路床や路体内に水平のしゃ断排水層を設けて浸透流を地下排水溝に導く（後述の「4）しゃ断排水層」参照）。

解図4-9-23に地下排水溝の構造例を示す。地下排水溝の深さは，1.0～2.0 m程度が必要な場合が多いが，地形，土質，地下水位等の条件によって変わってくる。

地下排水溝の底部には，集水管を設置するのを原則とする。集水管としては，有孔コンクリート管が用いられていることが多いが，コンクリート製透水管及び合成樹脂等で作られた透水管，有孔管等，多様に用いられ，現地に即応したものを選定する。

地下排水溝に埋設する集水管は内径15～30cmを標準とする。内径10cm以下の管は，中に土砂が詰まりやすいので使用しない方がよい。

また，集水管の周囲をグラスファイバーや高分子材料の繊維で巻くことも管内への土砂流入を防ぐうえで効果的であるといわれている。

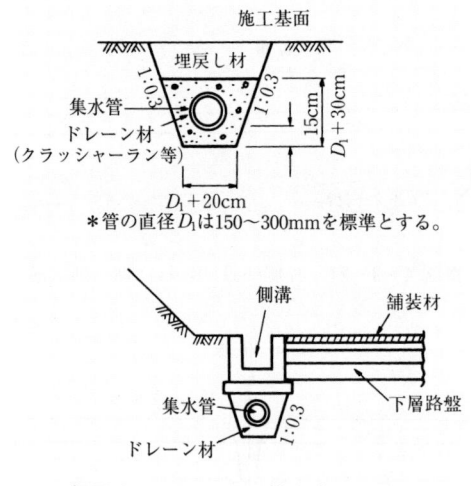

解図4-9-23　地下排水溝の構造例

地下排水溝の埋戻し材料には，透水性が良く，しかも周辺の土からの細粒分の流入を防ぐことのできるドレーン材料を用いる。地下排水溝を施工した位置は，

埋戻しに十分注意しないと，将来，沈下や変形を起こしやすい。地下排水溝の位置が側溝の下部であったり，路面が舗装されている場合には，表面は一応不透水性と考えられるが，路肩等にあたるときは，地表水が直接地下排水溝のフィルター部に流入するおそれがあるので，表面の30cm程度を透水性の良い土で覆い，よく締め固める。

(3) 横断地下排水溝

横断地下排水溝は，道路延長方向の地下排水溝のみでは不十分な場合に横断方向にも設けるが，特に横断地下排水溝の必要となる箇所は，道路が切土部から盛土部へ変わる境界等である。地下水位の高い台地を切土すると切土面から浸透水

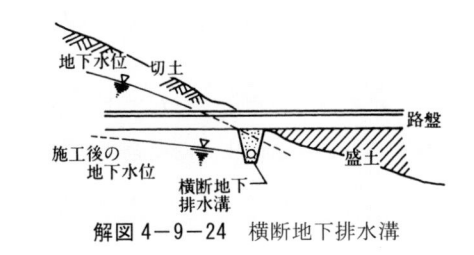

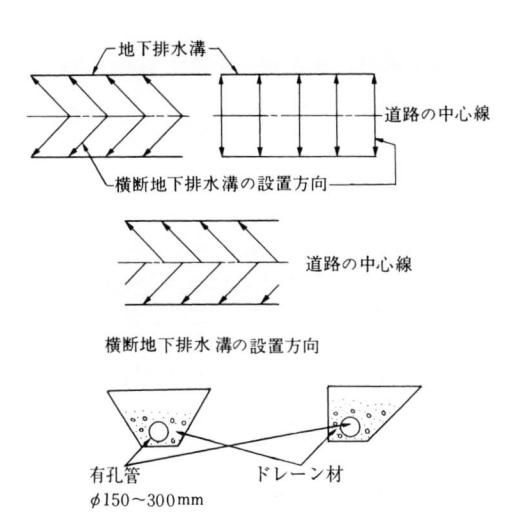

解図4-9-24　横断地下排水溝

解図4-9-25　横断地下排水溝の設置方向と断面の例 [12]

が流出し，それに接して構築された盛土部へ水が流入することがあるので，このような場合には**解図4－9－24**に示すような横断地下排水溝を設けるとよい。

また，路床部から浸入してくる水を除くためにしゃ断排水層と併用すると効果が大きいことがある。

横断地下排水溝は，道路に直角な方向に設けることもあるが，道路に縦断勾配のあるときには，**解図4－9－25**に示すように斜めにした方がよい。横断地下排水溝は，集水管を埋設するのが普通であるが，集水管を用いず直接砂礫等を詰めることもある。横断地下排水溝は路側の地下排水溝に必ず接続するものとする。

(4) しゃ断排水層

路盤の排水性が十分でなく，しかも路床が不透水性であったり，地下水位が高く，浸透水の多い場合にしゃ断排水層が施工されることがある。一般に，路盤は透水性が良いと考えられているが，使用する材料によって透水係数が意外に小さく，排水が悪い場合も少なくない。このような場合，路盤の下に透水性の極めて高い荒目の砂利，砕石をしゃ断排水層として設ける。その厚さは30cm程度以上が必要である。

なお，しゃ断排水層によって排水する場合でも，流量が多いときには，**解図4－9－26**に示すように排水層内に集水管を配置すると効果的である。また，浸透流のある場合には，排水層の排水能力を検討して，しゃ断排水層に十分な厚さを持たせなければならない。

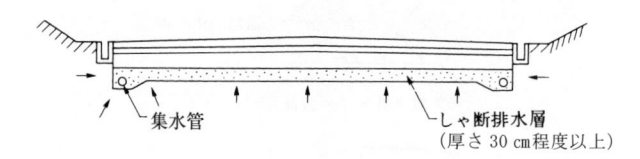

解図4－9－26 しゃ断排水層内に埋設した集水管

4-10 盛土と他の構造物との取付け部の構造

> 盛土と切土や他の構造部との取付け部には，通行機能に影響する道路供用開始後の段差等の発生を抑制するために，良質の材料を用い，適切な処理を施すものとする。

盛土と橋台，カルバート等の構造物との取付け部，あるいは切り盛り境部，片切り片盛り部では，道路供用開始後に不同沈下による段差が生じやすく，そのため舗装の平坦性が損なわれがちである。このような変状の発生を抑制するために，これらの構造物等との取付け部については盛土材料，締固め，排水，すり付けの処理等に特段の配慮をする必要がある。

(1) 構造物取付け部の盛土
1) 構造物取付け部の段差対策

構造物取付け部の段差の発生は，軟弱な基礎地盤上に構築された盛土部分に多く見られるが，段差の原因としては，基礎地盤の沈下，盛土自体の圧縮沈下，構造物背面の盛土荷重による構造物の変位等が挙げられる。

盛土と構造物との取付け部の段差を抑制する対策としては，以下に示す方法がある。

① 裏込め材料として，締固めが容易で，非圧縮性，透水性があり，かつ，水の浸入によっても強度の低下が少ないような安定した材料を選ぶ。

② 構造物裏込め付近は，施工中，施工後において，水が集まりやすく，これにともなう沈下や崩壊も多い。したがって，施工中の排水勾配の確保，地下排水溝の設置等の十分な排水対策を講じる。

③ 盛土と構造物との取付け部に踏掛版を設ける。

④ 軟弱地盤上の取付け部では特に沈下が大きくなりがちであるので，「道路土工－軟弱地盤対策工指針」を参考にプレロード等の必要な処理を行って，道路供用開始後の基礎地盤の沈下をできるだけ少なくする。

2) 裏込め及び埋戻しの材料

構造物の裏込め部，あるいは切土における構造物の埋戻し部には，良質の材料を使用しなければならない。

構造物の裏込め部や埋戻し部に用いる材料は以下の性質を有するものがよい。
① 供用開始後に構造物との間に段差が生じないような圧縮性の小さい材料
② 雨水等の浸透による土圧増加が生じないような透水性の良い材料

このため，裏込め及び埋戻しの材料には粒度分布の良い粗粒土を用いることが望ましい。また，裏込め部に粗粒土を用いた方が地震による沈下の被害が少ないことも報告されており，地震対策上の観点からも望ましいと言える。

解表4－10－1は，裏込め及び埋戻しに最適と考えられる材料の粒度を示したものである。この表では最大粒径，細粒分（粒径75μm以下）含有率，さらに，細粒分含有率が25％以下であっても圧縮性，透水性の観点から粘土分含有量を低く抑えるために，塑性指数の範囲を設定している。なお，このような良質材料を大量に使用することが工事費の面等から困難な場合には，大型の締固め機械を使用して十分な締固めが可能ならば，特にこのような良質材料に限ることなく入手できる盛土材料のうちから粒度分布の良い材料を使用してもよい。

解表4－10－1 裏込め及び埋戻しに適する材料

項　　目	範　　囲
最大粒径	100 mm以下
4,750μm（No.4）ふるい通過質量百分率	25～100％
75μm（No.200）ふるい通過質量百分率	0～25％
塑性指数（425μmふるい通過分について）	10以下

3）裏込め及び埋戻しの構造

解図4－10－1にボックスカルバートの裏込め構造の例を，解図4－10－2に橋台の裏込め構造の例を示す。裏込め部は盛土に先行して施工するのが望ましい。これは，確実な締固め施工ができる施工スペースを確保でき，かつ施工時の排水処理が行いやすいためである。

裏込め及び埋戻し部には雨水が集中しやすいので，排水施設を設ける（解図4－10－3参照）。排水施設として構造物壁面に沿って裏込め排水工を設け，これに

水抜き孔を接続し，集水したものを盛土外に導く。構造物壁面に沿って設置する裏込め排水工の材料としては，栗石等の自然材料の他に土木用合成繊維で作られた透水性材料やポーラスコンクリートパイプ等がある。

湧水量が多い場所や地下水位が浅い場所に構造物を設置する場合は，**解図 4－10－4** に示すように，地下排水溝に加え透水性の高い砂利，切込み砕石等を用いた基盤排水層を設置するのがよい。

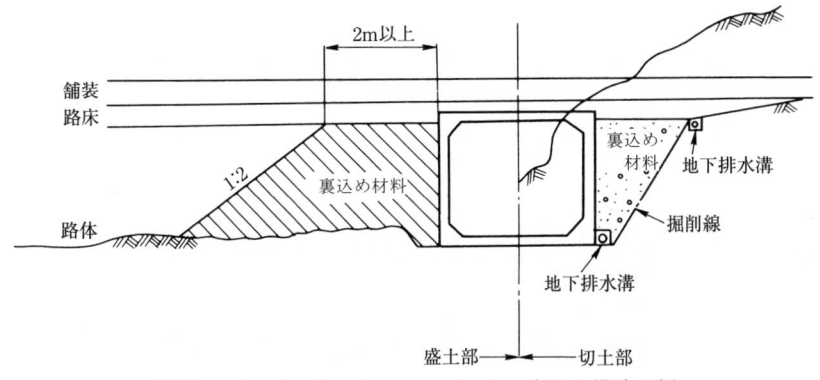

解図 4－10－1 ボックスカルバートの裏込め構造の例

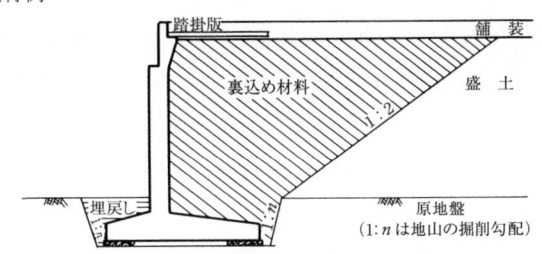

(a) 盛土部先行例

(b) 構造物先行例

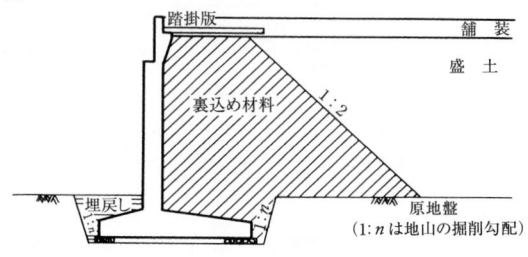

解図 4－10－2 橋台の裏込め構造の例

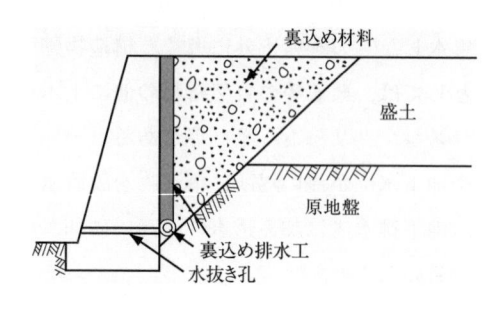

解図 4−10−3　構造物裏込めの排水 [13]

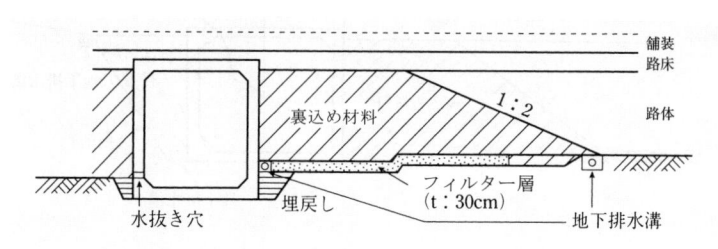

解図 4−10−4　湧水量が多い場合の排水工の例

(2) 踏掛版

踏掛版は，**解図 4−10−5** に示すように，盛土と橋台等の構造物との取付け部に鉄筋コンクリート版を掛け，その境界に生じる段差の影響を緩和するものである。これは車両の走行性の低下を防ぎ橋梁等の構造物本体への衝撃を緩和し，補修・補強対策費の低減にも寄与する。また特に，地震により段差が生じることが多いため，踏掛版は地震対策として効果的である。

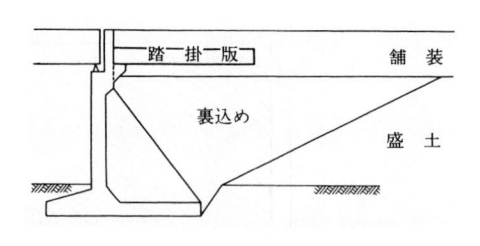

解図 4−10−5　踏掛版の例

このように，補修・補強対策費の低減，地震後の通行機能を確保する観点から，盛土と橋台との取付け部には，踏掛版を設置することが望ましい。また，盛土と土かぶりの薄いボックスカルバートとの取付け部についても，踏掛版を設置する場合がある。

　ただし，踏掛版を設置した場合には，維持管理段階で，踏掛版の下に生じる空洞の発見並びに処置に留意する必要がある。したがって，特に以下のような場合には，道路の性格や効果，維持管理の容易性，経済性を考慮した上で，踏掛版の設置の可否を慎重に検討する必要がある。

1）地盤が良好で盛土高さ（構造物底面より路面まで）が6m未満で良質な裏込め材料が使用されるような場合
2）ボックスカルバートで土被りが厚く，不同沈下の影響が土被り部である程度吸収されるような場合。
3）軟弱地盤上に設けられた構造物で地盤の残留沈下が大きくかつ長期に渡るため，踏掛版の設置効果が十分に果たされないおそれのある場合

　踏掛版の長さは，一般に5〜8m程度である。踏掛版の長さを決定する要因は多数あり，一般に次のように考えられている。

1）設計速度の高い道路ほど長いものが必要である。
2）以下に示すような沈下量が大きい盛土ほど長いものが必要である。
　① 軟弱地盤上の盛土
　② 盛土高の高い盛土
　③ 中抜きまたは盛りこぼし型橋台に接続する盛土
3）交通量が多い道路あるいは段差の補修作業が困難な箇所には長いものを設置し補修回数を少なくする。

　解表4－10－2に橋台接続部における踏掛版の設置長さの基準の例を示す。

　踏掛版の設置位置は路面下100mm以深を原則とする。踏掛版の設計方法は「道路橋示方書・同解説Ⅳ」を参考とする。使用材料はコンクリート σ_{ck}=24N/mm²，鉄筋SD345を基本とする。

解表 4-10-2　橋台接続部における踏掛版設置長さ（例）

橋台の形式	地盤の種類 裏込め材の種類 盛土高	普通地盤 切込砂利，硬岩等締固めによって細粒化しないもの	普通地盤 左記以外の材料	軟弱地盤 すべての条件
下記以外の形式	6m未満	設置しない（設置しない）	5（5）	8（8）
下記以外の形式	6m以上 12m未満	5（5）	5（5）	8（8）
下記以外の形式	12m以上	8（5）	8（5）	8（8）
中抜き盛りこぼし	6m未満	5（5）	5（5）	8（8）
中抜き盛りこぼし	6m以上	8（5）	8（5）	8（8）

（注）盛土高とは，フーチングの下面から舗装面までの高さとする。
　　　数字は踏掛版の長さ（単位：m）。ただし，括弧のないものは設計速度 80 km/h 以上の場合に，括弧のあるものは設計速度 80 km/h 未満の場合にそれぞれ適用する。

(3) 片切り片盛り部，切り盛り境部

　片切り片盛り部や，切り盛り境部では，完成後に沈下や段差が生じる場合がある。このため，解図 4-10-6 のようなすり付けを行い，地下排水溝，基盤排水層を設置する必要がある。すり付け勾配は 1 : 4 を標準とし，排水溝はのり肩，のり尻の両方に設置する。切り盛り境部の縦断方向の構造については「第 5 章　施工」を参照する。

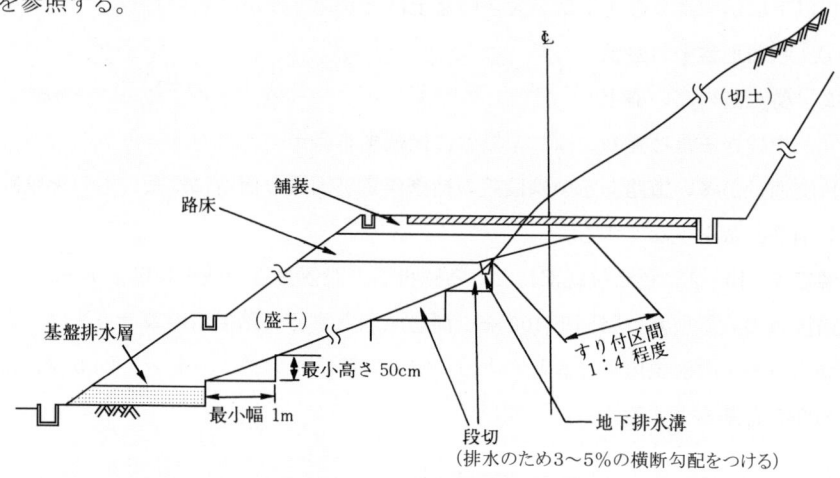

解図 4-10-6　片切り片盛り部のすり付けの例

4-11 補強盛土・軽量盛土

> 地形・用地上の制約ないしは環境・景観上の配慮から補強盛土もしくは軽量盛土を適用する場合は，4-3に従って想定する作用に対する安定性の照査を行うほか，補強材等の材料の安全性について照査を行うものとする。

(1) 補強盛土・軽量盛土の適用

補強盛土・軽量盛土には以下のような特徴があり，現場の条件に応じて補強盛土・軽量盛土の適用を検討する。

- のり面を急勾配とすることが可能であるため，地形上の制約，用地の制約等からの急勾配盛土とする必要がある場合，擁壁と並んで有効な手法である。
- 土質材料の強度不足を補い，耐震性を高めることができる。
- 軽量盛土は，軟弱地盤対策としても有効である。軟弱地盤対策工の詳細については，「道路土工－軟弱地盤対策工指針」によるものとする。
- **解図 4-11-1** に示すように，切土構造を盛土構造にすることにより，切土量が低減でき，環境保全にも有効となる。

解図4-11-1 補強盛土，軽量盛土の山地部の道路への適用による切土量低減のイメージ

一方で，通常の盛土と比較して変状や損傷が生じた場合の修復性に劣るものもあり，適用に当たっては変状や損傷が生じた場合の修復方法等について検討しておく必要がある。

補強盛土・軽量盛土を適用する場合，4-1～4-10 に述べられている事項を踏まえた上で，**解図4-11-2**に示すようなフローを目安に構造を選定する。擁壁形式を用いる場合，詳細については「道路土工－擁壁工指針」によるものとする。

補強盛土・軽量盛土に用いられる材料，技術について，現時点における代表的なものとその特徴，設計の考え方等を以下に示す。施工時の留意点については「5-10 補強盛土・軽量盛土」に示す。

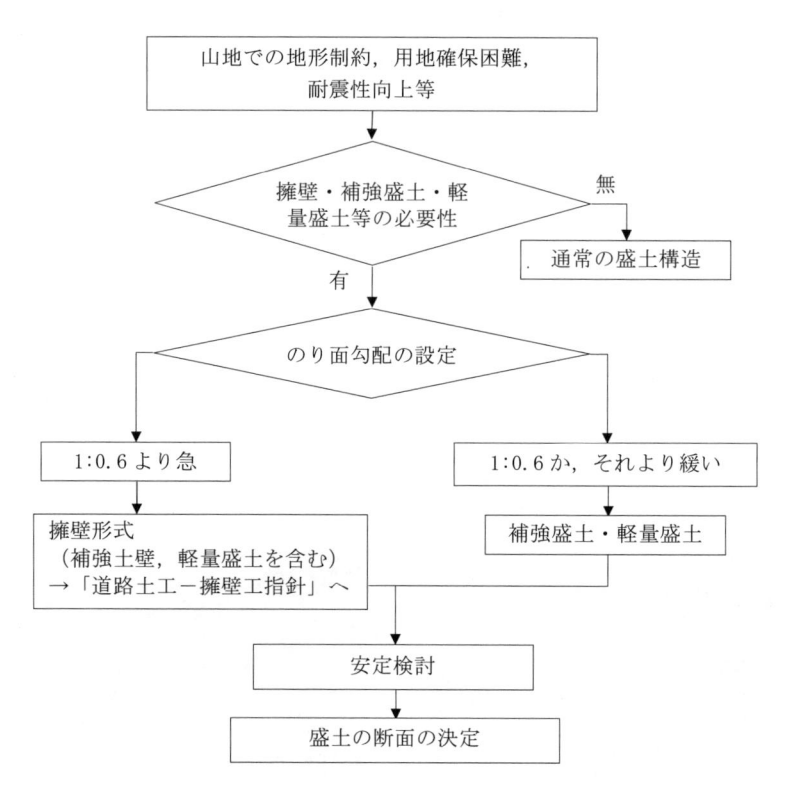

```
        ┌──────────────────┐
        │ 山地での地形制約，用地確保困難， │
        │     耐震性向上等      │
        └──────────────────┘
                 ↓
           ◇ 擁壁・補強盛土・軽 ◇ ──無──→ ┌──────────┐
             量盛土等の必要性              │ 通常の盛土構造 │
                 │ 有                    └──────────┘
                 ↓
            ◇ のり面勾配の設定 ◇
            ↙              ↘
   ┌─────────┐      ┌──────────────┐
   │ 1:0.6より急 │      │ 1:0.6か，それより緩い │
   └─────────┘      └──────────────┘
        ↓                    ↓
   ┌─────────────────┐   ┌──────────┐
   │  擁壁形式          │   │ 補強盛土・軽量盛土 │
   │ （補強土壁，軽量盛土を含む）│   └──────────┘
   │ →「道路土工－擁壁工指針」へ │          ↓
   └─────────────────┘          │
                    ┌──────────┐
                    │  安定検討    │
                    └──────────┘
                         ↓
                    ┌──────────┐
                    │ 盛土の断面の決定 │
                    └──────────┘
```

解図4-11-2　急勾配化のための構造選定フロー

(2) 補強盛土の特徴と設計の考え方

1) 概要と特徴

ジオテキスタイル（織布，不織布，ジオグリッド，ジオネット等の総称）や鋼

材（帯鋼や鉄筋）等の補強材を盛土中に敷設等して，急勾配化，のり面の安定性の向上，耐震性の向上等を図るものがある。また，既設の盛土の急勾配化，安定化のためにアンカー構造のものを埋め込むもの等もある。補強盛土への適用方法としては，以下のような種類がある。
① 浅いすべり破壊や表面侵食の防止
（ⅰ）のり面付近の転圧補助
（ⅱ）侵食を受けやすい土（細砂，まさ土，しらす等）からなる盛土の表面侵食の防止
（ⅲ）砂質土等のようにある程度の透水性をもち，しかも飽和度の上昇による強度低下の著しい材料を用いた盛土の表層すべりの防止
② 深いすべり破壊の防止
（ⅰ）高含水比粘性土による盛土の施工中の過剰間隙水圧の消散
（ⅱ）地山からの浸透水の影響を受けやすい盛土（傾斜地盤上の盛土，谷間を埋める盛土，片切り片盛り，切り盛り境部の盛土等）の排水と補強
③ 安定した高盛土の構築
④ 安定した急勾配盛土の構築
⑤ 重要盛土構造物の安定性の向上

2）適用上の留意点

補強盛土の適用上の留意点を列挙すると次のとおりである。
① 沢部等の地山からの浸透水のおそれがある場合は，十分な排水工を設置した上で本工法を適用する必要がある。
② 補強材は，各種試験により特性を明らかにし，十分な強度，耐久性を有するものを用いなければならない。
③ 安全性，耐震性を高めることが可能である一方で，万一変状や損傷が生じた場合の補修が通常の盛土と比較して一般に困難であるため，十分な安全性，耐久性を持った構造とする必要がある。
④ 補強盛土の基礎地盤にすべりを生じやすい弱層や，既設の盛土等がある場合には，基礎地盤を通るすべりに対する安定の検討を行う必要がある。
⑤ 盛土材料としては，通常の盛土で使用されているほとんどの材料が使用でき

ると考えてよいが，粘性土の含有が多い材料では，安定処理や排水機能をもつジオテキスタイルとの共用等を検討する。また，pHが4程度以下の強酸性土やpHが12程度以上の強アルカリ性の土や石灰安定処理土等では，補強材（ジオテキスタイル等）の種類によってはその耐久性に影響を及ぼす場合があるので，使用に当たっては化学的な耐久性試験を行うなど，慎重な配慮を要する。この他，岩砕や礫混じりの土では，施工中に補強材が損傷を受けるおそれがあるので，試験施工や破壊試験等による検討が必要である。

⑥ 補強盛土であっても，補強材の材質，配置の他に，盛土材料，補強領域の排水，締固めが安定性に大きく影響するため，これらの事項について十分に配慮する必要がある。

なお，のり面勾配がかなりきつく（のり面勾配1：0.6以上）なる場合には便宜上補強土壁に分類され，その設計の考え方については，「道路土工－擁壁工指針」を参照されたい。

3）設計の考え方

（i）浅いすべり破壊や表面侵食の防止

盛土ののり面付近では締固めが不十分となりやすく，それが原因となって降雨時等に表層すべりや表面侵食が起こることがある。このため，通常の盛土では重機による転圧が行えるようのり面勾配を1：1.8程度まで緩くするが，ジオテキスタイルを利用することにより，比較的勾配のきつい盛土においても機械転圧を行うことが可能になる。転圧補助材としてジオテキスタイルを利用するときの標準的な方法としては，引張強度2kN/m程度以上のジオテキスタイルを敷設間隔30cm程度，敷設長2m程度で配置するのがよい。

また，侵食を受けやすい土（細砂，まさ土，しらす等）で構築される盛土では，侵食のおそれの少ない細粒土等による土羽土を設けることが望ましいが，ジオテキスタイルを利用して盛土の侵食抵抗を高めることも可能である。侵食防止用ジオテキスタイルとしては，引張強度2kN/m程度以上のものを敷設間隔30cm程度，敷設長1m以上で配置することが望ましい。

（ii）排水補強材としての設計

排水性を有するジオテキスタイルを利用して，高含水比粘性土による盛土の施

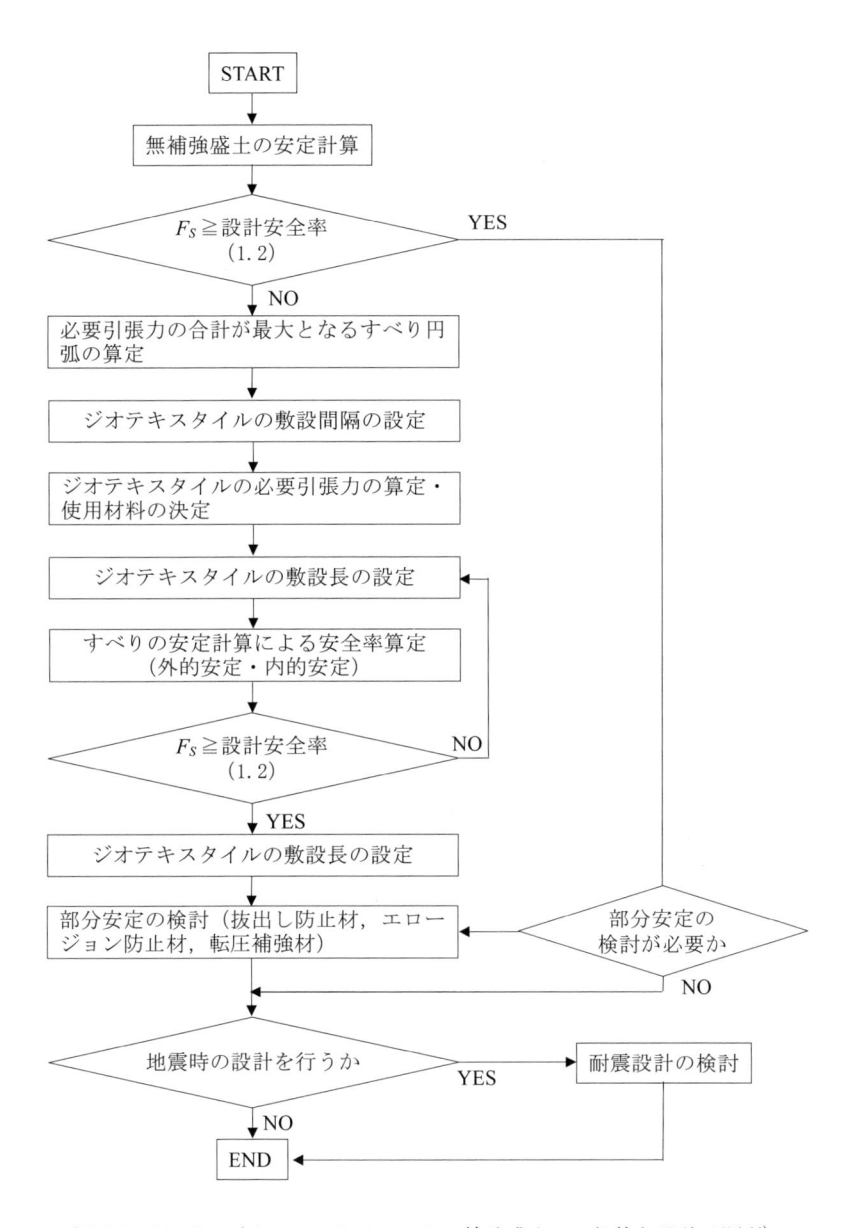

```
                    START
                      │
                      ▼
            無補強盛土の安定計算
                      │
                      ▼
          ◇ $F_S \geq$ 設計安全率 ◇ ─── YES ───┐
                  (1.2)                        │
                      │ NO                     │
                      ▼                        │
        必要引張力の合計が最大となるすべり円    │
        弧の算定                                │
                      │                        │
                      ▼                        │
        ジオテキスタイルの敷設間隔の設定        │
                      │                        │
                      ▼                        │
        ジオテキスタイルの必要引張力の算定・    │
        使用材料の決定                          │
                      │                        │
                      ▼                        │
        ジオテキスタイルの敷設長の設定 ◀──┐    │
                      │                    │    │
                      ▼                    │    │
        すべりの安定計算による安全率算定   │    │
        (外的安定・内的安定)               │    │
                      │                    │    │
                      ▼                    │    │
          ◇ $F_S \geq$ 設計安全率 ◇ ── NO ─┘    │
                  (1.2)                         │
                      │ YES                     │
                      ▼                         │
        ジオテキスタイルの敷設長の設定          │
                      │                         │
                      ▼                         │
        部分安定の検討(抜出し防止材,エロー ◀── ◇ 部分安定の ◇
        ジョン防止材,転圧補強材)                検討が必要か
                      │                              │ NO
                      ▼                              │
          ◇ 地震時の設計を行うか ◇ ── YES ──▶ 耐震設計の検討
                      │ NO                           │
                      ▼◀─────────────────────────────┘
                     END
```

解図 4-11-3 ジオテキスタイルによる補強盛土の一般的な設計手順 [14]

工中の過剰間隙水圧の消散をはかり、圧密による土の強度増加を促進することによって盛土を補強する方法である。この場合は、試験や実績等により十分な排水機能を有することを確認したジオテキスタイルを使用する必要がある。また、ジオテキスタイルの引張補強効果と排水効果をあわせて期待することもある。

(ⅲ) 引張補強材としての設計

ここでは、ジオテキスタイルを引張補強材として用いた場合の基本的な考え方を示す。一般的な設計の手順を整理すると**解図4－11－3**のようになる。まず、「4－3　盛土の安定性の照査」に従い無補強盛土の安定計算を行い、安全率が所定の値を満足しない場合には、ジオテキスタイルによる補強を検討する。

補強盛土の設計に当たっては、補強盛土の破壊モードとして次の三つを考慮し、それぞれの破壊モードに対して安定が確保されるようにジオテキスタイルの必要引張強さ、敷設間隔、敷設長を決定する（**解図4－11－4**参照）。

① 補強領域内部を通るすべり破壊に対する検討（同図(a), (b)）
② 補強領域の外側を通るすべり破壊に対する検討（同図(c)）
③ ジオテキスタイルで挟まれた土塊の抜け出し、侵食等の検討（同図(d)）

①の補強領域内部を通るすべり破壊に対する検討は、補強材の張力を考慮した次式のいずれかを用いる。

$$F_S = \frac{M_R + r\Sigma T_i}{M_D} \quad \cdots\cdots\cdots\cdots\cdots\cdots\cdots\cdots\cdots\cdots\cdots\cdots\cdots\cdots\cdots\cdots\cdots\cdots\cdots\cdots\cdots\cdots\cdots \text{(解4－10)}$$

$$F_S = \frac{M_R + r\Sigma(T_i \cdot \cos\theta + T_i \cdot \sin\theta \cdot \tan\phi)}{M_D} \quad \cdots\cdots\cdots\cdots\cdots\cdots\cdots\cdots\cdots \text{(解4－11)}$$

ここに、F_S ：安全率

M_R ：無補強時の土塊の抵抗モーメント(kN/m・m)

$$M_R = r\Sigma[c \cdot l + \{(W - u \cdot b)\cos\alpha - k_h \cdot W \cdot \sin\alpha\}\tan\phi]$$

M_D ：無補強時の土塊の滑動モーメント(kN/m・m)

$$M_D = r\Sigma\left(W \cdot \sin\alpha + \frac{h}{r} \cdot k_h \cdot W\right)$$

θ ：ジオテキスタイルとすべり線の交点とすべり線中心を結ぶ直線が鉛直線となす角度（度）

T_i ：各ジオテキスタイルの引張力(kN/m)

c ：土の粘着力(kN/m²)

ϕ ：土のせん断抵抗角（度）

l ：分割片で切られたすべり面の長さ(m)

W ：分割片の全重量(kN/m)

u ：間隙水圧(kN/m²)

b ：分割片の幅（m）

α ：各分割片で切られたすべり面の中点とすべり円の中心を結ぶ直線と鉛直線のなす角（度）

k_h ：設計水平震度（小数点以下2桁に丸める）

h ：各分割片の重心とすべり円の中心との鉛直距離（m）

r ：すべり円弧の半径(m)

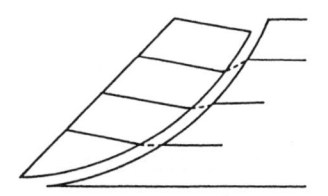

(a) ジオテキスタイルの破断及び伸びの検討

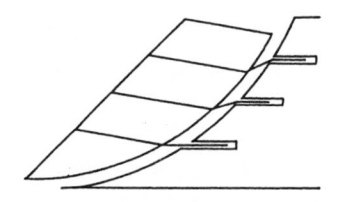

(b) ジオテキスタイルの引抜けに対する検討

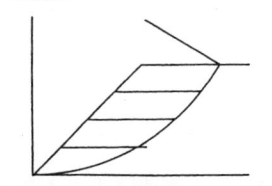

(c) 補強領域の外側を通るすべり面の検討

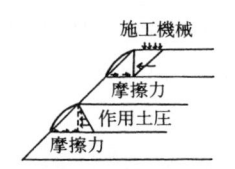

(d) のり面部の抜出しや転圧補助に対する検討

解図4－11－4　ジオテキスタイルによる引張補強を行う際に検討すべき破壊モード[14]

　各ジオテキスタイルの引張力としては，ジオテキスタイルの発揮可能な引張強さを用い，ジオテキスタイルの許容引張強さとジオテキスタイルの引抜き抵抗力の小さい方をとる。

　また，地震動の作用に対する安定性の照査及び用いる設計水平震度の大きさと

許容安全率については,「4-3-4　地震動の作用に対する盛土の安定性の照査」に準じてよい。

　ジオテキスタイルの許容引張強さは,ジオテキスタイルの基準強度や力学的特性を考慮して,荷重の組合せに応じて,適切な安全度が確保できるように設定しなければならない。したがって,ジオテキスタイルの設計引張強さは,単に引張試験による最大引張強さを用いるのではなく,ジオテキスタイルのひずみレベルやクリープ限度強さを考慮したものとする。すなわち,クリープ変形によってジオテキスタイルの伸びが大きくなりすぎたり,あるいは破断したりしないように,クリープ試験によって,耐用年数内に生じるジオテキスタイルのひずみが許容値内におさまるようなクリープ限度強さを考慮して設計引張強さを決定する。この場合,ジオテキスタイルの耐用年数としては,おおむね100年程度を目安とする。さらに,施工中にジオテキスタイルが損傷を受ける可能性がある場合やジオテキスタイルを接合して使用する場合,あるいは強酸性,強アルカリ性の土壌条件,地熱地帯等の熱の影響を受ける条件,水の作用を繰り返し受ける条件等で使用する場合は,これらの環境下におけるジオテキスタイルの引張強さやクリープ限度強さの低下を調べ,必要な材料安全率を見込まなければならない。

⑶　軽量盛土の特徴と設計の考え方

　盛土自体を軽量化し,地盤に加わる負荷や隣接する構造物に作用する土圧を軽減しようという盛土構造である。

　軽量盛土は,基礎地盤の種類によらず適用でき,盛土自体の荷重を低減するため,沈下量の低減,すべり安定性の向上,側方流動の抑制及び材料によっては遮水等の幅広い効果を有するものである。その他の対策工法との併用も困難ではなく,これによって,地盤改良や構造物断面が低減できる。

　現在我が国で使用されている軽量盛土材料の種類をまとめると,**解表4-11-1**のとおりである。単位体積重量でみると,発泡スチロールブロックのような超軽量のものから,気泡混合軽量土や発泡ビーズ混合軽量土のように単位体積重量を自在にコントロールでき,かなりの軽量化が可能なもの,また,水砕スラグあるいは火山灰土のような副産物や天然材料を利用し,ある程度の軽量化が可能なも

の等がある。

解表 4−11−1　代表的な軽量盛土工法

軽量盛土材料の種類	単位体積重量 (kN/m³)	特　徴
発泡スチロールブロック	0.12〜0.3	超軽量性，合成樹脂発泡体
気泡混合軽量土	5〜12程度	密度調整可，流動性，自硬性，発生土利用可
発泡ウレタン	0.3〜0.4	形状対応性，自硬性
発泡ビーズ混合軽量土	7程度以上	密度調整可，土に近い締固め・変形特性，発生土利用可
水砕スラグ等	10〜15程度	粒状材，自硬性
火山灰土	12〜15	天然材料（しらす等）

1) 発泡スチロールブロック

① 概要と特徴

　発泡スチロールブロックの標準的な寸法は，2m×1m×0.5m（1m³）であり，単位体積重量は 0.12〜0.30kN/m³ のもの（土の密度の約 1/50〜1/100）が使用されている。

　圧縮強さは，一軸圧縮試験による5％圧縮ひずみ時の圧縮応力で定義するが，単位体積重量に応じて 70〜180kN/m² 程度の圧縮強さがある。

② 適用上の留意点

　発泡スチロールブロック材料の選定に当たっては，適切な強度，耐蝕性（生物的，化学的），入手の容易さ，耐久性，経済性等を十分に勘案する必要がある。

　耐火性に関しては，自己消火性のものが通常使用されているが，火気を近づけることやガソリン・重油等の接触，及び長時間の紫外線照射は避けなければならない。施工中あるいは施工後の水浸のおそれがある場合には，浮力に対する検討と対策が必要である。

　また，盛土供用開始後において発泡スチロールブロック中への地中管埋設は困難であるため，地中管等を埋設する計画がある場合は，設計時に留意する必要が

ある。

③　設計の考え方

　発泡スチロールブロックを用いる場合の設計は，従来から擁壁等の構造物に対して行われている設計手法を準用できるところが多いが，発泡スチロールブロックの特性（超軽量・自立性）から，特有の考え方を取り入れ設計しなければならない点がある。

　発泡スチロールブロックを用いる場合における主な設計検討項目は以下のとおりである。

　・支持地盤の安定
　・併用する防護壁（擁壁）の安定（滑動，転倒，支持力，変形）
　・部材（発泡スチロールブロック並びに併用する各部材）の安定等の照査
　・地下水の影響がある場合，浮き上がりについての検討

　また，これらの検討に加え，既設構造物との接合方法や排水施設，発泡スチロールブロックの積立方法や防護方法等についての検討も必要である。

2）気泡混合軽量土

① 　概要と特徴

　気泡混合軽量土は，土に水とセメント等の固化材を混合して流動化させたものに，気泡を混合して軽量化を図ったものである（単位体積重量 5～12kN/㎥）。また，一定の品質を持つ細骨材によるモルタルに気泡を混合したものは気泡モルタルと呼ばれる。流動性があるので，ポンプ圧送による流し込み施工を行うことができることから，施工が容易である。さらに，泥土等の低品質な土を含む様々な発生土を使用することもできる。

　また，固化材の配合を調整することにより，一軸圧縮強さは 1000kN/㎡程度まで任意の設定が可能である。気泡混合軽量土を擁壁の裏込めに適用した場合，裏込めに砂を用いた場合よりも，擁壁に作用する水平土圧を低減することができる。

② 　適用上の留意点

　適用に当たっては以下の点に留意する必要がある。

　・気泡混合軽量土の強度と密度を事前に配合試験にて十分確認する必要がある。特に，砂質土を用いて単位体積重量を 6～8kN/㎥以下（気泡の割合が 50%

程度以上）にするような場合には，強度が小さくなることがあるので，注意を要する。
- 気泡混合軽量土は固化材の水和反応を利用しているので，土に有機物等反応を阻害する物質が混入している場合には，強度に影響を及ぼす。そのため，固化材の種類により対処する必要がある。
- 有機物や腐植物等を含んでいる粘性土の場合には，気泡が消泡して密度に影響を及ぼすことがある。この場合には，気泡剤の発泡倍率や希釈倍率を下げるなどして，起泡剤量を増加させる必要がある。
- 発生土が液性限界の4倍を超えるような高含水比の場合には，ポンプ圧送時の材料分離が考えられるので，天日乾燥，自然沈降等により減水処理を行う必要がある。

③ 設計の考え方

気泡混合軽量土を盛土として用いる場合には，一般的に以下のような手順で行う。
- 荷重条件を設定し，盛土材料・裏込め材料としての機能を満足する強度・密度を設定する。
- 盛土材料，裏込め材料の長期強度や浸透等による密度変化あるいは施工中の影響も考慮して，強度・密度を再設定する。
- 設定した強度・密度を基に，盛土の安定性の検討を行う。

気泡混合軽量土を地下埋設物の新設・補修の際の埋戻し材として用いる場合は，それぞれの用途に見合った強度・密度設定を行う。なお，路床として用いる場合は，必要なＣＢＲ値が確保できるよう強度の設定を行う。

3）発泡ビーズ混合軽量土

① 概要と特徴

発泡ビーズ混合軽量土は，土砂にスチレン系等の樹脂を直径1～10mmに発泡した粒子，成形発泡材料を粉砕したもの等，超軽量な発泡ビーズ（粒子）を混合して，土の軽量化を図ったものである。通常の土に近い変形追随性があり，透水性も調整できる。また，水と固化材を加えてスラリー状にするタイプもある。

② 適用上の留意点

適用に当たっては以下の点に留意する必要がある。
- 発泡ビーズ混合軽量土の特徴として，強度を自由に設定できることがあるが，固化材の添加量が多くなると，一般の土と類似した応力～ひずみ関係を示さなくなる（脆性破壊する）ので，土質材料に適用されている設計の仮定を逸脱する可能性がある。したがって，一軸圧縮強さで，$50 \sim 300 kN/m^2$ 程度の範囲（破壊ひずみが 1.0％程度以上で，残留強度がピーク強度の $60 \sim 70\%$ 程度である応力～ひずみ関係を示す範囲）で使用するのが一般的である。
- 通常は工場生産された球状の発泡ビーズを使用する。なお，成形された発泡材料等の再利用も，工夫により可能である。

③ 設計の考え方

発泡ビーズ混合軽量土を用いた盛土の設計は，一般の土と類似した強度，変形特性を示す範囲で使用する限りにおいて，これまで土に適用されてきた設計方法に準じて行うことが可能であり，土質試験等から求めた内部摩擦角，粘着力を用いて設計を行う。

4）その他の軽量盛土工法

しらすのような気泡を含む粗粒土は，単位体積重量が $12 \sim 14 kN/m^2$ 程度で通常の土に比べて小さく，取り扱いやすいことから軽量盛土材料として利用できる。しかしながら地域性があるので，そのような土の入手が可能な地域であるか確認する必要がある。また，スラグ，焼却灰を盛土等に使用する場合は材料の環境安全性を土壌環境基準等で確認し，地下水位より上部に使用する必要がある。

参考文献

1）（社）地盤工学会：地盤材料試験の方法と解説，第7編 変形・強度試験，pp.535～944, 2009.
2）農林水産省構造改善局：土地改良事業計画設計基準－設計・ダム－，pp.208-215, 1981.
3）安田進，吉田望，安達健司，規矩大義，五瀬伸吾，増田民夫：液状化に伴う流動の簡易評価法，土木学会論文集，No.638/III-49, pp.71-89, 1999.
4）東日本高速道路（株），中日本高速道路（株），西日本高速道路（株）：設計要

領　第一集　土工編，2009.
5）（独）土木研究所：建設発生土利用技術マニュアル（第3版），2004.
6）（財）土木研究センター：発生土利用促進のための改良工法マニュアル，1997.
7）（独）土木研究所：流動化処理土利用技術マニュアル，1997.
8）（独）土木研究所：建設汚泥再生利用マニュアル，2008.
9）（財）日本産業廃棄物処理振興センター：建設廃棄物処理指針，1999.
10）（独）土木研究所監修，（財）土木研究センター編：建設工事で遭遇する廃棄物混じり土対応マニュアル，2009.
11）松尾修，杉田秀樹，佐々木哲也：新潟県中越地震の被害から見た道路盛土の耐震技術の課題，土木技術資料，Vol.47, No.12, pp.36-39, 2005.
12）竹下春見：新編道路工学，金原出版，1961.
13）（社）地盤工学会：盛土の調査・設計から施工まで（第一回改訂版），1990.
14）（財）土木研究センター：ジオテキスタイルを用いた補強土の設計・施工マニュアル（改訂版），2000.

第5章 施　　工

5-1　施工の基本方針

> 盛土の施工に当たっては，原則として設計で盛土の要求性能を確保するように設定した施工の条件を満足しなければならない。ただし，設計時に想定し得ない現地条件や施工中の盛土の挙動には臨機応変に対応する必要がある。また，盛土の施工に当たっては，十分な品質の確保に努め，安全を確保するとともに，環境への影響にも配慮しなければならない。

　盛土の施工の手順を「準備工」，「盛土の施工」，「付帯構造物」に大別し（**解図5-1-1参照**），それぞれの詳細についての記述箇所を併記した。

(1)　施工の基本

　施工に当たっては，原則として設計で盛土の要求性能を確保するように設定した施工の条件を遵守しなければならない。ただし，設計時には用いる盛土材料の土質を詳細に把握することが困難な場合が多く，施工段階になって想定外の発生土に遭遇することもある。また，調査・設計段階では想定し得ない盛土の挙動や予想し得ない天候等に遭遇するケースもあり，臨機応変に適切な対応をすることが必要である。施工の基本については，「2-2　盛土工の基本」も併せて参照されたい。

(2)　盛土材料

　盛土に用いる土については，「4-6　盛土材料」に述べたように，施工が容易で，盛土の安定を保ち，かつ有害な変形が生じないような材料を用いなければならない。他方，盛土材料としては可能な限り現地発生土を利用するよう努める必要がある。このため，良好でない材料等についても適切な処置を施して有効利用することが望ましい。そのため，例えば発生土を路床材料として利用するには，

設計段階において仮定した設計値（設計ＣＢＲ値等）以上が得られる材料であることを確認して施工するものとし，設計値を満足しない場合には改良するか，または購入土を用いる。

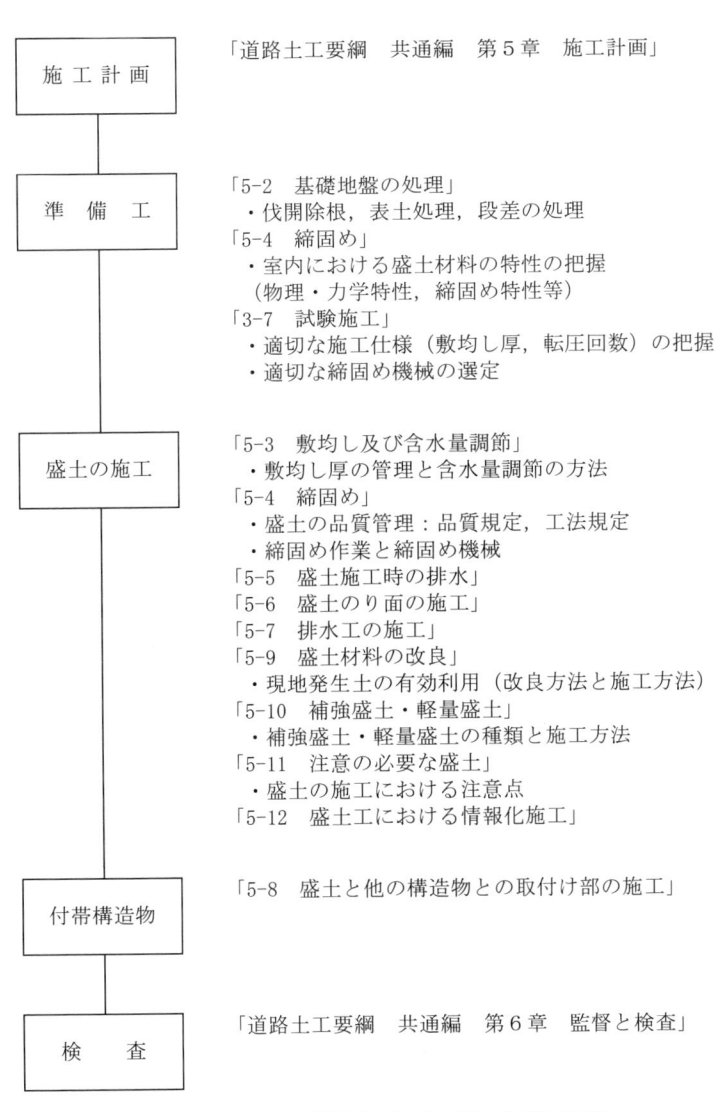

施工計画	「道路土工要綱　共通編　第5章　施工計画」
準備工	「5-2　基礎地盤の処理」 ・伐開除根，表土処理，段差の処理 「5-4　締固め」 ・室内における盛土材料の特性の把握 　（物理・力学特性，締固め特性等） 「3-7　試験施工」 ・適切な施工仕様（敷均し厚，転圧回数）の把握 ・適切な締固め機械の選定
盛土の施工	「5-3　敷均し及び含水量調節」 ・敷均し厚の管理と含水量調節の方法 「5-4　締固め」 ・盛土の品質管理：品質規定，工法規定 ・締固め作業と締固め機械 「5-5　盛土施工時の排水」 「5-6　盛土のり面の施工」 「5-7　排水工の施工」 「5-9　盛土材料の改良」 ・現地発生土の有効利用（改良方法と施工方法） 「5-10　補強盛土・軽量盛土」 ・補強盛土・軽量盛土の種類と施工方法 「5-11　注意の必要な盛土」 ・盛土の施工における注意点 「5-12　盛土工における情報化施工」
付帯構造物	「5-8　盛土と他の構造物との取付け部の施工」
検査	「道路土工要綱　共通編　第6章　監督と検査」

解図5-1-1　盛土の施工手順

(3) 盛土の施工

　盛土はカルバート，橋梁等のコンクリート構造物に比べて自然現象の影響（特に水の影響）を受け易く，沈下や崩壊を起こしやすいうえ，土という材料特有の不安定な要素をもっている。しかし，盛土は切土のように天然の基盤をそのまま利用して構成されているものと異なり，盛土材料や施工法の選定を行い，人為的に造るという特色がある。このため，本来盛土は不安定な要素をもつ土工構造物であるが，丁寧な施工を行うことにより均質で安定性の優れた構造物として構築することもでき，施工に当たっての主眼もこの点におかれている。盛土の施工については，「道路土工要綱　共通編　第5章　施工計画」も併せて参照されたい。

(4) 安全の確保

　建設工事における労働災害は全労働災害のなかでも最も多いことから，安全管理に対する認識を高めるとともに，安全施設の充実，安全施工の徹底等安全管理の強化が必要である。特に道路土工は様々な場所で多種多様な建設機械の組合せにより施工されていることから，一層の注意を払わねばならない。「道路土工要綱　共通編　5-8　安全管理と災害防止」を参照されたい。

(5) 環境への影響

　建設工事に伴う騒音，振動，土砂流出による水質汚濁，土運搬における粉じん，盛土による地盤沈下，切土に伴う水の枯渇等は，工事現場周辺の生活環境に影響を及ぼし，工事の円滑な進捗への支障ともなる。工事の計画・実施に当たっては，生活環境を守り，工事の円滑な推進を図るために，工法・建設機械の選定，作業方法等細心の注意を払う必要がある。「道路土工要綱　共通編　5-7　環境保全対策」を参照されたい。

5-2　基礎地盤の処理

　盛土の基礎地盤は，盛土の施工に先立って適切な処理を行わなければならない。特に，沢部や湧水の多い箇所での盛土の施工においては適切な排水処理を

> 行うものとする。
> 　基礎地盤については事前に調査を実施し，その結果，軟弱地盤として対策が必要と判断される場合には，別途「道路土工－軟弱地盤対策工指針」に基づいて処理を行わなければならない。

　盛土の施工に先立って行われる基礎地盤の処理の主な目的は以下のとおりである。
① 盛土と基礎地盤のなじみを良くする
② 初期の盛土作業を円滑化する
③ 地盤の安定を図り支持力を増加させる
④ 草木等の有害物の腐植による沈下等を防ぐ

　基礎地盤の状態は場所によって様々であるので，現地の踏査観察と土質調査を踏まえて基礎地盤の適切な処理を行うことが大切である。調査の結果，軟弱地盤として対策が必要な場合は「道路土工－軟弱地盤対策工指針」により処理するものとし，通常の基礎地盤や以下に該当する基礎地盤においては次のような処理を行う。

(1) 基礎地盤の伐開除根及び表土処理

　盛土の基礎地盤に草木や切株を残したまま盛土を構築すると，時間を経た後にこれらが腐植することにより，盛土にゆるみや有害な沈下が生じるおそれがある。これを防ぐために伐開除根を行う。

　また，基礎地盤の表土が腐植土，軟弱な粘性土，風化した堆積軟岩層，あるいは崖錐の場合で，盛土の施工に悪影響を及ぼすことが懸念される場合には，予め必要な深さまで切りまたははぎ取り，良質な盛土材料で置き換える必要がある。

(2) 準備排水

　準備排水は土工のうちで最も大切なものの一つであり，盛土・切土のいずれの施工に当たっても，まず原地盤の大きな不陸を大型機械でならし，自然排水が容易な勾配に整形しなければならない。また，工事区域外の水が工事区域内に入ら

ないように区域内の水とあわせて素掘りの溝，暗きょ等で区域外に排水しなければならない。この際，排水の末端が民有地等へ害を及ぼさないようにしなければならない。**写真5－2－1**は山林原野において素掘りの溝を構築している例である。

写真5－2－1　準備排水（素掘りの溝）の例

(3) 基礎地盤が水田等の場合の処理

　水田等では表層に薄い軟弱層が存在していることが多い。このような軟弱層は，そのままでは盛土の第1層の施工に際して，トラフィカビリティーの確保が困難であり，敷き均らした盛土材料の十分な締固めもできない。盛土高の高い場合は，盛土の第1層目を建設機械のトラフィカビリティーが得られる厚さに敷き均らし，第2層目からは所定の敷均し厚で十分締め固めることができるが，盛土高が低い場合等で，第1層目を多少厚く敷き均らすだけで計画高さに近づくような盛土では十分な締固めのできないものとなる。

　したがって，盛土高が低い場合はもちろん，盛土高が高い場合にも，できるだけ盛土基礎地盤に**解図5－2－1**のような溝を掘って盛土の外への排水を行い，盛土敷の乾燥を図る。場合によっては溝に砂，あるいは切込み砂利等を充填し，盛土の施工後も地下排水の役目をもたせる。水田等で水位が高く，排水溝では十分な排水ができないため建設機械のトラフィカビリティーが得られない場合や，基礎地盤の地下水が毛管水となって盛土内に浸入するのを防ぐ場合には，**解図5－2－2**のような厚さ0.5〜1.2mのサンドマット（敷砂層）を設けて排水を図る。基

礎地盤が特に軟弱なケースでは，サンドマットの下部に補強材としてシートやネットを敷設する場合が多い。なお，軟弱地盤におけるこれらの処理方法は「道路土工－軟弱地盤対策工指針」によるものとする。

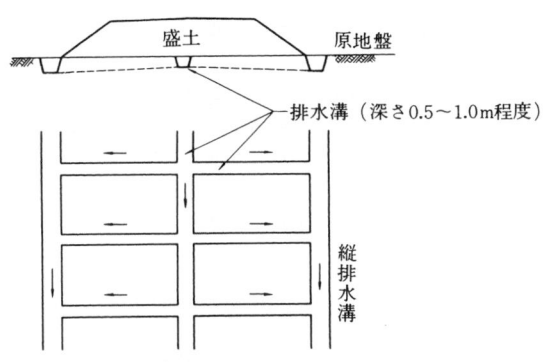

解図5－2－1　素堀り排水溝による地盤処理

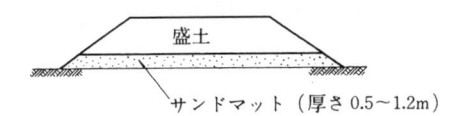

解図5－2－2　サンドマットによる地盤処理

(4) 基礎地盤の段差の処理

　盛土は均質で一様な品質のものが要求されるが，盛土の基礎地盤に極端な凹凸や段差がある場合，この凹部や段差付近で十分な締固めができないだけでなく，均一でない盛土が構築されることにもなる。また，円滑な盛土工にも支障をきたす原因になる。したがって，このような段差等は盛土に先がけてできるだけ平坦に仕上げ，均一な盛土の仕上がりができるようにすることが必要である。特に盛土高の低い場合には，田のあぜ等の小規模なものでもかきならしを行う。盛土高が高い場合で，路面に影響を及ぼさないようなものであっても，宅地跡の擁壁や大きな構造物等，盛土の施工上支障となるものはその処理を考慮する。この処理は一般にはブルドーザ等で行われるが，コンクリート構造物等の処理には油圧ブレーカ等が用いられる。

(5) 基礎地盤が傾斜地盤の場合の処理

盛土の崩壊・変状の発生形態（「1-3 盛土の変状の発生形態及び特に注意の必要な盛土」を参照）にもあるように，傾斜地盤上の盛土では，地山と盛土の接続部に段差が生じて舗装に亀裂等を生じやすい，あるいは豪雨・地震時にすべり崩壊が生じやすい傾向が見られる。その要因としては，①切り盛り境部に湧水，浸透水等が集まり盛土が軟化，②境界部の盛土の締固めが不十分，③基礎地盤（地山）と盛土との密着が不十分，④崩積土よりなる基礎地盤が支持力不足，等がある。

このため，基礎地盤の処理に関しては次のようなことが大切である。

1）段切りの施工

基礎地盤（地山）の勾配が 1：4 程度より急な場合には，盛土との密着を確実にするために，盛土の施工に先立ち，予め地山の段切りを実施するとともに，敷均し厚さを管理して，十分な締固めを行うことが重要である。土砂地盤における段切りの例を**解図4-3-3**に示したが，段切りの標準的な仕様の目安としては，最小高さ 0.5m，最小幅 1.0m である。原地盤が岩盤のときは段切りの掘削をリッピング等により行うが，この場合，段切りの寸法は適宜縮小するとよい。

2）軟弱層の掘削除去

解図3-4-2に示したように，傾斜地盤の表層に軟弱な崩積土が堆積している場合にはこれを掘削除去することも必要となる。

ただし，下部より掘削除去すると，上部の堆積層がすべりを生じることもあるので注意を要する。不良土が厚く堆積し，安全確保等から除去することが困難なケースにおいては，不良土の改良（原位置でそのまま固化材と不良土とを混合して改良する安定処理等）を検討する。また，盛土下端部の基礎地盤に軟弱な堆積物が存在している場合には，プレローディングにより圧密沈下の促進，強度の増加を図るのがよい。排水促進のためにサンドマットを敷設する，あるいは地盤改良した場合には，地下水の流れを阻害しないように必要に応じて地下排水工を設置するなどの対処も併せて検討することが大切である。「道路土工-軟弱地盤対策工指針」も併せて参照されたい。

3）排水処理

盛土と地山との境界付近には湧水や浸透水が集まり，盛土が不安定になりやすいので，雨水や地山からの浸透水を排除する排水処理についても十分に注意しなければならない。

　「4-9-5　地下排水工」で述べたように，基礎地盤からの湧水等は施工中に確認されることが多く，臨機応変な排水対策をとる必要がある。斜面からの湧水が発見された際には，まず湧水箇所の周辺部も含めて現地踏査等によって調べる必要がある。調査に当たっては，実際に水の湧いている所はもちろん，植物に覆われてわかりにくい場所や降雨後に水のしみ出す場所があるので，施工区域の地形や原地盤斜面の植生の状態等にも注意する。また，必要に応じて地質調査や水位観測を行う。その上で，**解図4-9-12，解図4-9-13，解図4-9-15(a)** 等に示したように，透水性の良い材料による排水層を設け，盛土内に湛水しないようにしなければならない。湧水量によっては有孔管等の埋設が必要となる。

　以上のような基礎地盤の処理は，盛土に先行して行われるため，運搬路が間に合わず，大型建設機械による作業が困難なことが多い。また，人力に頼らざるを得ないケースもあるので，施工速度等も考えて，本工事の障害とならないように手順よく作業を進めることが大切である。

5-3　敷均し及び含水量調節

> 　盛土を締め固めた際の一層の平均仕上がり厚さ及び締固め程度が，「5-4　締固め」に示す管理基準値を満足するよう，敷均しを行うものとする。
> 　また，原則としては，締固め時に規定される施工含水比が得られるように，敷均し時に含水量調節を行うものとする。ただし，含水量調節を行うことが困難な場合には，薄層で念入りに転圧するなど適切な対応を行う必要がある。

　運搬機械で搬入された盛土材料は，締固めのために所定の厚さに敷き均らされる。敷均しは盛土を均一に締め固めるために最も重要な作業であり，薄層でていねいに敷均しを行えば均一でよく締まった盛土を構築することができる。

　また含水比については，締固め度管理が可能となる含水比（**解図5-4-1参照**）

で施工を行うのが望ましい。含水量調節にはばっ気（土の乾燥のため）と散水があるが，これらは一般に敷均しの際に行われる。ただし，実際の工事において含水量調節を行うことは少なく，特にばっ気のケースにおいては含水量調節が難しいことから，薄層で念入りに転圧することが重要である。

(1) 一般的な盛土材料の敷均し

ダンプトラック等で運搬された盛土材料は，ブルドーザ等で一定の厚さに敷き均らしてから締固め機械によって締め固められる。盛土材料の敷均し作業は，転圧に比べてあまり重要とはみえないが，盛土の品質に大きな影響を与える要素である。すなわち，定められた厚さで均等に敷き均らしてできた盛土は均質でより安定したものになるが，厚く敷き均らしてできた盛土では，転圧エネルギーが下部まで十分に及ばず締固めが不十分になるので，将来盛土自体の圧縮沈下等が起きやすく，また不同沈下の原因ともなる。このように盛土の施工で最も留意しなければならない点の一つが敷均し作業であり，敷均し厚さを厚くする場合には，事前に試験施工を行って，下層まで所定の品質（例えば所定の締固め度等の品質）を確保できることを確認しなければならない。

敷均し厚さは，盛土材料の粒度，土質，締固め機械，施工法及び要求される締固め度等の条件に左右される。この数値を決めるに当たっては「3-7　試験施工」によることが望ましいが，一般的には路体では1層の締固め後の仕上がり厚さを30cm以下とし（この場合の敷均し厚さは35～45cm以下），路床では1層の締固め後の仕上がり厚さを20cm以下とする（この場合の敷均し厚さは25～30cm以下）。

なお，実際の敷均し作業においては，レベル測量等により敷均し厚さの管理を行うことが大切である。

基礎地盤が軟弱な場合や山地部の道路等で地形が複雑な場合は，第1層の敷均し厚さを上記の値以下とすることが不可能なことが多い。このような場合はやむを得ず層厚を大きくして処理せざるを得ないが，地震時や豪雨時に弱点となることもあり，決して好ましいことではないので，できる限り層厚を小さくするように努力することが必要である。締固め後の表面は，施工時の自然排水勾配を確保するために，4％程度の横断勾配をつけ，表面を平滑に維持しなければならない。

(2) 高含水比の盛土材料の敷均し

　高含水比粘性土を盛土材料として使用するときは，運搬機械によるわだち掘れが盛土にできたり，こね返しによって著しく強度低下したりするので，これらを防止するために普通の盛土材料と異なった敷均し方法がとられる。

　ブルドーザ施工の場合は湿地ブルドーザを使用することが望ましい。また，スクレーパ及びショベル・ダンプトラック施工の場合には，トラフィカビリティーの確保が難しく，盛土上に造られた仮置き場より盛土箇所まで材料を二次運搬する必要がでてくる。この二次運搬については，接地圧の小さな不整地運搬車が使用されることが多い。また，ダンプトラックの運搬路は一般に盛土の仕上がりに合わせて上面に付け替えながら作業を進めていく（**解図5－3－1**参照）。

　高含水比粘性土により高い盛土を行うときは，盛土の安定性を図る目的で，盛土内の含水比を低下させるために，ある一定の高さごとに透水性の良い山砂等で**解図5－3－2**のような排水層を設け，排水層からは有孔管等を用いて水を外に取り出すことが行われる。この排水層の効果は，①降雨による浸透水の排水，②施工中の間隙水圧の低下，③盛土のすべりに対する安定の向上であり，盛土高さ2～3mごとあるいは小段ごとに設けられる例がある。

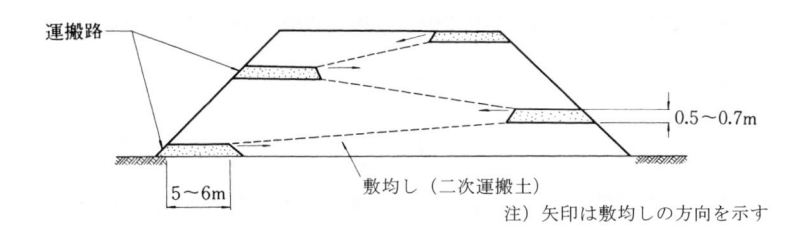

解図5－3－1　高含水比の盛土材料の敷均しの一例

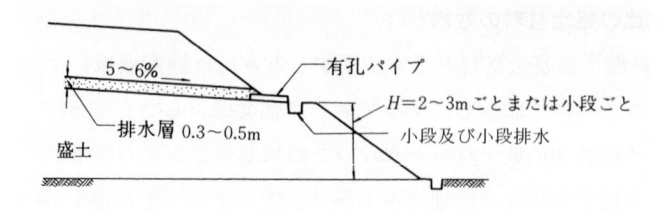

解図5−3−2　排水層の例

(3) 岩塊の敷均し

　岩塊を盛土に使用する場合は，母材である岩の種類（硬岩，中硬岩，脆弱岩）によって施工方法（特に締固め機械）が異なる。

1）硬岩による岩塊

　硬岩とは施工時の破砕転圧や気象条件等の変化による細粒化を生じず，かつ最大粒径が大きく，一層の仕上がり厚さが30 cm以上となる岩である。施工時の注意点としては，敷均し厚さの目安を最大粒径の1.0～1.5倍程度とし，材料分離を生じないようにブルドーザやバックホウ等で敷き均らす。また，大きな岩塊や転石は盛土の下部やのり面側に集めて使用し，その隙間には土砂を入念に充填し，できるだけ隙間が残らないように，大型振動ローラにより所定の転圧回数に達するまで十分に締め固める。なお，使用機械及び転圧回数は，試験施工により検証が必要である。

2）中硬岩による岩塊

　中硬岩とは施工時に破砕転圧により細粒化するような岩のことで，転圧には振動ローラを主体に締め固める。

3）脆弱岩等

　脆弱岩とは気象条件の変化（乾燥・湿潤作用）により細粒化（スレーキング現象）するような岩のことで，転圧には大型振動ローラ（タンピングローラを含む）を用いて十分に破砕する。また，盛土施工では地下水排除対策を施すとともに，できれば砂質系土砂とサンドイッチ状に，あるいは盛土の内部に封じ込めるように敷き均らし，大型締固め機械で強力に締め固め，将来沈下等が生じないようにする。

(4) 厚層敷均し・締固め

　従来の道路施工においては,「(1)　一般的な盛土材料の敷均し」で述べたように，路体の一層仕上がり厚さを30cm以下としている。しかし，近年の各種土工機械の大型化とともに，締固めエネルギーの大きな機械が普及しつつある。これに伴い路体の一層仕上がり厚さの見直しが行われ，例えば**解図5－3－3**の最大粒径9.5mmの細粒分混じり砂での試験結果が示すように，起振力300kN級の振動ローラを用いることにより，一層仕上がり厚さ60cm程度まで各締固め層の下部で所定の品質を確保できることが判明している。

　ただし，厚層締固めに関しては，盛土材料の種類（特に粘性土等）によっては所定の品質の確保が難しいことも同時に判明している。このことから，厚層敷均し・締固めを導入する場合には，事前に試験施工を行い，所定の品質が確保できることを確認しなければならない。この際，盛土の品質が確保できる範囲で最大粒径を大きくしてもよい。

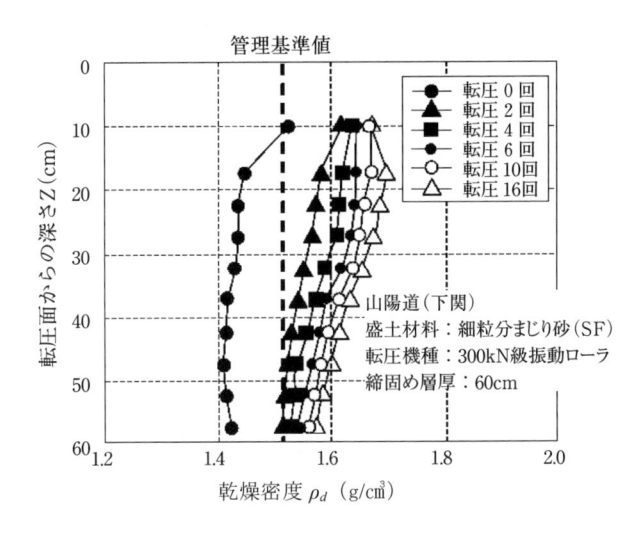

解図5－3－3　乾燥密度の深度分布（大型機種）[1]

(5) 含水量の調節

　含水量の調節は，材料の自然含水比が締固め時に規定される施工含水比の範囲内（**解図5－4－1参照**）にない場合にその範囲に入るよう調節するもので，ばっ気乾燥，トレンチ掘削による含水比の低下，散水等の方法がとられる。

1) ばっ気

　ばっ気は気乾して含水比の低下を図ることで，締固めに先立って敷き均らし，放置したり，かき起こしたりして乾燥させる。ばっ気のためには広い作業面積を要し，作業速度が低下するなど不利な条件が多く，また，我が国のような多湿な気象条件では一般的には効果が少ないが，夏場にはある程度の効果が認められている。土工計画でこのような含水比の高い材料を選定したときは，ばっ気による含水比の低下を図ることも必要であるが，次に述べるように，トレンチ掘削等により地山の自然含水比の低下を図ることが作業能率の面においてもより有利である。

2) トレンチ掘削

　切土または土取り場の掘削に先がけて切土作業面より下にトレンチ（溝）を掘削し，地下水位を下げることにより材料の含水比の低下を図るもので，比較的効果が認められている。

3) 散水

　材料に散水して含水比を高めるもので，敷き均らした後，締固めに当たって散水を行う。散水量は，材料の自然含水比と締め固める際の目標とする含水比との差によって容易に求められる。

　我が国のように含水比が高い状態の多い土質条件では，散水を必要とする場合は少ない。しかし，乾燥した砂の締固めや，乾燥した粘土の締固めに際しては，締固め度を高めることや以後の吸水による膨潤を防ぐことを目的として，散水することによりその締固め環境における最適含水比状態に調整する場合がある。

　散水は散水車またはポンプを用いて行うが，散水量の管理としては目視によっておおむね均等にまかれていることを確認する程度である。

5-4 締固め
5-4-1 締固めの基本

盛土の施工に当たっては，締め固めた土の性質の恒久性及び設計で設定した盛土の所要力学特性を確保するため，盛土材料及び盛土の構成部分等に応じた適切な締固めを行うものとする。

(1) 土の特性と締固めの意義

土の締固めで最も重要な特性は，解図5-4-1に示す締固めの含水比と密度の関係が挙げられる。これは締固め曲線と呼ばれ，同じ土を同じ方法で締め固めても得られる土の密度は土の含水比により異なることを示す図で，通常は土の乾燥密度は含水比に対して凸の曲線形を示す。すなわち，ある一定のエネルギーにおいて最も効率よく土を密にすることのできる含水比が存在し，この含水比を最適含水比（w_{opt}），そのときの乾燥密度を最大乾燥密度（$\rho_{d\,max}$）という。

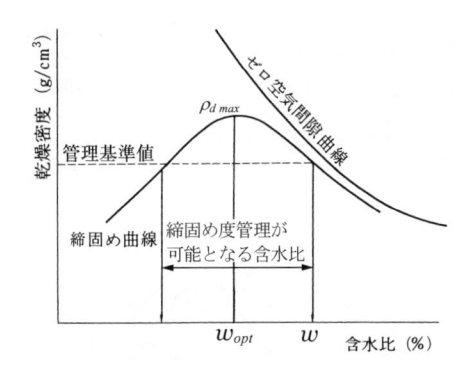

解図5-4-1 所定の締固め方法に対する土の締固め曲線

この締固め曲線は解図5-4-2に示すように土質により異なり，一般に礫や砂では最大乾燥密度が高く曲線が鋭くなり，シルトや粘性土では最大乾燥密度は低く曲線は平坦になりやすい。また，最大乾燥密度が高い土ほど最適含水比は低く，最大乾燥密度が低いほど最適含水比は高い。

さらに，土質のみならず締固め方法や締固めエネルギーにも依存する。**解図 5－4－3**はこれを示した図で，締固めエネルギーが大きくなると最適含水比が小さくなり，最大乾燥密度も大きくなる。一般に粒度分布の良い砂質系の土では，締固め時のエネルギーが大きいほど締固め曲線は鋭く立った形状になり，ゼロ空気間隙曲線に沿って左上方へ移動する。

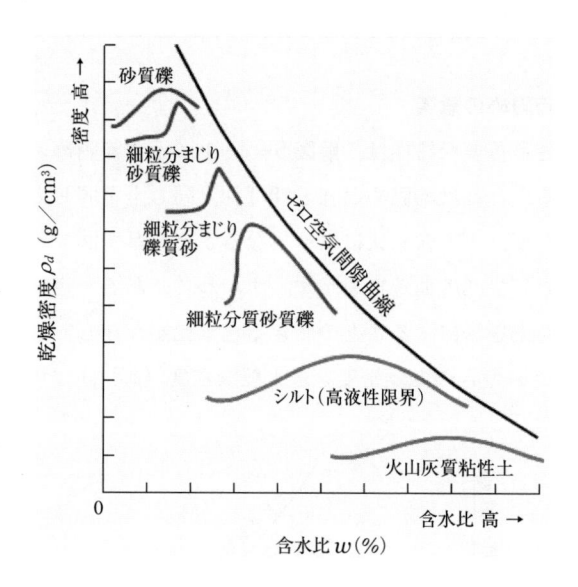

解図 5－4－2 土質による締固め曲線（模式図）

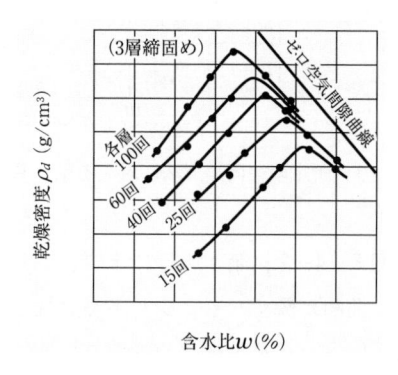

解図 5－4－3 締固めエネルギーが締固め曲線に与える影響（模式図）　2)に加筆修正

締め固めた土の強度特性は，土粒子構造間の水分の量によって変化するが，**解図 5－4－4**に示すように，締固め直後の状態では最適含水比よりやや低い含水比（やや乾燥側）における強度（変形抵抗）が最大で，圧縮性が最小であることが認められている。しかし，乾燥側で締め固めた土が浸水すると，締固めが不十分な場合には相対的に大きな空気間隙を残しているから強度は低下し，上載荷重による体積減少（沈下）を生じることもある。

　道路盛土は供用中に水の浸入を受けることを予期しておかなければならないが，そのためにも浸水に対する締固め土の性質の恒久性が第一義的に求められなければならない。そのためには，最適含水比における施工が最も望ましいものであることがわかる。

　ただし，**解図 5－4－3**に示したように，最大乾燥密度及び最適含水比は締固め方法・エネルギーにより変化するものであり，本来は実際に用いる転圧方法のもとでの最適含水比を知るべきであって，室内締固め試験で得られた値を用いるのはあくまでも便法であることを認識しておく必要がある。

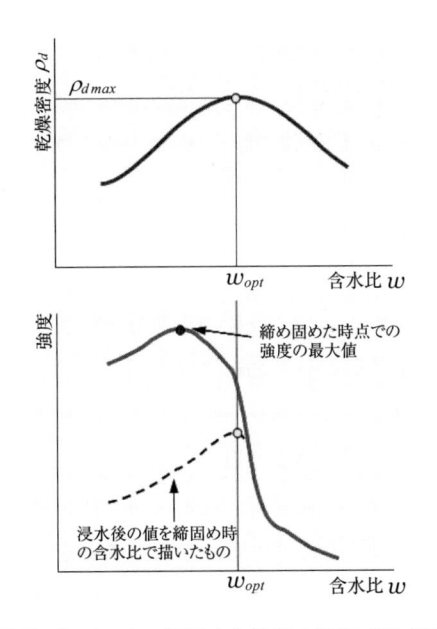

解図 5－4－4　土の締固めと強度の関係（模式図）

盛土に対しては，締め固めた土の性質の恒久性を確保したうえで，土工構造物として設計で要求性能を確保するように設定した強度，変形抵抗及び圧縮抵抗等の力学特性が定められる（「4－1－3　盛土の要求性能」及び「4－3　盛土の安定性の照査」参照）。これらの強度，変形抵抗及び圧縮抵抗等の力学特性を施工時に確保するために，事前に締固めの程度（例えば締固め度等）との関連を念頭において，施工含水比を規制し，目標とする締固め程度を達成するという方策で管理されるのが重要である。

締固めに関する技術的知見については文献3）も参照されたい。

(2)　締固め品質の規定

締固め品質の規定は，締め固めた土の性質の恒久性を確保するとともに，盛土に要求する性能を確保するように設計で設定した盛土の所要力学特性を確保するためのものであり，盛土材料や施工部位によって最も合理的な品質管理方法を用いる必要がある。

従来，道路盛土の締固めにおいて最も広く用いられている JIS A 1210 の締固め試験等による最大乾燥密度，最適含水比を基準にして締固め品質として締固め度，施工含水比を規定する方式は，施工方法（締固めの方法）を想定し，設計上要求すべき強度，変形抵抗（圧縮抵抗）を満足するような締固め度を規定することにより，締め固めた土の性質の恒久性と設計から要求される力学特性の両者を確保しているとみなすものである。

しかし，我が国においては，自然含水比が最適含水比より著しく高く施工の制約上含水量調整が困難である土や，各種の土が盛土施工時に混入し最大乾燥密度を決定しがたい土，基準試験の最大乾燥密度が試験方法によって大幅に変化するような特殊土，泥岩や凝灰岩等のスレーキングによる沈下が問題となる岩においては，最適含水比の確保や締固め度の規定による管理は行えない場合がある。このような場合は設計上要求すべき強度，変形抵抗（圧縮抵抗）を考慮しつつ，締め固めた土の恒久性を確保するための管理を行うことを目的に，空気間隙率や飽和度の管理が適用される。ここで重要な点は，締め固めた土の性質の恒久性を確保する条件としては，乾燥密度を高くするということより，間隙中の空気間隙（空

気間隙率 v_a）を小さくする，あるいは間隙中の水分の占める割合（飽和度 S_r）を高くすることである．この場合には，設計上要求すべき締め固めた土の強度，変形抵抗（圧縮抵抗）を確保するために，施工含水比や強度の最小値を併せて規定する．

締固め規定には大別して品質規定方式と工法規定方式の２方式がある（**解表 5－4－1** 参照）．

解表 5－4－1 盛土の代表的な締固め管理方式と主な試験・測定方法[3]に加筆

	試験・測定方法	原理・特徴	適用土質 礫	砂	粘
品質規定	密度 ブロックサンプリング	掘り出した土塊の体積を直接(パラフィンを湿布し，液体に浸すなどして)測定する．	←→		
	砂置換法 ―乾燥砂	掘り出し跡の穴を別の材料（乾燥砂，水等）で置換することにより，掘り出した土の体積を知る．	←→		
	水置換法 ―水		←→		
	ＲＩ法	土中での放射線（ガンマ線）透過減衰を利用した間接測定．線源棒挿入による非破壊的な測定法．	←→		
	衝撃加速度試験	重錘落下時の衝撃加速度から間接測定．	←→		
	含水量 炉乾燥法	一定温度（110℃）における乾燥．	←→		
	急速乾燥法	フライパン，アルコール，赤外線，電子レンジ等を利用した燃焼・乾燥による簡便・迅速な測定方法．	←→		
	ＲＩ法	放射線（中性子）と土中の水素元素との錯乱・吸収を利用した間接測定，非破壊測定法．	←→		
	強度・変形 平板載荷試験	静的載荷による変形支持特性の測定．	←→		
	現場ＣＢＲ試験		←→		
	ポータブルコーン貫入	コーンの静的貫入抵抗の測定．	←→		
	プルーフローリング	タイヤローラ等の転圧車輪の沈下・変形量（目視）より締固め不良箇所を知る．	←→		
	衝撃加速度 重錘落下試験 HFWD 衝撃加速度試験	重錘落下時の衝撃加速度，機械インピーダンス，振動載荷時の応答加速度等からの間接測定．	←→		
工法規定	タスクメータ	転圧機械の稼働時間の記録をもとに管理する方法．	←→		
	TS・GNSSを用いた管理	転圧機械の走行記録をもとに管理する方法．	←→		

注）その他の試験・測定方法については「付録３．締固め管理手法について」参照

品質規定方式において，従来は砂置換法及び炉乾燥法（急速乾燥法）による密度・含水量管理が主に行われてきたが，近年は簡便かつ迅速に密度と含水量が計測できるＲＩ法が普及してきている。しかし，これらは施工後の品質の確認にとどまり，本来の意味での品質管理として十分利用されているとはいい難い。施工上の制約からこれらは致し方ない面があるが，得られたデータをできる限り迅速に処理し施工にフィードバックすることを心がけることが重要である。最近では，測定の迅速性，多点ないしは面的管理等を目指した各種の試験計測手法が開発され（**解表5－4－1参照**），実用化もなされつつあることから，従来手法に拘らず，それぞれの特色をよく理解し，工事の性格，規模，土質条件等現場の状況をよく考えたうえで適切な手法を選定して用いるのがよい。

　工法規定方式においては，タスクメータ等により締固め機械の稼動時間で管理する方法が従来より行われていたが，測距・測角が同時に行えるトータルステーションやＧＮＳＳ（衛星測位システムの総称：ＧＰＳも含む）[13], [14]で締固め機械の走行位置をリアルタイムに計測することにより，盛土地盤の転圧回数を管理する方法も普及してきている。

　また，品質規定方式，工法規定方式にかかわらず，試験施工（「3－7　試験施工」参照）を実施し，適用性を確認したうえで利用することが望ましい。

5－4－2　品質規定方式による締固め管理

> 　品質規定方式による盛土の締固め管理の適用に当たっては，所要の盛土の品質を満足するように，施工部位・材料に応じて管理項目・基準値・頻度を適切に設定し，これらを日常的に管理するものとする。

　品質規定方式による締固め管理は，盛土に必要な品質を満足するように，施工部位・材料に応じて管理項目・基準値・頻度等の品質の規定を仕様書に明示し，締固めの方法については原則として施工者に委ねる方式であり，検査の対象となるのは盛土の品質の規定に対する合否である。ただし実務上では，水平薄層締固め等の施工状態の制御に係わる事項[注]と品質を組み合わせて仕様書に定められ

ていることが多く，この方法は工法推奨・品質規定方式とも呼ばれる。

施工者は施工の過程において常に品質の管理を行い，監督職員に報告したうえで，締固め工法を調整していかなければならない。また，請負契約の性格上最も合理的な方式と目され，内外の多くの機関においてこの方式が採用されている。

盛土の品質を規定する方式には以下のものがあるが，これらの基準値は設計で盛土に要求する性能に対応した力学特性（せん断強さ，変形係数等）を確保するように設定するのが原則である。

① 基準試験の最大乾燥密度，最適含水比を利用する方法
② 空気間隙率または飽和度を規定する方法
③ 締め固めた土の強度，変形特性を規定する方法

(注) 具体的には，締固め後の品質と，1)水平・薄層まき出し，2)締固め後の一層の仕上がり厚さ，3)締固め時の土の含水比（施工含水比），4)締固め後の土の強さ（コーン指数等），5)試験施工（モデル施工）等

(1) 基準試験

品質管理の基準となる試験は施工当初，及び材料が明らかに変化した場合に，**解表5-4-2**のとおり実施する。なお，必要に応じて，路体においてはコーン指数試験（JIS A 1228），路床においてはＣＢＲ試験（JIS A 1211）を実施する。

解表5-4-2 基準試験項目・方法と頻度

区分	路体	路床	摘要
試験項目	自然含水比（JIS A 1203）		施工当初及び材料が変わる毎に1回
	土粒子の密度（JIS A 1202）		
	土の粒度（JIS A 1204）		
	コンシステンシー（JIS A 1205）		
	土の締固め（JIS A 1210）		
	コーン指数（JIS A 1228）	－	必要に応じて実施
	－	ＣＢＲ（JIS A 1211）	
	試験盛土（締固め）	－	

土の締固め試験（JIS A 1210）に関しては，盛土の施工部位に応じて決定される施工仕様（施工機械，施工層厚）及び材料となる土の最大粒径，性状を考慮し**解表5－4－3**より適切な試験方法を選択する。原則として，路体及び路床には**解表5－4－3**に示すA，B法，重要度の高い路床及び構造物との接続部にはC，D，E法を用いることとする。試験の詳細及び留意点等は，「地盤材料試験の方法と解説（(社)地盤工学会)」を参照すること。

特別規定値は，大径礫や破砕性の材料のように室内締固め試験の適用が困難な材料の場合に，試験盛土（締固め機械：転圧力200kN以上）によって最大乾燥密度を決定し，これを基準密度として締固め度を規定するものである[4]。

解表5－4－3　突固め方法の種類[5]

呼び名	ランマー質量 (kg)	モールド内径 (cm)	突固め層数	1層当たりの突固め回数	許容最大粒径 (mm)
A	2.5	10	3	25	19
B	2.5	15	3	55	37.5
C	4.5	10	5	25	19
D	4.5	15	5	55	19
E	4.5	15	5	92	37.5
組合せの呼び名	試料の準備及び使用方法				
a	乾燥法で繰返し法				
b	乾燥法で非繰返し法				
c	湿潤法で非繰返し法				

(2) 日常管理

盛土の日常の品質管理には，材料となる土の性質によって，(ⅰ)基準試験の最大乾燥密度，最適含水比を利用する方法，(ⅱ)空気間隙率または飽和度を規定する方法，(ⅲ)土の強度，変形特性を規定する方法があるが，土工現場の品質管理としては(ⅰ)，(ⅱ)が主に用いられる。

この場合，管理基準値は**解表5－4－4**を目安としてもよい。

本来，締固め管理基準値は，設計で盛土に要求する性能に対応した力学特性（せん断強さ，変形係数等）を確保するように設定するのが原則であり，この場合，盛土材料について一連の室内土質試験を実施した結果に基づき所要の締固め度を

設定することになる．しかしながら，盛土の設計は「第4章 設計」に述べられているように，そのような試験及び安定計算等を経ず，これまでの経験及び実績に基づく仕様を適用してよい場合も多い．**解表5-4-4**はそのような場合に参照されることを想定したものである．また，この締固め管理基準値は，盛土に求める性能及び土質材料により異なるべきものであるが，現時点でそれを提示するだけの根拠材料が揃っていないこと，及び従来の管理基準値に基づいて構築された盛土は排水処理が適切である限りにおいてはおおよそ健全に機能しているとみられること等の理由から，一応の目安として示したものである．なお，ここに示す管理基準値は，土質材料及び含水比にある程度のばらつきが存在することを想定したうえで，1回3点以上の試験を行った場合の最低値に対するものである．

他方，締固めは盛土の品質を左右する重要な土工であることは繰り返すまでもないことであり，このため，重要度の高い盛土等においては**解表5-4-4**の数値にとらわれず，より適切な管理基準値を採用することを検討するのが望まれる．特に，集水地形上の盛土，傾斜地盤上の盛土，あるいは高盛土は豪雨・地震時に変状が生じやすいので，通常以上の管理基準値を採用するのがよい．

解表5-4-4(1)　日常管理の基準値の目安【路体】

区分	仕上がり厚さ	土砂区分	管理基準値				施工含水比
			締固め度 D_c(%)	特別規定値 D_s(%)	空気間隙率 v_a(%)	飽和度 S_r(%)	
土砂	30cm以下	粘性土	—（※1）	—	10以下	85以上	（※2）
		砂質土	90以上（A,B法）	—	—	—	
		40mm以上が主体	—	90以上	—	—	
岩塊	試験施工により決定	試験施工により決定					

表中のいずれかの基準値を用いて管理を行う．
表中の—は使用不適当．
※1：粘性土材料で締固め管理が可能な場合は，本表の「砂質土」の基準を適用可．
※2：締固め度管理の場合は，**解図5-4-1**中に矢印で示す範囲．空気間隙率，飽和度管理の場合は，自然含水比またはトラフィカビリティーが確保できる含水比．

解表5-4-4 (2) 日常管理の基準値の目安【路床及び構造物との取付け部】

施工部位	仕上がり厚さ	土砂区分	管理基準値		施工含水比
			締固め度 D_c(%)	空気間隙率 v_a(%)	
路床	20 cm以下	粘性土	—	8以下	最適含水比付近
		砂質土	95以上 (A, B法) 90以上 (C, D, E法)	—	
構造物取付け部	20～30 cm	粘性土	—	8以下	
		砂質土	95以上 (A, B法) 90以上 (C, D, E法)	—	

表中のいずれかの基準値を用いて管理を行う。
表中の － は使用不適当。

解表5-4-5 日常試験の方法と頻度の目安

試験項目		路体	路床
試験項目	施工含水比	1,000 m³につき1回 (ただし、5,000 m³以下の工事では1工事あたり3回以上)	500 m²につき1回 (ただし、500 m²以下の工事では1工事あたり3回以上)
	乾燥密度		
	空気間隙率		
	飽和度		—
	コーン指数	必要に応じて実施	—
	支持力（平板載荷試験、現場CBR試験）	—	各車線毎40mにつき1回
	プルーフローリング	—	路床仕上げ後全幅、全区間

表中の － は使用不適当。
乾燥密度、空気間隙率、飽和度はいずれかを実施。

　日常試験の方法と頻度は、**解表5-4-5**を目安としている例が多い。

　これは、土工機械の施工性能、平均的な施工規模、及び品質管理試験に要する手間等を考慮して定められてきたものである。他方、均質で弱点箇所のない盛土が確実に施工されたということを保証するには、頻度が少ないのではないかという指摘があるのも事実である。また、**解表5-4-1**に示したように、各種の品質管理試験方法も開発されてきている。このようなことから、盛土条件や試験方法に応じて適切な試験頻度を設定することが望まれる。

　なお、従来よりも高度な締固め管理を行う際の方法の例を「付録3．締固め管理手法について」に示すので、これを参考にするとよい。

　施工に当たっては、基準試験によって求めた土の最適含水比付近で締固めを行

うことが原則ではあるが，すべての盛土材料に対してこれを行うことは現実的でないため，路体材料については自然含水比等での施工も許されるものとした。

1）基準試験の最大乾燥密度，最適含水比を利用する方法

締め固めた土の乾燥密度と基準の締固め試験の最大乾燥密度の比（締固め度と略称）が規定値以上になっていること，及び施工含水比がその最適含水比を基準として規定された範囲内にあることを要求する方法である（解図5－4－1参照）。

一般に，土の現場密度測定については，JIS A 1214「砂置換法による土の密度試験方法」や迅速な測定作業の可能なラジオアイソトープ（ＲＩ計器：JGS1614-2003）による方法が用いられている。

締固め度規定法は早くから使用されており実績も多い。しかし，土質の変化が多いところでは基準試験をそのつど行わなければならない，並びに，自然含水比が上記の施工含水比規定の上限を超えるような粘性土に対しては適用できないなどの問題点がある。また，自然含水比が最適含水比より乾燥側の土では，その含水比での締固めによって，締固め度が規定値を超えても，浸水時に強度が減少するおそれがあり，注意しなくてはならない。我が国は，地形地質条件及び気象上の影響から，この締固め度規定法の適用が難しい現場に遭遇することが多いので，機械的にこの規定法を用いないように注意する必要がある。

2）空気間隙率または飽和度を規定する方法

「5－4－1 (1) 土の特性と締固めの意義」の項で述べたように，締め固めた土の性質を確保する条件として，空気間隙率または飽和度を規定し，一方締め固めた土の強度，変形特性が設計を満足する範囲に施工含水比を規定する方法である。

この方法は，乾燥密度規定が適用しにくい場合，特に自然含水比の高い粘性土に対して使用される例が多い。したがってこのような場合，施工含水比の規定としては，その上限の含水比をトラフィカビリティーや設計上要求される力学的性質を満足し得る限界で定めるのが一般である。

また，気象条件の変化（乾燥・湿潤作用）により細粒化（スレーキング現象）しやすい脆弱岩の岩塊を盛土材料に用いる場合にも品質管理に空気間隙率規定が適用されている。これはスレーキング対策として，盛土内にできるだけ空隙を残

さないように管理することが望ましいことによるものである(**解図3-4-9**参照)。

空気間隙率 v_a 及び飽和度 S_r は,現場で締め固めた土の湿潤密度 ρ_t (g/cm³) 及び含水比 w (％) を測定することによって次式から算出する。

$$\rho_d = \frac{100 \cdot \rho_t}{100+w} \quad (\text{g/cm}^3) \cdots\cdots\cdots\cdots\cdots\cdots\cdots\cdots\cdots\cdots\cdots\cdots\cdots\cdots \text{(解 5-1)}$$

$$v_a = 100 - \frac{\rho_d}{\rho_w}\left(\frac{100}{\rho_s}+w\right) \quad (\%) \cdots\cdots\cdots\cdots\cdots\cdots\cdots\cdots\cdots\cdots \text{(解 5-2)}$$

$$S_r = \frac{w}{\dfrac{\rho_w}{\rho_d}-\dfrac{1}{\rho_s}} \quad (\%) \cdots\cdots\cdots\cdots\cdots\cdots\cdots\cdots\cdots\cdots\cdots\cdots\cdots \text{(解 5-3)}$$

ただし,ρ_d (g/cm³) は乾燥密度,ρ_w (g/cm³) は水の密度,ρ_s (g/cm³) は土粒子の密度である。

この方法によると,基準の締固め試験を行う必要はないものの,土粒子密度を知ることが必要になる。一般に土粒子の比重は土質調査段階に求められていることが多く,土質の変化に伴う基準の締固め試験の最大乾燥密度,最適含水比の変動と比べれば,その変化は微小であるのが通常であるから,現場で識別される代表的な土についてその値を知っておく程度で実用上十分である。

この方法は,締固め度規定が適用しにくい場合,特に自然含水比の高い粘性土に対して使用される例が多い。したがってこのような場合,施工含水比の規定としては,その上限の含水比をトラフィカビリティーや設計上要求される力学的性質を満足し得る限界で定めるのが一般である。また,**解表5-4-4**において,粘性土については,v_a の下限は2％程度,S_r の上限は95％程度とみなすべきである。それを超えると過転圧の状態になるので,目視によって締固めを止めればよい。

3) 土の強度,変形特性を規定する方法（強度・変形特性規定と略称）

締め固めた盛土の強度・変形特性を貫入抵抗,現場ＣＢＲ試験,プルーフローリングによるたわみ量,あるいは重錘落下による衝撃加速度等の値によって規定しようとする方法である。

この方法は規定値が強度・変形特性であることから,直接盛土の供用性と関連が強く,直接的であるという長所があるが,締固め後の水の浸入による盛土の恒

久性についての確認を行い得ない。したがって，この方法は水浸の影響の少ない良質の砂質土，礫質土の盛土については適用が可能であるが，細粒土，粘性土には適切でないといわれており，今後の適用範囲の拡大のための研究が望まれる。

なお，路床を対象に鉄道分野では平板載荷試験，高速道路分野ではＣＢＲ試験，たわみ量試験等の実施が規定されている例がある。路床については，舗装の合理的な設計のためにもこれらを参考に仕様書で規定しておくのがよい。

(3) 新しい品質管理手法の導入

現場における品質管理の手法は日々進化し，新しい管理手法が実用化されつつある（「付録3．締固め管理手法について」参照）。このような手法に関しては，有効性を検討し，適用可能と判断した場合はその適用範囲と管理手法（管理基準や計測頻度）を明確にした上で積極的に施工管理に活用することを検討するのがよい。

(4) 日常管理試験データの整理

盛土の日常の品質管理においては，測定結果を時系列（$\bar{x} \sim R$ 管理図（**解図 5－4－5** 参照）等）にまとめたり，一定期間内あるいは一定区間内の結果についてヒストグラム（**解図 5－4－6**）を作成することが重要なポイントである。このような品質管理の結果の整理を行うことにより，良好な施工ができていることが確認できる。また，測定結果が規定値の下限値や上限値に近くなれば，その原因を追求し，必要であれば盛土材料の見直しや施工方法の再検討等を行う。上記の品質管理の結果の整理については，「締固め度規定」だけでなく，「空気間隙率または飽和度規定」や「強度・変形特性規定」においても同様である。

なお，**解図 5－4－6** に示す盛土の締固め度は，盛土の各点で測定された現場乾燥密度を，代表的な試料を用いて行った室内締固め試験によって得られた最大乾燥密度で除して得た値であり，締固め度のばらつきは，締固めの真のばらつきだけでなく，盛土材料の変化の影響も受けたものであることに注意する必要がある。

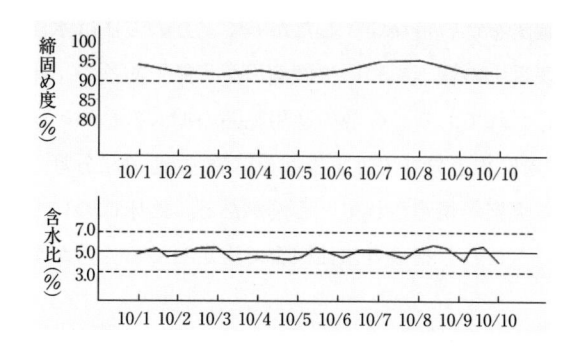

解図 5−4−5　$\bar{x} \sim R$ 管理図の例

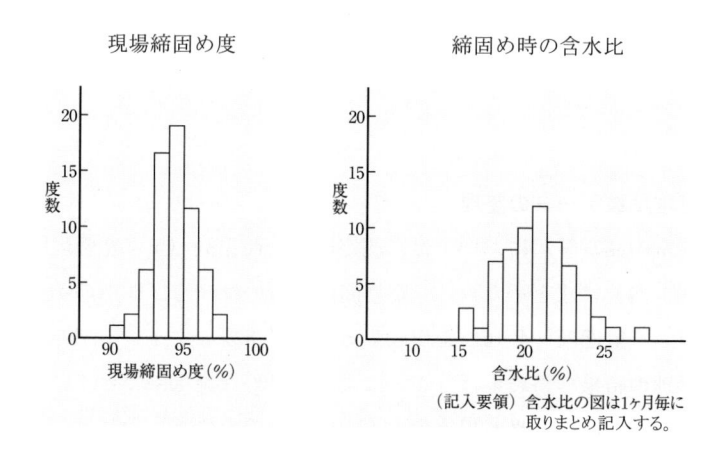

解図 5−4−6　締固め度，含水比のヒストグラムの例

（記入要領）含水比の図は1ヶ月毎に取りまとめ記入する。

5−4−3　工法規定方式による締固め管理

> 　工法規定方式による盛土の締固め管理の適用に当たっては，所要の盛土の品質を満足するように施工仕様を設定し，その仕様に基づき確実に締固め施工がなされることを日常的に管理するものとする。

　工法規定方式による盛土の締固め管理は，使用する締固め機械の機種，まき出

し厚,締固め回数等の工法そのものを仕様書に規定する方式である。工法規定方式では事前に現場での試験施工において,設計で設定した盛土の所要力学特性を確保するための品質基準（例えば,締固め度,空気間隙率あるいは飽和度の各規定値）を満足する施工仕様（転圧機種,転圧回数,敷均し厚等）を求めておくことが原則である。

　硬岩を破砕した岩塊を用いた盛土等品質規定方式の適用が困難な場合,または工法を規定することが合理的な場合に工法規定方式が採用されている。

　工法規定は,工事の監督ならびに施工の管理が品質規定の場合より直接的でわかりやすいという長所がある。また,土質条件が複雑で,構造物工事と錯綜した盛土現場で経験の浅い施工者に対して品質規定方式を適用した場合よりも,工法規定によって間違いなく所定の締固め機械が作業している実態を確認した方が結果的に質の良い盛土が得られ,かつ施工の効率化が図られる可能性があるとみてよい。

　ただし,工法規定方式においても,品質規定方式と同様に,土質材料や含水比が変化すると施工仕様を見直すことが原則である。このため,目視等によりこれらの変化度合いを確かめるとともに,含水比を1日に1回程度測定し,**解図5－4－5**に示したような管理図に日々整理するのがよい。その結果,土質ないし含水比が試験施工を行った材料と明らかに変化したと判断される場合には,「5－4－2 品質規定方式による締固め管理」を参照し品質試験を行うのがよい。

　工法規定方式の管理手法を以下に示す。

(1) タスクメータ・タコメータを利用する方法

　締固め機械にタスクメータやタコメータ等を取付け,締固め機械の稼動時間を記録し,この稼動時間をチェックすることにより,管理する方法である。

　手順としては,1日の盛土施工量から必要となる締固め回数と作業時間を算出する。この必要となる作業時間と実際に行った稼動時間（タスクメータ（**解図5－4－7**参照）より確認）とを比較し,実際の稼働時間が予め算定した必要作業時間を上回っていることを確認する。

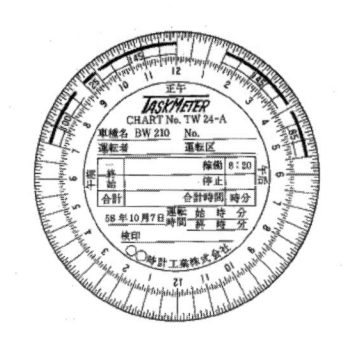

1日当たりの必要締固め時間Ⓐ

$$Ⓐ = \frac{搬 入 土 量}{(仕上り厚)×(締固め有効幅)×(走行速度)} × 必要締固め回数$$

$$= \frac{1,720(\text{m}^3)}{0.5(\text{m})×1.9(\text{m})×2,000(\text{m/h})} × 9回 = 8.15(\text{h})$$

必要締固め回数：モデル施工により決定する。　　　　（回）
仕 上 り 厚：モデル施工より決定する。　　　　　　　（m）
締 固 め 有 効 幅：締固め有効幅＝鉄輪の幅－0.25m　　　（m）
走 行 速 度：モデル施工により実施された速度。　　（m/h）

1日転圧時間　Ⓑ

　　Ⓑ＝タスクメータに記録された合計稼働時間＝8.33(h)

（判　定　Ⓐ＜Ⓑ）

解図5－4－7　タスクメータ[4]

(2) トータルステーション・GNSSを利用する方法[14]

　締固め機械の走行位置をトータルステーションやGNSSでリアルタイムに計測することにより，盛土地盤の転圧回数を管理する方法である。

　GNSSを利用するシステムの手順としては，転圧機械（振動ローラ等）に取り付けたGNSSにより転圧機械の走行軌跡を計測する。この転圧機械の走行位置をパソコン画面でメッシュに分割した盛土地盤に重ね合わせることにより，各メッシュの転圧回数を管理するシステムである（「5－12　盛土工における情報化施工」参照）。

　トータルステーションやGNSSを利用する方法には適用上の制約が存在するので，「TS・GPSを用いた盛土の締固め情報化施工管理要領（案）」（国土交通省）[14]等を参照のうえ適用を検討する。

なお，国内における工法規定方式の施工管理では，例えばトータルステーション・GNSSを利用した管理手法を適用する場合，同時に品質規定方式（締固め度，空気間隙率，飽和度等の日常管理）を併用するケースがみられるが，施工履歴を十分管理できる施工管理手法であることを証明できる場合は，発注者と協議のうえ，日常管理試験の頻度を低減することができる。

5−4−4 締固め作業及び締固め機械

> 締固め作業に当たっては適切な締固め機械を選定し，試験施工等によって求めた施工仕様（敷均し厚さ，締固め回数，施工含水比等）に従って，所定の品質の盛土を確保できるよう施工しなければならない。

締固めにおいては以下の点に留意が必要である。
① 盛土全体を均等に締め固めることが原則であるが，盛土端部や隅部（特にのり面近く）等は締固めが不十分になりがちであるから注意する。
② 盛土の施工中は横断勾配に配慮して排水に注意する。降雨が予測される場合は，ローラで盛土表面を平滑にして，雨水の滞水や浸透等が生じにくいようにする。

締固め機械は，盛土材料の土質，工種，工事規模等の施工条件と締固め機械の特性を考慮して選定するが，特に土質条件が選定上の重要なポイントである。すなわち，盛土材料としては，破砕された岩から高含水比の粘性土に至るまで多種に渡り，また，同じ土質であっても含水比の状態等で締固めに対する適応性が著しく異なることが多い。

一方，締固め機械も機種によって締固め機能が多様で，同一の機種の場合でも規格，性能（大きさ，重量，線圧，タイヤ圧，振動数，起振力，衝撃力，走行性等）によって締固め効果が異なってくる。したがって，それらを十分理解したうえで，機械を選定し，効果的な締固め作業を行うことが大切である。**解表5−4−6**は締固め機械選定の一応の目安を示したものである。

主要締固め機械の機能，作業特性等の概略を示すと以下のとおりであるが，**解**

表5-4-6と併せて参考にするとよい。なお，締固め機械の選定に際しては，対象となる機械のトラフィカビリティーを同時に検討して選定する必要がある(「道路土工要綱　共通編　5-3-4　施工方法と機械の選定」参照)。

解表5-4-6　土質と盛土の構成部分に応じた締固め機種

盛土の構成部分	土質区分＼締固め機械	ロードローラ	タイヤローラ	振動ローラ	自走式タンピングローラ	被けん引式タンピングローラ	ブルドーザ 普通型	ブルドーザ 湿地型	振動コンパクタ	タンパー	備考
盛土路体	岩塊等で掘削締固めによっても容易に細粒化しない岩			◎					※	※大	硬岩
盛土路体	風化した岩，土丹等で部分的に細粒化して良く締め固まる岩等		○大	◎	○	○			※	※大	軟岩
盛土路体	単粒度の砂，細粒度の欠けた切込砂利，砂丘の砂等			○					※	※	砂礫まじり砂
盛土路体	細粒分を適度に含んだ粒度の良い締固めが容易な土，まさ，山砂利等		◎大	○	○				※	※	砂質土 礫まじり砂質土
盛土路体	細粒分は多いが鋭敏性の低い土，低含水比の関東ローム，砕き易い土丹等		○大		◎	◎				※	粘性土 礫まじり粘性土
盛土路体	含水比調整が困難でトラフィカビリティーが容易に得られない土，シルト質の土						●				水分を過剰に含んだ砂質土
盛土路体	関東ローム等，高含水比で鋭敏性の高い土						●	●			鋭敏な粘性土
路床	粒度分布の良いもの	○	◎大	◎					※	※	粒調材料
路床	単粒度の砂及び粒度の悪い礫まじり砂，切込砂利等	○	○大	◎					※	※	砂礫まじり砂
裏込め				○	◎小				※	※	ドロップハンマを用いることもある。
のり面	砂質土			◎小					◎	※	
のり面	粘性土			○小			○		○	※	
のり面	鋭敏な粘土，粘性土						●			※	

◎：有効なもの
○：使用できるもの
●：トラフィカビリティーの関係で他の機械が使用できないのでやむを得ず使用するもの
※：施工現場の規模の関係で，他の機械が使用できない場所でのみ使用するもの
大：大型のもの
小：小型のもの
(高速道路調査会資料を基に作成)

(1) ロードローラ

　表面が滑らかな鉄輪によって締固めを行うもので，マカダム形とタンデム形とがある。ロードローラは舗装及び路盤用として多く用いられ，土工では路床面等の仕上げに用いることがある。高含水比の粘性土あるいは均一な粒径の砂質土等には適さない。

(2) タイヤローラ

　空気入りタイヤの特性を利用して締固めを行うもので，タイヤの接地圧は載荷重及び空気圧により変化させることができる。タイヤ圧は締固め機能に直接関係するもので，一般に砕石等の締固めには接地圧を高くして使用し，粘性土等の場合には接地圧を低くして使用している。タイヤローラは機動性に優れ，また**解表5－4－6**で示されるように比較的種々の土質に適応できるなどの点から，土の締固め機械として最も多く使用されている。

　タイヤローラの使用で注意すべきことは，①バラスト（水，または鉄等）を載荷することによって，総重量を3 t～35 t程度に変化させることができるが，盛土材料の土質により締固めエネルギーを適切に調整すること，②岩塊や岩片が混入した土では走行が不安定になり，ある程度以上のものは取り除く必要があること，などである。

(3) 振動ローラ

　ローラに起振機を組み合わせ，振動によって土の粒子を密な配列に移行させ，小さな重量で大きな締固め効果を得ようとするものである。振動ローラは，一般に粘性に乏しい砂利や砂質土の締固めに効果があるとされているが，その使用に当たっては，ローラの重量，振動数等を適切に選ぶ必要がある。一般に岩や礫の締固めには，重い機械で高振動数のものがよいとされている。また，機種によっては粘性土に対しても効果がある。

　振動ローラは従来から小型のものが多く用いられているが，最近大型のものも使用される傾向になってきている。特に大型の振動ローラは深さ方向への締固め効果が他の機種に比べて良好なので，各締固め層内の下層が十分に締め固まって

いることを確認した上で敷均し厚さを大きくすることができる（「5-3 (4) 厚層敷均し・締固め」参照）。使用上注意すべき点は，①ローラの重量と土の性質に見合った振動数や起振力によって締め固めること，②振動ローラは岩塊や岩片が混入した土ではスリップにより走行不能に陥りやすいこと，などである。

(4) タンピングローラ

ローラの表面に突起をつけたもので，突起の形状によって機械名が異なっている。タンピングローラは突起の先端に荷重を集中することができるので，土塊や岩塊等の破砕や締固めに効果がある。粘質性の強い粘性土の締固めにも効果的といわれているが，鋭敏比の大きい高含水比粘性土では突起による土のこね返しによって，かえって土を軟弱化させるので注意が必要である。タンピングローラは優れた締固め機械として，フィルダム等の大土工現場等で使用されてきたが，道路土工での使用例は少ない。

(5) 振動コンパクタ

平板の上に直接起振機を取り付けたもので，振動を利用して締固めを行う点では振動ローラと同じである。軽量な機械であるので，大型機械では締め固めることが難しい箇所，例えば構造物の裏込め，埋戻し，盛土ののり肩やのり面等の締固めに利用される。

(6) タンパー

機関の回転運動をクランク機構で上下動に変えて，スプリングを介して打撃板に伝達するもので，打撃と振動の2つの機能を備えている。タンパーは大型機械で締固めができない場所や小規模の締固めに使用される。

(7) ブルドーザ

ブルドーザは締固め能率が悪く施工の確実性も低いため，本来は締固め機械ではない。ただし，通常の締固め専用機械では締固めが困難な土質（高含水状態にある粘性土等）や，締固め専用機械の投入が経済的でない小規模工事あるいはの

り面の締固め等，限定された範囲で使用されている。

5-5　盛土施工時の排水

> 盛土の施工に当たっては，雨水の浸入による盛土の軟弱化や豪雨時等の盛土自体の崩壊を防ぐとともに，濁水や土砂の工事区域外への流出を防止するために，盛土施工時の排水を適切に行うものとする。

施工時の排水，及び土取り場，建設発生土受入地の排水一般については，「道路土工要綱　共通編　第2章　排水」に概説されている。ここでは盛土本体の施工時の排水について述べる。

盛土施工時の排水施設は，①施工面からの雨水浸入による盛土体の軟弱化の防止，②のり面を流下する表面水による表面の侵食，洗掘及び浸透水によるのり面のせん断強さの減少の防止，③雨水等の浸入による間隙水圧の増大から生じる崩壊の防止，④濁水や土砂の流出による周辺への被害防止，⑤施工の円滑化，を目的として施工を行う。

排水施設は事前の土質，地形調査に基づいて計画されるが，施工中に地下水や透水層の存在が判明することが多いため，施工中も適時計画を変更して有効な排水施設を設けていくことが大切である。また，排水施設が適切でないとかえってのり面の安定性を損なうことになるので，十分に効果を発揮するよう施工することが大切である。

施工時の排水工の計画及び施工の留意点は，以下のとおりである。

(1)　のり面排水処理

施工中ののり面は保護工が施工されるまでの間，最も不安定な状態にある。したがって，雨水によるのり面の侵食等を防ぐために，排水設備の設置やのり面保護工の施工はのり面仕上げが完成した部分から漸次できるだけすみやかに行うことが基本である。しかし，排水設備はある程度まとまった規模で設置したり，のり面保護工に植生工を用いる場合は施工時期に制約があることから，それらが実

施されるまでの間は必要な排水を実施する必要がある。

　盛土の施工中に特に注意すべき点は，降雨によるのり面表面の侵食である。特にのり面の一部に水が集中すると，盛土の安定に悪影響を及ぼすとともに，それらが集中して流下した場合にのり面の土砂を押し流すことがあるので，例えばのり肩部をソイルセメント等で仮に固め，**写真5-5-1**に示すように適当な間隔で仮縦排水溝を設けて雨水をのり尻に導くようにする。

(のり肩部で集水後のり尻部へ仮設排水管にて排水)
写真5-5-1　のり面排水処理の例

(切り盛り境部の仮設素掘り側溝の施工例)
写真5-5-2　切土境界部の排水工の例

（仮設排水溝に可撓性塩化ビニル管を利用した例）
写真5−5−3　排水工の例

　また，湧水箇所に盛土を行う場合は，**写真5−5−2**に示すように切土下端部（のり尻）に仮排水工を設ける。また，のり面が多段の場合や湧水が多い場合等は，**写真5−5−1**に示すような排水管を適当な間隔で設置し，これらを繋いでのり尻まで排水する。なお，仮設排水溝に**写真5−5−3**のように可撓式塩化ビニル管を用いることもある。

(2) 盛土施工面の仮排水

　のり面保護の目的のみならず，盛土内に雨水等が浸透し土が軟弱化するのを防ぐために，**解図5−5−1**に示すように，盛土面には4〜5％程度の横断勾配を付けておくことが必要である。**解図5−5−1**(a)は十分な締固めを行い雨水をのり面表面に流す場合であるが，この場合はのり尻に仮排水溝があるとよい。また，施工中に降雨が予想される際には転圧機械，土運搬機械のわだちのあとが残らないように，作業終了時にローラ等でできるだけ滑らかな表面にし，排水を良好にして雨水の土中への浸入を最小限に防ぐようにする。降雨前にまき出した土を転圧せずに放置することは，絶対に避けなければならない。

　また，盛土仕上がり面が広く，かつ盛土高が高い場合には，**解図 5−5−1**(b)に示すように，のり肩部に素掘り側溝を設け，のり面に雨水が流れ出ないように

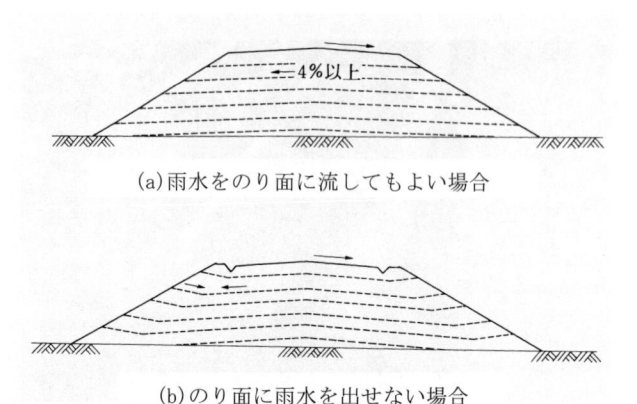

(a)雨水をのり面に流してもよい場合

(b)のり面に雨水を出せない場合

解図 5－5－1　施工中の表面水の処理

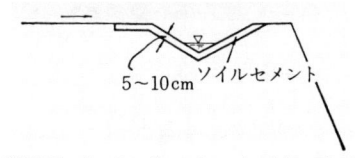

解図 5－5－2　施工中の表面水の処理

する。のり肩部に設ける素掘り側溝は，のり面への水の落下を防ぐために動水勾配を十分に取り，路肩より 1 m 程度内側に設けることが望ましい。また，のり尻付近は，のり面から土が落下して側溝を埋めることがあるので，素掘り側溝とのり尻の間には 30 cm 程度以上の側帯を設けることが望ましい。

路肩部の素掘り側溝は，崩壊して機能を失うことのないように，**解図 5－5－2**に示すようにソイルセメントやアスファルト乳材吹付けを行うとよい。

以下に，盛土材料別の施工時の排水に関する留意点を示す。

1）粘性土を用いた盛土の場合

盛土材料が粘性土の場合，盛土表面を乱雑にしておくと降雨終了後，作業を開始するまでに予想以上に長い期間，機械の稼働が困難になるので，特に注意が必要である。粘性土の場合，一度高含水比になると含水比を低下させることは困難であるので，施工時の排水を十分に行い，施工機械のトラフィカビリティーの確保に努めなければならない。

2）砂質土を用いた盛土の場合

盛土材料が砂質土の場合，透水性が比較的良好であり，盛土表面から雨水が浸透しやすく盛土内の含水比が増加し，せん断強度が低下するために表面がすべりやすくなる。これを防止するために，**解図5-5-3**に示すような編柵工を設けたりすることがある。また，雨水の浸透防止を図るために，ビニールシート等でのり面を被覆して保護することもある。いずれにしても，のり肩やのり面は十分に締め固める必要がある。

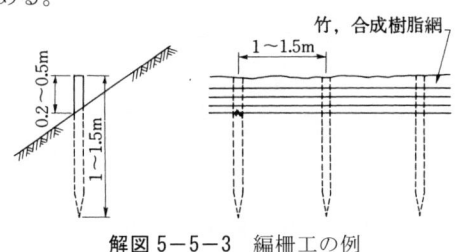

解図5-5-3　編柵工の例

3）異なる材料を用いて盛土を行う場合

異なる材料からなる盛土で，下部の方が不透水性の材料の場合は，材質が変化する境界面から地下水がにじみ出して，のり面崩壊の原因となることがあるので，湧出部に編柵工を設けるなどの処置が必要となる。

(3) 切り盛り境の排水

切り盛りの接続部は，施工の途中で切土側から盛土側に雨水が流れ込み，その境が泥ねい化しやすくなる。雨水が盛土部に流入するのを防ぐために，**解図5-5-4**に示すように，切土と盛土の境界付近にトレンチを設ける必要がある。なお，このトレンチは地下排水溝に転用可能である。

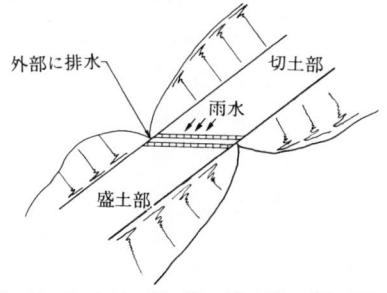

解図5-5-4　切り盛り境の排水溝の例（平面図）

(4) 仮排水工の配置

　排水に当たっては，排水をのり尻の側溝まで確実に導くよう，排水工の配置を検討するとともに，孔口は排水により周囲が洗掘されないように，じゃかごやコンクリートで保護する。

(5) 山砂や火山灰質土による盛土及び高盛土における仮排水

　山砂や火山灰質土を材料とした盛土は，のり肩付近に雨水を集めると浸透水でのり面が容易に侵食され，のり面の崩壊を起こすおそれがあるので，雨水を盛土のり肩に集めずに，盛土中央に縦（鉛直）の排水管を設け，これを地下排水管に導いて排水する中央縦排水管方式が有効である。

　この縦排水工は，**解図5－5－5**に示すような直径300 mm程度以上の有孔管等を，**解図5－5－6**に示すように盛土高さの上昇とともに継ぎ足し，盛土面より常に1.0 m程度突出させるように施工する。この方法は高盛土にも有効で，盛土面はパイプを中心に5％程度の勾配ですり鉢状に排水勾配を取る。この仮排水溝と縦排水溝の接合部等は，崩壊を招くことのないように保護すべきである。また，中央排水管は100m×100m（10,000 ㎡）に1本程度設置することが望ましい。

　なお，この中央排水管はあくまでも仮設であることから，盛土完了後や舗装工事開始時点で砂礫等を投入し，将来細粒土の流出することに伴う路面の陥没が生

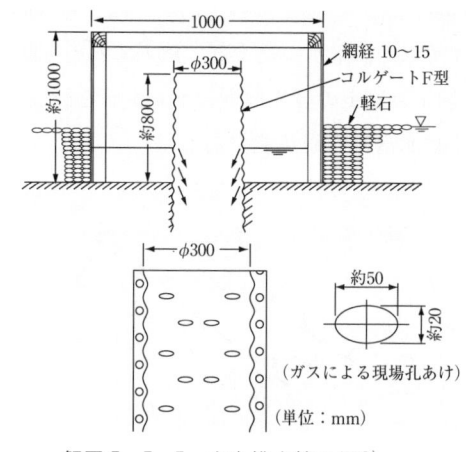

解図5－5－5　中央排水管の例[6]

(1) 小段1段目第1次中央排水

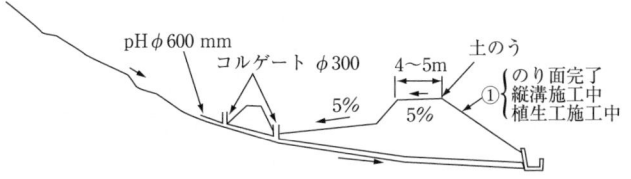

pH φ600 mm　コルゲート φ300　4〜5m　土のう
5%　5%
① のり面完了
　縦溝施工中
　植生工施工中

(2) 小段2段目第1次中央排水

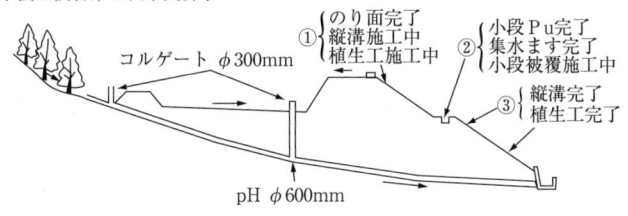

コルゲート φ300mm
① のり面完了
　縦溝施工中
　植生工施工中
② 小段Pu完了
　集水ます完了
　小段被覆施工中
③ 縦溝完了
　植生工完了
pH φ600mm

(3) 小段3段目第2次中央排水

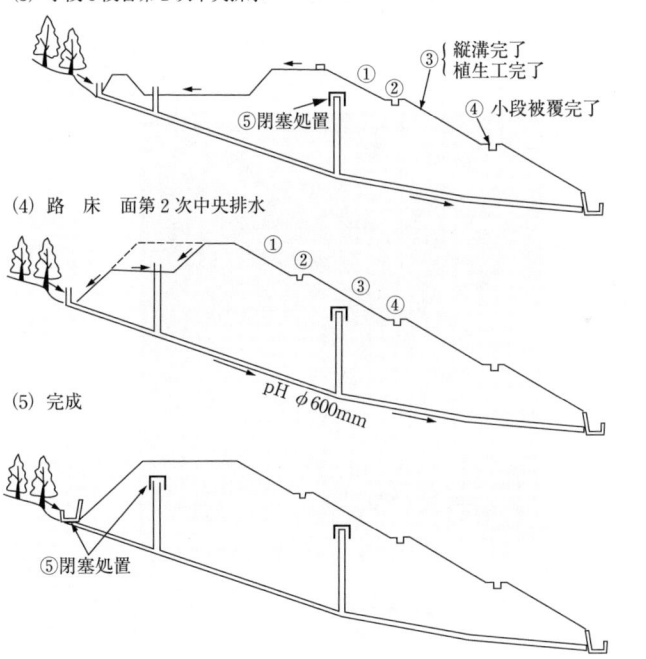

① ② ③ 縦溝完了
　　　植生工完了
⑤閉塞処置
④ 小段被覆完了

(4) 路床面第2次中央排水

① ② ③ ④
pH φ600mm

(5) 完成

⑤閉塞処置

解図5−5−6　中央排水工法施工手順[7]に加筆

− 237 −

じないようにする必要がある。

(6) 土砂流出の防護

施工時には，盛土地肌がむき出しとなり流出係数も大きくなることから，少しの雨量でも下流部に濁水が流れ出す可能性が大きい。また，発生する濁水は濁度（SS）が数百から数千 ppm と大きいので，そのまま施工場外に流出すると水生動植物や農作物に被害を与えることや，湖沼・河川の汚濁にもつながる。

このための対策として，降雨時の土砂流出をできるだけ防ぐために，土砂流出防止を行う。上流部では**写真 5－5－4** に示すような板柵工・編柵工（有孔プラスチック柵）を設置し，土砂と水を分離するとともに流勢を弱くする。下流部では**写真 5－5－5** に示すような防災用の小堤や，ふとんかご工を設置するのが有効である。

写真 5－5－4 編柵工の例

写真5-5-5　防災用小堤の例

(7) 沈砂池の設置

　土工事の施工中に濁水が工事区域外に流出しないように，**写真5-5-6及び解図5-5-7**のように沈砂池の設置を検討する。

　沈砂池設置に先立ち，放流先の流域，水利，放流可能水量等をあらかじめ調査し，濁水処理を行える沈砂池の容量並びに濁水の沈降方法（自然沈降，凝集沈降）に関して検討を行う。なお，沈砂池からの排水に関しては，排水基準を地元の行政機関に確認しておく。

写真5-5-6　沈砂池の施工例

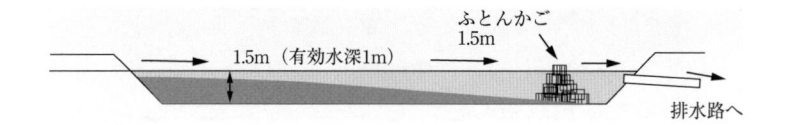

解図5−5−7　沈砂池の例（断面図）

(8) 仮設排水工の維持管理

　仮設排水工も，その機能を十分に発揮できるように定期的に点検を行うとともに，清掃や必要に応じて補修等を行い，機能保持に努めなければならない。

　一般的には定期的な巡回によるが，降雨時または降雨直後に排水状況を見回ると効率的である。

　また，台風，梅雨，融雪期等は特に念入りに点検を行うよう注意しなければならない。

　巡回点検の際は，以下の点に注意する。

① 　排水工の土砂流出状況
② 　横断排水管の流入出部における土砂の堆積状況
③ 　排水工の水の流れ状況
④ 　排水工の破損
⑤ 　横断排水管が浅い場合の養生

5−6　盛土のり面の施工

> 　盛土のり面の施工に当たっては，盛土の安定性を確保するために要求される強度・変形抵抗を発揮するよう，盛土本体と同時に適切な締固め機械を用いて水平・薄層に敷き均らし，十分な締固めを行うものとする。
> 　のり面保護工の施工は，のり面保護工の目的，機能及び現地の状況を踏まえ，適切に行わなければならない。

(1) のり面の締固め・整形

　盛土のり面の崩壊は水（降雨，地下水等）に起因することが多い。その一つに

雨水の浸透による自由水面（間隙水圧）がのり面付近に生じ，それに起因する盛土のり面の崩壊がある。その主要な原因はのり面表層部の締固め不良であり，施工による具体的な対策方法としては，水平薄層締固めによる十分な締固めが有効であるとされている。

　盛土のり面は十分に締め固め，かつ設計断面を満足するように仕上げなければならない。のり面表層部が盛土全体の締固めに比べて不十分であると，豪雨等でのり面崩壊を招くことが多い。この種の崩壊を防ぐため，のり面は可能な限り機械により十分に締め固めなければならない。また，ジオテキスタイルを締固め補助材として敷設することにより，効果的な締固めが図れるので，高盛土等の施工時に利用することも考えられる。

　主なのり面の施工方法を**解図5－6－1**に示す。

　のり面勾配が 1：1.8 前後の場合には，のり面を丁張に従って粗仕上げしてから，自重１ｔ以上の振動ローラ，あるいはのり面に適するように設計された振動ローラ（振動式のり面締固め機）を，**解図5－6－1**(a)，**写真5－6－1**のように，牽引または盛土の天端より巻き上げながら締め固めることができる。この工法においては，振動ローラをのり肩の方向に巻き上げながら振動をかけて締め固めると効果があるが，下げながら振動をかけるとのり面がゆるんで材料がずり落ちやすいので，のり面を下る方向では振動をかけない方がよい。

　盛土材料が良質でのり面勾配が 1：2.0 程度までの場合には，**解図5－6－1**(b)のように，ブルドーザをのり面に丹念に走らせて締め固める方法もある。この場合，のり尻にブルドーザのための平地があるとよい。

　のり面勾配が 1：1.5 程度になると，通常の締固め機械では施工ができなくなるので，特殊な機械を用いるか，のり肩部からの土羽打ちを行う。

　解図5－6－1(c)は，バックホウで盛土のり肩からのり面の盛土材料を補給しながら，バケットの底面でのり面整形を行う方法である。のり面表面に礫や玉石を使用するときには，バケットの底面で，表面に浮いている礫等を押し込むのにもこの方法が使われる。さらに，バックホウにはのり面仕上げ用のアタッチメントバケットがあり，このバケットを 30～50cm の高さからのり面に落とし，底面でのり面を締め固めていく方法も用いられている。

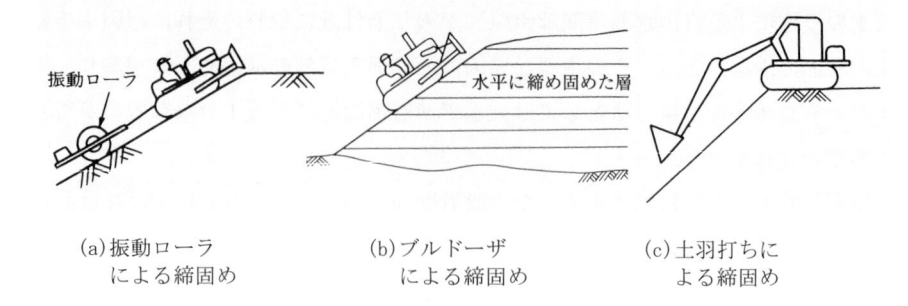

(a) 振動ローラによる締固め　　(b) ブルドーザによる締固め　　(c) 土羽打ちによる締固め

解図5－6－1　振動ローラ，ブルドーザ及び土羽打ちによる締固め

写真5－6－1　振動ローラによる締固め

　盛土幅より広く余盛りし，締固め不十分な盛土端部をバックホウ等で削り取り整形する施工法もある。この工法は盛土用地幅に余裕のある場合に有効である（**解図5－6－2参照**）。

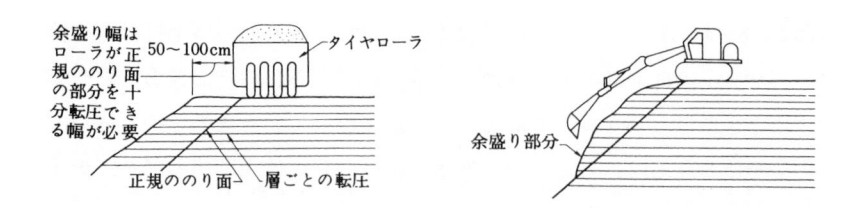

解図5－6－2　余盛り後に整形する方法

小規模なのり面，構造物の取合付近，土羽土（被覆土）等の締固めは，人力施工による工法が採用される。従来から行われている工法は，**解図5-6-3**に示すように，盛土本体を構築したのち土を補給しながら，ランマーや小型振動ローラ等で締め固めた上に筋芝を置き，のり面は土羽板でたたきながら整形して仕上げる方法である。この場合，人力施工部は盛土本体部に比べて締固めが不足しがちなため，施工は特に入念に行う必要がある。

　なお，ブルドーザの履帯等によるのり面の凹凸は，植生のり面保護工（種子吹付工等）に適しており，また，植生が成長すれば美観上も全く支障がないので，人力によりきれいにのり面を整形する必要はない。

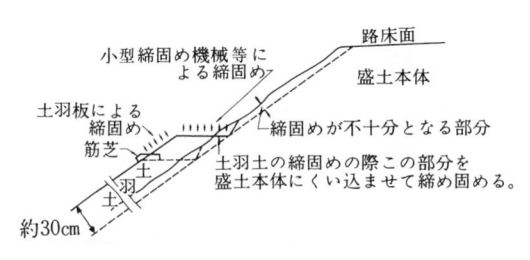

解図5-6-3　人力による土羽土の締固め

(2)　**注意を要する盛土のり面**
1）細粒土（粘性土等）の場合

　含水比の高い火山灰質粘性土（VH_2），粘土（CH）等の締固めが十分できない土質によるのり面では，のり面全体の安定を特に注意しながら施工しなければならない。施工中は丁張の変形，のり面のはらみ出し等を常に注意する。その兆候を見出した場合には，原因は盛土自重による過剰間隙水圧の発生によることが多いことから，じゃかご工（**解図4-9-5参照**）や盛土内に設ける水平排水層等の排水工（「4-9-5　地下排水工」参照）の設置を行うとともに，場合によっては，杭等によるのり面崩壊に対する防護工を実施する。

2）粗粒土（砂質土等）の場合

　礫（G），砂質土（S）等の粗粒土により構築される盛土で侵食が問題となる場合，雨水浸透によるスレーキングのおそれのある場合，あるいは緑化が必要な場合に

は，のり面を土羽土で被覆することが多い。ただし，土羽土によって盛土内の浸透水の排水がしゃ断されない構造(**解図4－8－1参照**)とすることが重要である。このようなときは，一般に急勾配でかつ土羽土の厚さが30 cm程度の場合が多いので，施工は**解図5－6－4**に示した人力施工によることになるが，できるだけ人力施工で仕上げた後，小型振動ローラ等を用いて再度締固めすることが望ましい。

可能であれば，のり面勾配を 1：1.8 程度の緩勾配とし，土羽土の厚さは機械施工可能な幅2～3mに設計するのが望ましい (**解図5－6－5参照**)。

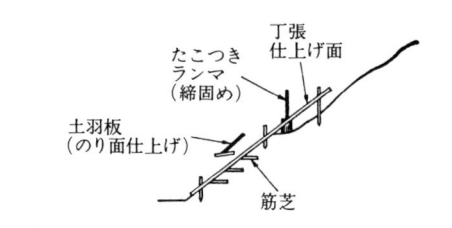

(a) 人力のり面盛土工

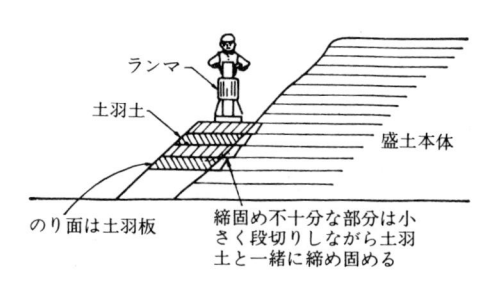

(b) 土羽土を設けたのり面の締固め

解図5－6－4　粗粒土ののり面の締固め

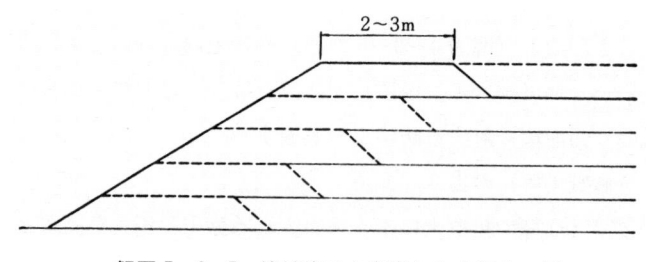

解図5－6－5　機械施工を考慮した土羽土の例

(3) 施工中ののり面保護

　仮仕上げのり面は，保護工が施工されるまでの間が最も不安定な状態にあり，雨水等による侵食が起こりやすい。したがって，植生によるのり面保護，縦排水施設等をできる限り早く順次施工するのがよい。盛土施工時の排水については，「5-5　盛土施工時の排水」を参照されたい。

(4) のり面保護工の施工

　のり面保護工の目的と工種の選定等については，「4-8-2　のり面の保護」に述べたとおりであるが，その施工に関しては，「道路土工－切土工・斜面安定工指針　第8章　のり面保護工」に詳しく述べられているので参照されたい。なお，構造物によるのり面保護工を用いる場合には，切土のり面に用いる場合と同様あるいはそれ以上に，盛土内の排水を阻害しないよう特に留意する必要がある。

5-7　排水工の施工

> 　表面排水及び付随する地下排水施設は，設計に基づき施工を行うことを基本とするが，排水施設の目的，機能及び現地の状況を踏まえ，適切な施工を行わなければならない。

　盛土のり面排水工及び付随する地下排水施設は，設計に基づいて施工することを基本とするが，工事前に得られた情報と現地地形の相違や，施工中に地下水及び透水層の存在が判明することが多い。したがって，排水工の施工に当たっては，その目的・機能を十分考慮した上で適切な施工を行う必要がある。

　排水工の設計に関しては，「道路土工要綱　共通編　第2章　排水」並びに「4-9　排水施設」によるが，施工に当たっては特に以下の点に留意し，適宜計画を変更して有効な排水施設を施工する必要がある。

1) 排水施設は，地下水・雨水をすみやかに流末に導く必要がある。このため排水勾配には十分留意する。
2) 地下排水工に関しては，施工後の修復は困難であるため，上記1)に示した点

に留意し，原地盤に軟弱地盤が存在する場合等に排水勾配が確実に確保できるような配慮を行う必要がある。特に軟弱地盤上の盛土においては，沈下を考慮する必要がある。

3）地下排水工に集水管を用いる場合には，その上を走行する転圧機械等の重機の荷重により破損しないように，細心の注意を払う必要がある。破損するとそこから多量の地下水が盛土に供給され，いずれ大災害を誘発することになる。

4）排水孔口や排水合流部は，排水により周囲が洗掘されないように，必要に応じてじゃかごやコンクリート等で保護する。また，強雨時の水の跳ね上げによる周囲の洗掘等に備えるために，張石・コンクリートシール等で保護することが望ましい。

5）表面水を直接受ける排水施設においては，適切に表面水を排水施設に導くように，排水工の周囲は入念に施工を行う。

6）盛土のり尻等に設置する排水溝ののみ口に関しては，のり面からの雨水を確実に排水溝に導くような排水溝の高さであることを確認するとともに，のり面端部にモルタル養生等を行うことが望ましい。

7）沢を横断する盛土において，現場発生土の有効活用と駐車帯等の造成を兼ねて，山側のくぼ地を埋めるいわゆるレベルバンクが造成されることがある。この部分を未舗装とする場合や，適切な排水施設が設けられていない場合，レベルバンクに水が浸透して軟弱化し，盛土本体へ浸透水が供給され，不安定化の要因となっている事例が見受けられる。このような事態を招かないために，盛土本体と同様に十分な締固めと排水処理を行う必要がある。具体的には，隣接斜面からの表面水を受ける側溝を設ける，斜面からの湧水のおそれのある場合には地山との境界部に基盤排水層を設ける，レベルバンクが未舗装となる場合には，雨水をできるだけ早く排水するため集水ますを設けて，横断排水施設に導き表面水を排除するなどの対応をとる。

8）排水工の確実性を確認することは重要で，施工後の降雨時等に排水溝や流末部の目視を行い，所定の機能を果たしているか確認する。確認は以下の項目を行うことが望ましい。

① 排水工の土砂流出状況

② 横断排水管の流入出部における土砂の堆積状況
③ 排水工の水の流れ状況
④ 排水工の破損

9) 排水工は盛土の健全性を維持するのに重要な役割を果たすこと，特に地下排水工は将来手直しや確認ができないことから，設計変更された排水系統図を確実に維持管理に引き継ぐことが大切である。

5-8 盛土と他の構造物との取付け部の施工

> 盛土と橋台や横断構造物との取付け部である裏込めや埋戻し部分は，供用開始後に構造物との間に不同沈下や段差が生じないように，適切な材料を用いて入念な締固めと排水工の施工を行うものとする。

(1) 一 般

「4-10 盛土と他の構造物との取付け部の構造」に述べたように，盛土と橋台，カルバート等の構造物との取付け部には不同沈下による段差が生じやすく，舗装の平坦性が損なわれがちである。

1) 不同沈下による段差の原因

不同沈下による段差の原因としては，基礎地盤の沈下の他，盛土自体の圧縮沈下，構造物背面の盛土荷重による橋台の水平変位等が挙げられる。このうち，盛土自体の圧縮沈下については裏込めの施工法にも一因があると考えられる。すなわち，道路工事では一般に構造物と盛土が工程上並行して施工され，構造物の裏込め及び取付け盛土は構造物と盛土がほぼ完成した段階で施工されるため，次のような問題があり，取付け部の沈下の原因となっている。

① 構造物基礎の掘削土が混じり盛土材料の品質が悪くなりやすいこと，及び，構造物の立ち上がりとの間が乱雑になりやすいこと。
② 裏込めの部分は，立ち上がった橋台，ボックスカルバート及びそれらの翼壁と盛土とに囲まれていることが多いので，排水が不良になりやすいこと。
③ 埋戻し，裏込めが最後に施工されて敷均し厚さが厚くなりがちであり，さらに

に場所が狭いため，締固めが不十分となりやすいこと。
2）取付け部の施工の留意点

盛土と構造物との取付け部の施工に当たっては，以下の点に留意する必要がある。

① 裏込め材料として，非圧縮性で透水性があり，締固めが容易で，かつ，水の浸入による強度の低下が少ない安定した材料を選ぶこと。
② 狭い限られた範囲での施工による締固め不足にならないよう，施工ヤードを可能な限り広く確保するとともに，一般盛土部と同様に，できる限り大型締固め機械を用いて入念な施工を行うこと。
③ 構造物裏込め付近は，施工中や施工後において水が集まりやすく，これにともなう沈下や崩壊も多い。したがって，施工中の排水勾配の確保，地下排水溝の設置等，十分な排水対策を講じること。
④ 必要に応じて盛土と構造物との取付け部に踏掛版を設けること。
⑤ 特に，軟弱地盤上の取付け部では沈下が大きくなりがちであるので，「道路土工－軟弱地盤対策工指針」を参考に必要な処理を行い，供用開始後の沈下をできるだけ少なくすること。

(2) 締 固 め

構造物の裏込め工は，取付け部の盛土の沈下に伴う路面の変位に影響するだけでなく，土圧の適正な作用を左右することから，良質の材料を使用し，入念な施工を行わなければならない。

良質の盛土材料であれば，特別に裏込め材料を求める必要もないので，工事費も安く，経済的となる。しかし，良質の盛土材料が工事現場近くで得られない場合には，裏込め材料の使用量を少なくし，中，小型の締固め機械を用いて十分に締め固める。この際，掘削土が裏込め材料に混ざらないように注意する。

基礎掘削や切土部の埋戻しに際しては，原地盤の掘削量を最小限とし，良質の裏込め材料を中，小型の締固め機械で十分に締め固める。

施工に当たっては，締固めが十分に行えるよう，**解図 5－8－1** のように盛土と同時に立ち上げながらの施工が望ましいが，一般には**解図 4－10－2** (a) のよう

に盛土が先行してしまう場合がある。このような場合は，底部がくさび形になり面積が狭く，締固め作業が困難になる。さらに，材料を上部から厚く敷き均らすと，締固めが不十分となりやすい。

このような場合，仕上がり厚を 20～30cm とし，小型の機械で入念に締固めを行う（**解図 5－8－2，写真 5－8－1** 参照）。また，狭隘な部分や構造物端部でタンパー等を使用する場合は，仕上がり厚は 20cm 以下とする。

構造物が十分に強度を発揮しないうちは，裏込めまたは盛土によって構造物に土圧を与えてはならない。また，構造物が十分な強度を発揮した後でも，構造物に偏土圧を加えてはならない。例えば，カルバート等の裏込めまたはその付近の盛土は，構造物の両側から均等に薄層で締固め，片方に不均一な荷重が加わらないようにしなければならない。

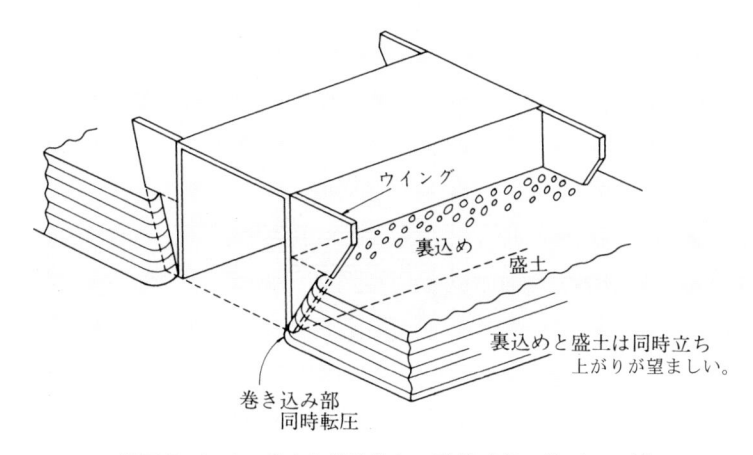

解図 5－8－1　盛土と構造物との取付け部の施工の一例

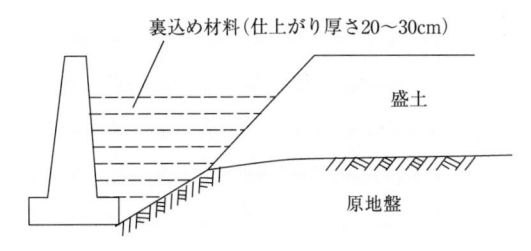

解図 5－8－2　構造物裏込めの締固め

なお，締固めの管理箇所は原則として**解図5−8−3**のとおりとする。

（タンパーによる締固め）　　　　　（小型ハンドローラによる締固め）
写真5−8−1　構造物裏込めの締固め施工例

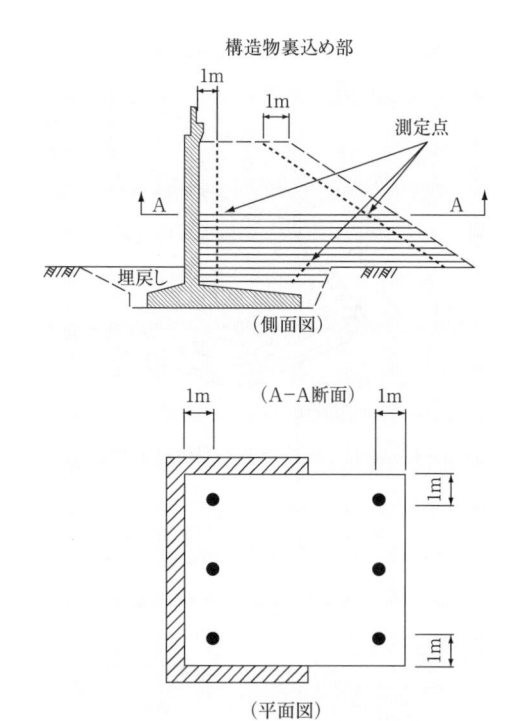

解図5−8−3　裏込め部の締固めの管理箇所

(3) 排水工

　排水工の施工は、「4-10　盛土と他の構造物との取付け部の構造」に述べたとおりである。

　埋戻し部で施工時の地下排水が不可能な箇所の湛水は、ポンプ等で完全に排水しなければならない。

5-9　盛土材料の改良

> 現地発生土が低品質な場合、設計で設定した盛土の所要力学特性あるいはトラフィカビリティーを確保するため、必要な材料品質が得られるよう、脱水処理や安定処理を行う。

　高含水比状態にある材料あるいは強度の不足するおそれのある材料を盛土材料として利用する場合、一般には天日乾燥等による脱水処理が行われることが多い。

　しかし、上記のような状態にある現地発生土を盛土材料として利用するに際して、天日乾燥で含水比を低下することが困難な場合等は、不良土として場外に搬出することになり、コスト高となる。さらに、代替材として外部より良質な盛土材料を搬入する場合では、工事費の高騰や環境への影響（振動・騒音・粉じん等）を招く原因にもなる。

　このような場合には、できるだけ場内で有効利用するために、セメントや石灰等の固化材による安定処理が行われている。盛土材料の安定処理については、「4-6　盛土材料」も参照されたい。

　石灰・石灰系固化材、セメント・セメント系固化材を土に混合することは、施工性を改善すると同時に、ポゾラン反応等による強度の発現・増加を図るものである。このような安定処理工法は、一般に、土の物理的性質の改良や水和反応等による強度の改良を行うもので、主に基礎地盤や路床、路盤の改良に利用されている。道路土工への利用範囲として主なものを挙げると、次のとおりである。

　① 強度の不足する材料を路床材料として利用するための改良

② 高含水比粘性土等のトラフィカビリティー確保のための改良

(1) 固化材の種類
　一般に安定処理に用いられる固化材は，石灰・石灰系固化材やセメント・セメント系固化材である。石灰・石灰系固化材は改良対象土質の範囲が広く，粘性土から砂質土がその対象となる。セメント・セメント系固化材は，山砂等のシルトや細粒分を多く含む砂を適応土質とする。粘性土で特にトラフィカビリティーの改良を目的とするときには，改良効果が早期に期待できる生石灰による安定処理が望ましい。この場合，通常は強度増加を期待しない。
1) 石灰・石灰系固化材
　石灰安定処理工法は，土に石灰・石灰系固化材を添加して土の安定性と耐久性を増大させる工法である。この工法の特徴は石灰の化学反応を利用するもので，一つは粘土鉱物とイオン交換を行って粘土の性質を変えることであり，もう一つはポゾラン反応によって固化することである。使用される石灰には消石灰と生石灰とがあるが，最近はこれらに種々の添加剤を混入した石灰系固化材もある。
2) セメント・セメント系固化材
　セメント安定処理工法は，土にセメント・セメント系固化材を添加して締め固め，セメントの接着硬化能力によってこれらの土を改良し，必要な強度をもたせる工法で，一般にソイルセメント工法ともいわれている。
　本工法では粉砕，混合，締固めの難易が施工上重要となる。元来粒子間の結合力の弱い粗粒土では，機械的な混合により粉砕と混合が同時に行われ効果的である。粘性土の場合には，粉砕と混合が十分に行われなければならない。
　なお，セメント・セメント系固化材による安定処理では，固化後の改良土から六価クロムが溶出する場合があることが報告されているので，適切に処理しなければならない。

(2) 固化材の添加量
　固化材の添加量は，現場における混合方法と室内試験における混合方法との差や土質の変化，施工時の気温等を考慮して，次のような方法で求めることができる。

1）（現場/室内）強さ比より求める方法

設計強度を（現場/室内）強さ比で除した改良目標強さから固化材の添加量を求める方法である（**解図 5－9－1** 参照）。

現場での添加量 ＝ 改良目標強さ（設計強度 ÷ （現場/室内）強さ比）
に対応する添加量　……（解 5－4）

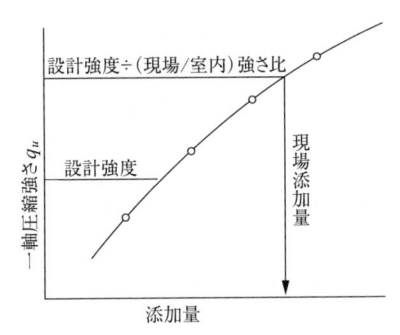

解図 5－9－1　固化材添加量の求め方[8]

　この方法は，基礎地盤を改良する際に適用されている。セメント・セメント系固化材では，（現場/室内）強さ比の目安として，固化材の添加方式，改良対象土及び施工形態（混合攪拌に使用する施工機械の種類）に分けて，**解表 5－9－1** が提案されている[8]。石灰・石灰系固化材においても同様に，**解表 5－9－1** の上段に示す固化材の添加方式（粉体）が提案されている[9]。なお，石灰・石灰系固化材では**解表 5－9－1** の下段に示す固化材の添加方式（スラリー）は適用されていない。

2）割増し係数を基に求める方法

　先に述べたように現場と室内での混合方法との差や土質の変化，施工時の気温等を考慮して，室内試験で求めた添加量に割増係数を乗じることにより求める方法である。

　この方法は，石灰・石灰系固化材及びセメント・セメント系固化材とも路床の安定処理のケースに適用されており，いずれも割増係数の目安として，**解表 5－9－2** が提案されている[8], [9]。

解表 5-9-1　セメント系固化材における（現場/室内）強さ比の一例[8]

固化材の添加方式	改良の対象	施 工 機 械	（現場/室内）強さ比
粉体	軟弱土	スタビライザ バックホウ	0.5～0.8 0.3～0.7
粉体	ヘドロ 高含水有機質土	クラムシェル バックホウ	0.2～0.5
スラリー	軟弱土	スタビライザ バックホウ	0.5～0.8 0.4～0.7
スラリー	ヘドロ 高含水有機質土	処理船 泥上作業車 クラムシェル・バックホウ	0.5～0.8 0.3～0.7 0.3～0.6

注）締固めを行う場合も含む。

$$\left. \begin{array}{l} 実際の工事での添加量＝（室内配合試験で求めた添加量）\\ \qquad\qquad\qquad\qquad ×割増係数 \\ 割増係数＝1＋割増率（％）×1/100 \end{array} \right\} \cdots\cdots（解5-5）$$

ただし，実際の工事での固化材の添加量が少なすぎると，土と固化材との混合の均一性が悪くなるので，最小添加量を提案している。セメント・セメント系固化材では基礎地盤で 50kg/m³以上，路床では粉体の場合に添加率（乾燥土重量比）3％以上としている例がある[8]。石灰・石灰系固化材では基礎地盤で 50kg/m³以上，路体で 30kg/m³以上，路床では路上混合，プラント混合に分けて，それぞれ添加率 2.5～3.0％以上，1.5～2.0％以上としている[9]。

なお，実際の工事に際しては，①固化材との混合性の確認，②施工機械の施工速度の確認，③改良強度の確認，④周辺への影響（振動・騒音や固化材散布時の飛散等）を目的として試験施工を実施する場合もある。

解表 5-9-2　固化材添加量の割増率の目安[8]

混合層厚（cm）	50 未満	50 以上	
土の種類	全対象土	砂質土	粘性土
割増率（％）	15～20	20～40	30～50

(3) 混合方法

　安定処理の施工では，土にセメント・セメント系固化材または石灰・石灰系固化材等を混合し，敷き均らして締め固められるが，その混合方法には幾つかの方法があり，混合の程度によって安定処理工の効果が左右されることが多い。

　混合の方法には，中央プラント混合方式と路上混合方式とがある。中央プラント混合方式は，予め設置した混合プラントで，土と固化材とを機械的に混合するものであるが，その構造上からも粘性の低い材料を使用する安定処理工に適しており，施工数量の多い場合に用いられる。路上混合方式は，含水比の高い材料を取り扱うことの多い石灰安定処理工等に適する。路上混合の方法としては，一度仮締固めを行った後固化材を散布し，バックホウ等でかき起こし混合する方法と，材料を敷き均らした後，固化材を散布してスタビライザで切返し混合を行う方法とがある。スタビライザで混合する場合，その混合深さはスタビライザの能力によるが，通常 0.30～0.60m である。いずれの場合も，固化材を均一に散布することが大切である（**解図 5－9－2** 参照）。生石灰の場合には，路上混合作業を 2 回行う。一次混合では生石灰の吸水作用によって処理対象土の含水比を低下させ，二次混合では含水比の低下した対象土をよく混合し，均質な状態にする。

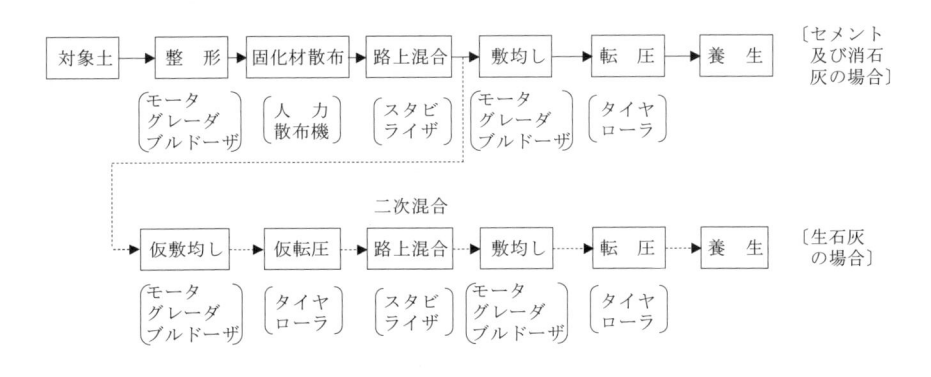

解図 5－9－2　路上混合方式

　また，盛土材料を運搬する前に，地山で処理する方法もある。これには，積込時に固化材を混合する簡単な方法と，地山に固化材を杭のように打込み改良した

後に，掘削，積込作業を行う方法等がある。

その他，最近では上記の中央プラント方式と路上混合方式の他に，土と固化材とを直接混合・攪拌する自走式の混合機も見られるので参考にされたい（**写真 5－9－1 参照**）。

安定処理工法の採用に当たっては，事前に対象土の室内配合試験を実施することは当然であるが，室内配合試験結果に基づく品質が得られることを試験施工において確認することが望ましい。

写真5-9-1　自走式の混合機

⑷　施工上の留意点

安定処理工の施工上の留意点は，以下のとおりである。

1 ）石灰・石灰系固化材の場合

①　特に粘性土の場合には，石灰・石灰系固化材との混合を十分に行わなければならない。

②　石灰・石灰系固化材と土との反応はかなり緩慢なため，十分な養生期間が必要である。

③　特に石灰に種々の混合物を添加した石灰系固化材では，室内試験の実施とともに施工例を調べ，現場条件に適合したものを選ばなければならない。

④　白色粉末の石灰は荷扱いや作業中に粉じんが発生すると，作業者のみならず，

近隣にも影響を与えるので，作業の際は風速，風向に注意し，粉じんの発生を極力抑えること。また，作業者はマスク，防塵眼鏡を使用すること。

⑤ 特に生石灰は水和熱が大きいため，取扱い中は水分に気を付け，発熱によりやけどをしないよう衣服・手袋を着用すること。

2）セメント・セメント系固化材の場合

① 粘性土の塊が多く含まれている場合には，これらの塊を適切に粉砕してからセメント・セメント系固化材を混合する。

② 施工中は排水に十分留意しなければならない。降雨に対しては表面を平滑に転圧するか，シートで被覆するなどの対策を取る。

③ 施工中，表面が乾燥しないよう，散水することも重要である。

④ 冬期，寒冷地における施工ではセメントの水和反応が低下するおそれがあるため，温度対策が必要である。このため，早強セメントの使用や塩化カルシウムを添加することがある。

なお，石灰・石灰系固化材，セメント・セメント系固化材のいずれの場合も，施工現場が民家や農地に隣接するなど，周辺環境等に配慮し改良材の粉じんを抑制する必要性が生じることがある。このような場合では，粉じん抑制型の固化材や，現場内を自走することにより移動することができる土質改良用機械を使用するなど，費用面，現場への適用性等を十分に比較検討して対応するとよい。

5-10 補強盛土・軽量盛土

> 補強盛土，軽量盛土等の施工は，設計で設定した所要力学特性を確保するために，工法の特性を踏まえて適切に行わなければならない。

補強盛土工法や軽量盛土工法について施工時の留意点を示す。なお，各工法の概要については，「4-11 補強盛土・軽量盛土」を参照されたい。

(1) 補強盛土工法

　地盤や土工構造物を補強するために近年，鋼材（帯鋼や鉄筋）やジオテキスタイル（織布，不織布，ジオグリッド，ジオネット等の総称）とよばれる高分子材料が使用されている。補強盛土工法は一般に，壁面工の有無，種類や補強材の材質等により分類される。

　ジオテキスタイルによる補強盛土の施工手順の例を**解図 5-10-1** に示したが，施工に際しての留意点は次のとおりである。

1）基礎の仕上がりが盛土の安定性や外観に大きな影響を及ぼすので，特に基礎が軟弱な場合には，何らかの地盤改良を行って支持力を確保する。

2）敷設した補強材にたるみがあると，補強材としての効果が十分に発揮されない。このため，補強材の敷設に際しては敷設時のたるみ防止対策としてピン等で固定するとともに，盛土材料の敷均しや転圧方法に留意し，重機はのり面方向に平行に走行させる。

3）盛土材料の敷均しは小型の重機で行うが，壁面の変形や重機の転落を防止するために，壁面から少なくとも1.5m以上離れて走行させる。

4）壁面から1.0～1.5m程度の範囲では，締固めによる壁面の変形や重機の転落防止のために，振動コンパクタやタンパー等の小型の締固め機械を用いて入念に転圧する。

5）補強盛土工法により急勾配化する場合には，通常の盛土構造の場合以上に，盛土の十分な締固めと盛土内の排水を入念に行う。

(2) 軽量盛土工法

　軽量盛土を大別すると**解表 4-11-1** のように分類されるが，以下ではこのうち特に近年注目される新材料として，人工素材に分類される，発泡スチロールブロック，気泡混合軽量土，発泡ビーズ混合軽量土の各材料による軽量盛土工法の施工時の留意点について述べる。

1）発泡スチロールブロック工法

　工場で生産された発泡スチロールのブロックを積み重ね，各ブロックを所定の緊結金具でジョイントすることにより軽量の盛土を構築する工法で，特殊な施工

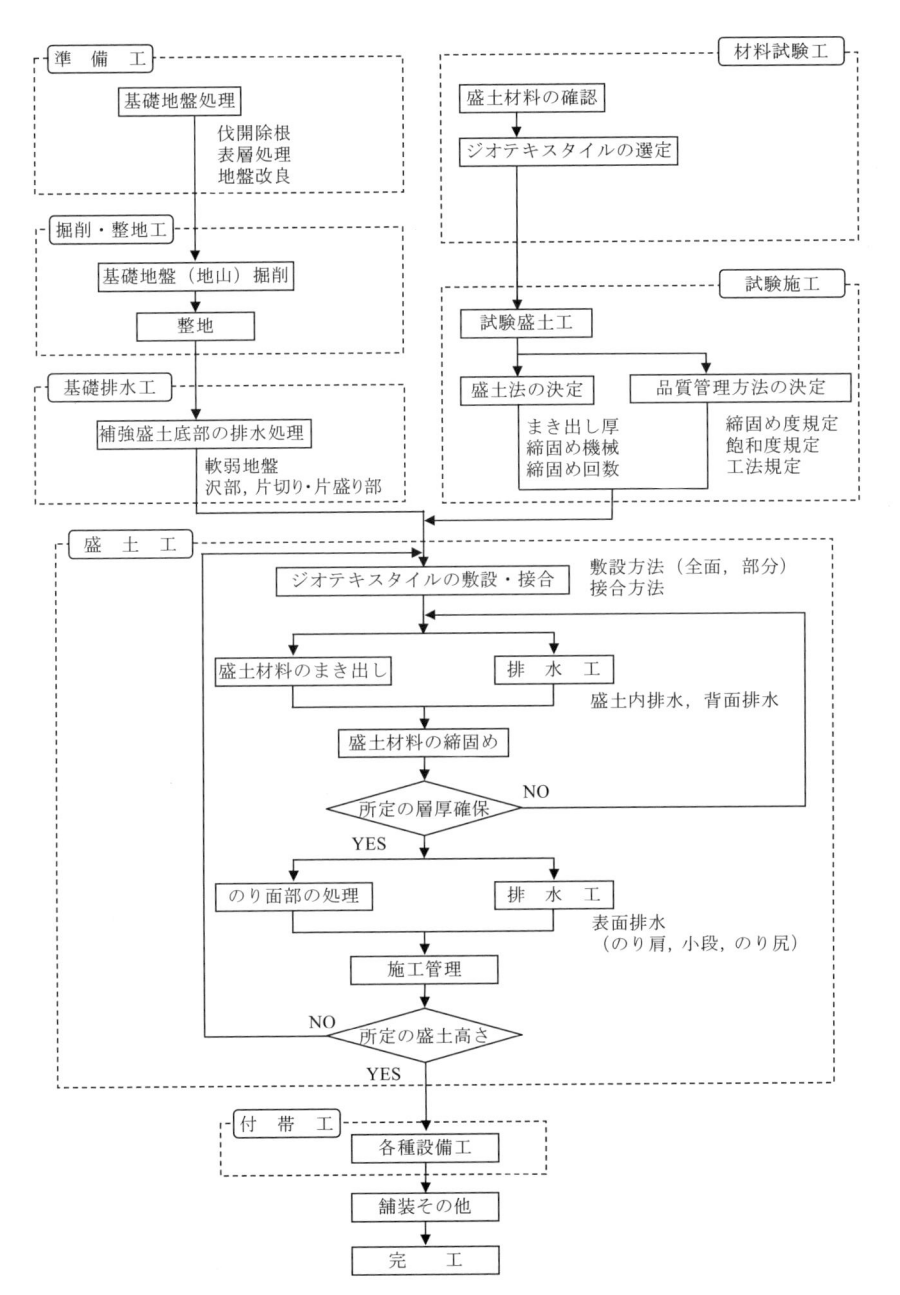

解図 5−10−1 ジオテキスタイルによる補強盛土の施工手順[10]

機械を必要とせず，人力での施工が可能である。
　施工手順は**解図 5−10−2** のとおりであるが，施工に際して次のような点に留意する必要がある。

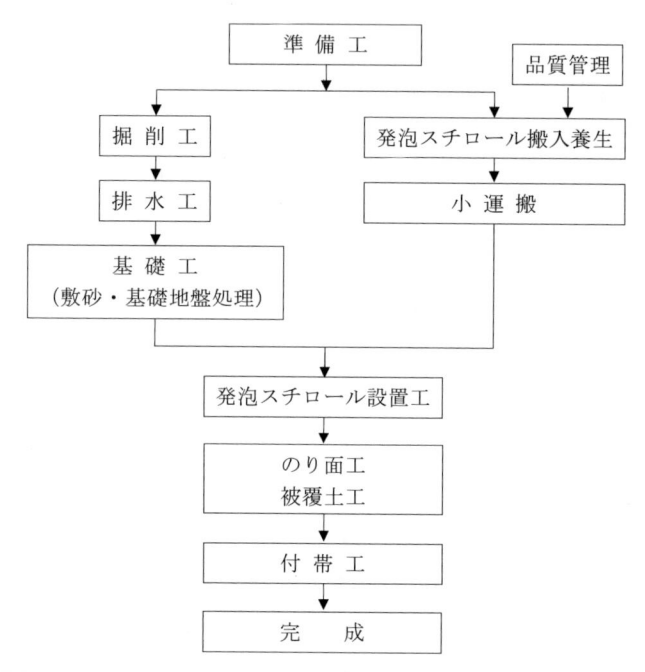

```
                    ┌─────────┐
                    │  準 備 工  │
                    └────┬────┘
              ┌──────────┴──────────┐              ┌─────────┐
              ↓                     ↓              │ 品質管理 │
        ┌─────────┐          ┌──────────────┐     └─────────┘
        │  掘 削 工 │          │発泡スチロール搬入養生│
        └────┬────┘          └──────┬───────┘
             ↓                      ↓
        ┌─────────┐           ┌─────────┐
        │  排 水 工 │          │  小 運 搬  │
        └────┬────┘          └────┬────┘
             ↓                     │
        ┌─────────────┐            │
        │   基 礎 工    │            │
        │(敷砂・基礎地盤処理)│           │
        └──────┬──────┘            │
               └──────┬─────────────┘
                      ↓
              ┌───────────────┐
              │ 発泡スチロール設置工 │
              └───────┬───────┘
                      ↓
               ┌─────────┐
               │ のり面工  │
               │ 被覆土工  │
               └────┬────┘
                    ↓
               ┌─────────┐
               │  付 帯 工 │
               └────┬────┘
                    ↓
               ┌─────────┐
               │  完  成  │
               └─────────┘
```

解図 5−10−2　発泡スチロールブロックによる盛土の施工手順 [11)に加筆修正]

① 施工時に仮置きするためのヤードの確保と，ネット養生等の風による飛散防止対策を行う。
② 地下水による発泡スチロールブロックの浮上りの防止として，仮設及び本設の排水対策を行う。
③ 紫外線による変色や有機性物質による溶解等の可能性があるので，完成後の覆土やシート等による保護対策を行う。

2）気泡混合軽量土工法
　一定の品質の細骨材によるモルタルに気泡を混合したものが気泡混合軽量土である。気泡混合軽量土工法の施工手順の例を**解図 5−10−3** に示す。施工数量と現

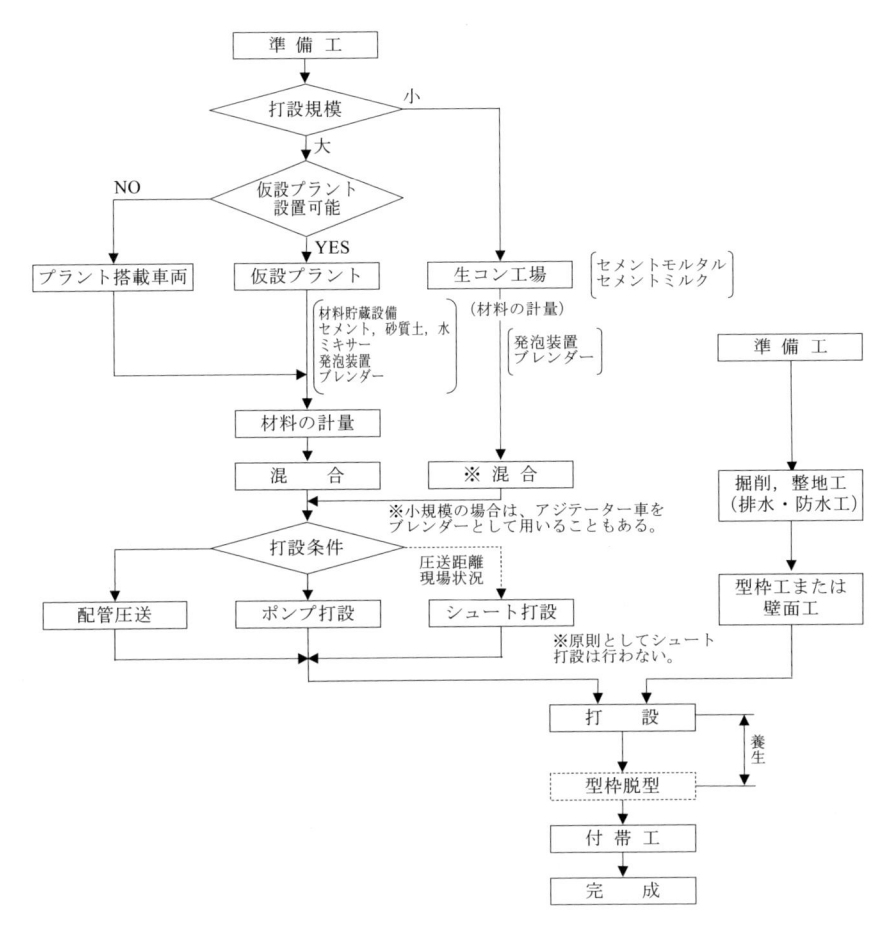

解図 5−10−3 気泡混合軽量土工法の施工手順 [12)]

地の条件によって，現地プラントを設置する場合と工場からモルタルを運搬して現地で気泡を混合する場合がある。なお，気泡混合軽量土工法ではポンプ圧送するので，品質が変化しない限界圧送距離（**解表 5−10−1 参照**）を考慮する。品質管理としては，施工時に湿潤密度，フロー値，空気量を確認するとともに施工後に所定の材令で一軸圧縮強さを確認する。

3) 発泡ビーズ混合軽量土工法

発泡ビーズ混合軽量土工法には，購入土や建設発生土等の原料土に発泡ビーズ

解表5-10-1 気泡混合軽量土の限界圧送距離の目安 [12]

砂セメント比	0:1	1:1	2:1	3:1	4:1	5:1
圧送距離 (m)		500	300〜400		100〜200	

注) 圧送パイプの径はほぼ一定

を混合（固化材を加えるケースもある）するタイプと，さらに水と固化材を加えてスラリーにするタイプとがある。

前者では均一な混合を手早く行うために，原料土の最適含水比よりやや高い含水状態で混合（原位置混合方式とプラント混合方式がある）するので，必要に応じて若干の加水を行う。施工方法としては，軽量級の施工機械で敷均し，転圧を行う。後者のスラリータイプは，事前にスラリー状にした原料土に発泡ビーズと固化材を混合するもので，施工方法については気泡混合軽量土工法と同じである。

発泡ビーズ混合軽量土の施工時における留意点は，次のとおりである。
① 発泡ビーズの圧縮による密度の増大がないよう，過度な転圧を避ける。
② 表面の乾燥が激しい場合には，発泡ビーズの分離・飛散防止のために散水を行う。
③ 固化材を加える場合，盛土が固化するまでは発泡ビーズの飛散防止のために施工エリア周辺にネット（高さ1.5m程度）を設置する。

5-11 注意の必要な盛土

以下に示す盛土は破損，変状を生じやすく，施工に当たっては注意が必要であり，必要に応じて適切な対策を行わなければならない。
(1) 傾斜地盤上の盛土
(2) 腹付け盛土
(3) 軟弱地盤上の盛土
(4) 岩塊を用いた盛土
(5) 高含水比の材料を用いた盛土

盛土の施工段階で特に注意を要する点を以下に述べる。なお，盛土全般につい

ての注意事項は「1-3　盛土の変状の発生形態及び特に注意の必要な盛土」に，設計段階における注意事項は「第4章　設計」(「4-5　基礎地盤」，「4-6　盛土材料」，「4-7　路床・路体」，「4-8　のり面」，「4-9　排水施設」)に示しているので，参照されたい。

(1)　傾斜地盤上の盛土

　傾斜地盤上の盛土の注意点については，「5-2　基礎地盤の処理　(5)基礎地盤が傾斜地盤の場合の処理」において，①段切りの施工，②軟弱層の掘削除去，③排水処理に分けて記述しているので参照されたい。

　ここでは，その他に注意を要する，①切り盛り境部，②敷均しについて述べる。

1）切り盛り境部

　原地盤の勾配が急な場合は**解図4-3-3**のように段切りを行い，盛土を原地盤に食い込ませて滑動を防ぐようにしなければならない。このような段切りは，盛土の立ち上りに先立ち，ブルドーザ等で一段ずつ順次施工されるが，その寸法は小さくなり過ぎないように注意しなければならない。原地盤が岩盤のとき，段切りの掘削は，リッピングや発破によって行うが，地形の状況によって段切りの幅及び高さは適宜縮小するとよい。

　また，原地盤の盛土の境目の路床部分では地盤の急激な変化を避けるため，切土のすり付けを一定のすり付け勾配で行い，同質の盛土材料で埋め戻したのち，締固めを行うものとする。切り盛り境部には，すり付け区間を設けて，路床の支持力の不連続を避けるようにする(**解図5-11-1**参照)。すり付けは一定勾配で行い，同質の盛土材料で埋戻し，締固めを行うものとする。この切り盛り境部には，必要に応じて地下排水溝を設けるとよい。

2）敷均し

　片切り片盛りの施工では，一方の切土を横断方向に移動するため，**解図5-11-2**のように敷均し厚さが厚くなる部分が生じやすい。これは，盛土全体が締固め不足となるばかりか，地表水や地下水が締固めの弱い部分に集中し，盛土の沈下や破壊につながることが多いので，避けなければならない。

　このような場合には，盛土側に敷均し作業用のブルドーザを配置し，上方から

の切崩土をすみやかに敷き均らし、盛土の上に常に高くたまることのないように作業することが大切である。

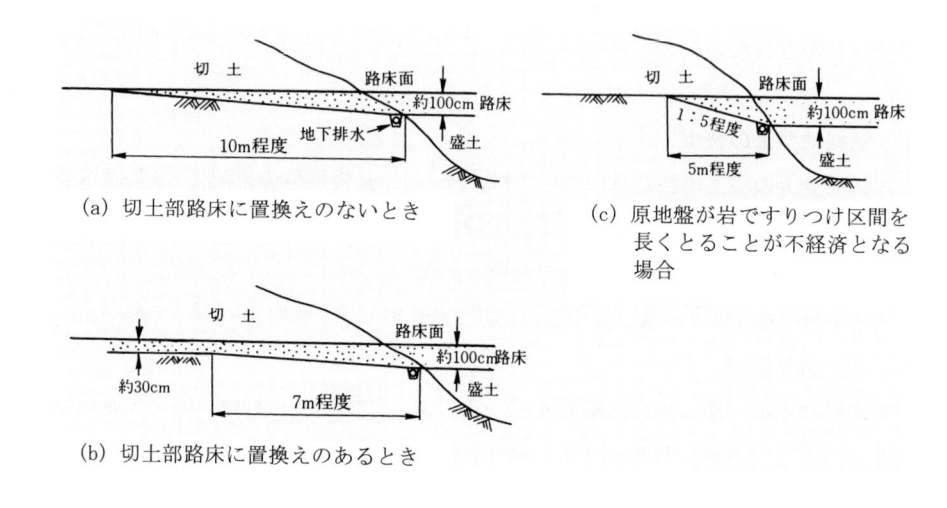

(a) 切土部路床に置換えのないとき

(b) 切土部路床に置換えのあるとき

(c) 原地盤が岩ですりつけ区間を長くとることが不経済となる場合

解図 5－11－1　切り盛り境部のすり付け例

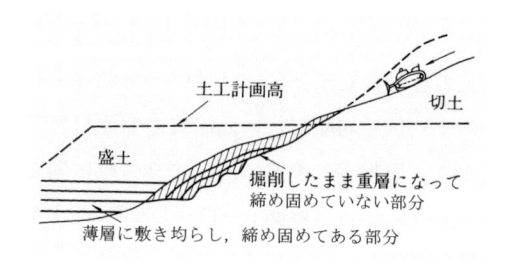

解図 5－11－2　片切り片盛りで起こりやすい厚層部の発生

(2) 腹付け盛土

1）既設盛土のり面の段切り

　既設の盛土に腹付け盛土を行う場合にも、段切りを必要とする。

　この場合、**解図 4－3－3** の段切り要領に準じればよいが、あまり大きな段切りを行うことは既設盛土に悪影響を及ぼすことがあるので注意しなければならな

い。また，段切りを先行させて長時間放置することは避け，盛土の立ち上りに必要な範囲を逐次施工することが大切である。

腹付け盛土は将来，腹付け部分が沈下して旧盛土との間に亀裂や段差を生じることが多い。これを完全に防止することはなかなか難しいが，良質な盛土材料を使用し，薄層の締固めを入念に施工することによって，かなり防止できる。また，不同沈下の防止を目的としたジオテキスタイル等による補強も効果がある。万一，亀裂や段差を生じた場合には，ただちに補修を行い，特に雨水が亀裂に流入しないように処置することが大切である。

2）既設盛土の変形防止対策

既設盛土に腹付けした新しい盛土の影響により，基礎の沈下等が生じて既設盛土が変形を起こすことがある。このような事態の有無は，施工に先立って基礎地盤の調査を行い，確かめておかなければならない。腹付けによる既設盛土の変形防止対策は，基礎地盤を補強することで達成されるが，詳細については「道路土工－軟弱地盤対策工指針」を参照されたい。地盤補強の他，特殊な場合は，シートパイル等を施工して既設盛土への影響を断ち切る工法を採用することもある。

(3) 軟弱地盤上の盛土

盛土の基礎地盤は，盛土，舗装等の重量及び載荷重を安全に支持し得るものであり，かつ，盛土やその他の荷重によって生じる地盤の沈下が完成後の路面等に悪影響を及ぼさないようなものでなければならない。軟弱地盤上の盛土に当たっては，対策工法が重要であるが，軟弱地盤対策の詳細については「道路土工－軟弱地盤対策工指針」によるものとして，ここではその概略について述べる。

軟弱地盤とは細粒土を多量に含み，かつ含水量の多い地盤をいうが，有機質を含むものも多い。また，ゆるい飽和状態の砂質土は地震によって液状化し，安定性が問題となるおそれが大きい。

これらの地盤に対する処理工法として，主なものを挙げると次のとおりである。

1）軟弱層が下記に述べるような対策を特に必要としない場合や，工期に余裕があり緩速施工が許される場合等では，沈下の検討を行った上で，盛土速度を遵守しながら無処理のままで盛土する場合が多い。なお，この場合には基礎地盤

からの圧密排水を容易にするとともに，盛土の施工を円滑に進める（特に重機のトラフィカビリティーの確保）ために，サンドマット（敷砂層）を施工することが極めて効果的である。

2) 軟弱層が厚く，長期に渡る圧密沈下が予想される場合や，軟弱層の強度が小さく盛土荷重に対する地盤の支持力の不足が予想される場合では，バーチカルドレーン等を施工して地盤の圧密を促進することにより，舗装後の残留沈下が減少し，同時に地盤の支持力の増加が期待できる。なお，盛土の施工が完了し，舗装をするまでに圧密が完了することが望ましいが，一般に圧密には時間がかかるので，盛土完了後の残留沈下を完全になくすことは困難である。

3) 衝撃や振動荷重によって砂を地盤中に圧入し，砂杭を形成して地盤の液状化を防止するとともに，基礎地盤の支持力を向上させるサンドコンパクションパイル工法は，盛土基礎等の改良に多く用いられている。

4) 軟弱地盤対策工法には，セメントや石灰（セメント系固化材，石灰系固化材を含む）等の固化材による化学的固結工法や，人工凍結により軟弱地盤を固結させる凍結工法等がある。化学的固結工法の主なものには，固化材と原位置土を強制的に攪拌混合する深層混合処理工法や，地盤中に石灰パイルを打設して，その脱水・固結作用で地盤を改良する石灰パイル工法，薬液を地盤中に注入する薬液注入工法等がある。

5) 軟弱層を取り除き，他の良質材料で置き換える置換工法があるが，最近では取り除いた土の処理，軟弱層が厚い場合の施工量の増大等の問題があり，あまり行われていない。

軟弱地盤上での盛土の施工に当たっては，基礎地盤に影響を及ぼすことのない適切な重量の建設機械の選定や，盛土荷重により基礎地盤が破壊を起こさないような盛土速度の遵守等の配慮が必要である。また，施工時には盛土や周辺の原地盤の状況を注意深く測定，あるいは観測しながら進めていくのがよい（「5-12　盛土工における情報化施工」参照）。

(4) 岩塊を用いた盛土

岩塊を盛土材料として使用するに際しての留意点については，「5-3　敷均し

及び含水量調節　(3)岩塊の敷均し」において，母材である岩の種類（硬岩，中硬岩，脆弱岩）に分けて施工方法を述べているので，参照されたい。

(5) 高含水比の材料を用いた盛土

　高含水比の火山灰質粘性土や粘土分，シルト分の多い土を用いて盛土を施工する場合，施工中に盛土内に高い間隙水圧が発生して盛土が破壊する場合があるので，注意が必要である。対策としては，「5-3　敷均し及び含水量調節　(2)　高含水比の盛土材料の敷均し」にも述べたように，緩速で施工するか，あるいは盛土内に排水層（粗粒材またはジオテキスタイル等）を設けるなどの処置が必要である。

　また，建設工事に伴い副次的に発生する土砂（発生土）や建設汚泥については，盛土材料等への積極的な再生利用（リサイクル）が奨励されているが，利用に際しては関係法規を遵守し，生活環境の保全に留意しなければならない（「4-6　盛土材料」参照）。

5-12　盛土工における情報化施工

> 　盛土の施工に当たっては，要求される施工品質の実現，安全性の確保，生産性の向上，及び，将来の維持管理に供するデータ取得のために，必要に応じて情報化施工を実施する。

　盛土工事における情報化施工としては，軟弱地盤上の盛土や高盛土工事において，施工の信頼性を確保するために，盛土ないし地盤の挙動を計測（動態観測）しながら施工する観測施工がある。これは，設計時に想定し得ない現場の挙動を計測データから検討し，施工中や施工後の安定性を確保するとともに，手戻りのない経済的な施工を実現することを主たる目的としている。

　さらに近年では，位置計測技術や制御技術の進歩により，建設機械の自動化技術や情報の統合利用技術を用いたＩＣＴ（Information Communication Technology：情報通信技術）を建設施工に活用した新たな施工システムを情報化施工と総称す

るようになってきている。これは，高い生産性と施工品質を実現することを目的としており，汎用の建設機械を用いる土工工事や舗装工事等の一般的な土木工事においても，大規模現場を中心に導入されつつある。

上記の情報化施工のいずれにおいても共通することは，要求される施工品質の実現を確認し，施工上の不具合を防ぐとともに安全の確保を行うことにあり，盛土工の現地特性に応じて適宜活用することが望まれる。

なお，盛土工において最も重要な管理項目である締固め管理も情報化施工の一環ととらえることができるが，これについては「5-4　締固め」に述べたのでここでは割愛する。

(1) 観測施工

高盛土や軟弱地盤上の盛土を施工する場合には，事前の設計において安全性が確認され，施工計画で定められた施工を忠実に行っても，調査・設計・施工に内在する多くの不確定要素のために，設計時の予測と実際の挙動が一致しないことが少なくない。設計どおりに施工を行っても予想外の変形が生じたり，地盤が破壊に至ることもある。施工状況を知ることは，品質確保とともに安全確保の観点からも重要な管理であり，適切な計測器を配置して動態観測を実施し，得られた情報に基づいた評価を行って，その結果を次の施工にフィードバックすることが重要である。動態観測に使用される計器の種類と設置位置，並びに，測定の頻度や期間及び測定結果の利用方法（定量的な安定管理方法，安定管理の判断基準の例）については，「道路土工－軟弱地盤対策工指針」を参照されたい。

(2) ICTを用いた情報化施工

近年，TS（トータルステーション）やGNSS（人工衛星を用いた測位システム）による測量システムの高度化，土工機械の制御技術の進展により新しい情報化施工が行われつつある。ICTの導入によるメリットは，測量を含む計測の合理化・効率化，施工の効率化・精度向上，及び，安全性の向上が挙げられる。

盛土工事におけるICTを用いた情報化施工では，目的に応じて各施工段階において情報技術を適用して，品質や出来形等の情報を迅速に取得・判断し，施工

の合理化と各施工段階の可視化を可能にすることが重要である。これらはCALS/ECの取組みと合わせ，計画，調査，設計，維持管理の各段階で施工情報を有効活用することにより，施工段階のみならず道路事業全体の効率化も可能となる。概念図を**解図5－12－1**に示す。

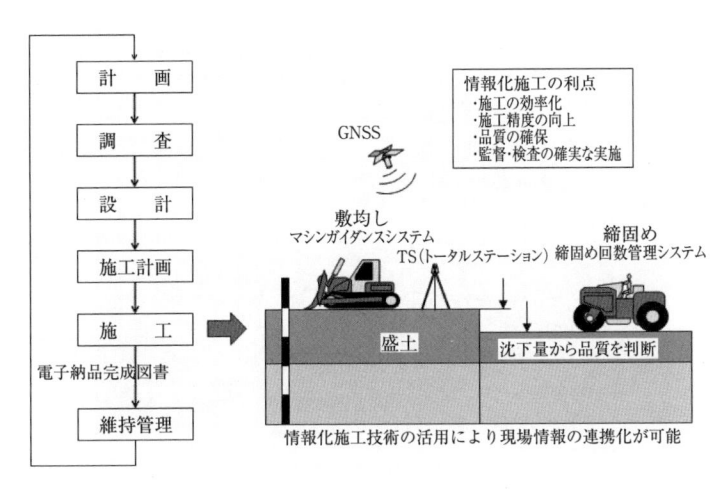

解図5－12－1　ICTを用いた情報化施工の概念図 [13]

以下に，盛土工に関連する主な情報化施工技術を紹介する。
1）グレーダやブルドーザ等のマシンガイダンス技術（敷均し）

ブルドーザやグレーダ等に3次元設計データを入力し，TSやGNSSを用いた計測技術により排土板の位置と設計値との差異を数値的に算出し，所要の施工精度となるようにオペレータに指示（モニタ表示等）するものであり，丁張りを用いずに精度よく敷均し施工ができる（**解図5－12－2**参照）。

2）ローラの軌跡管理による面的な締固め管理技術 [14]

締固めローラの走行軌跡をTSやGNSSによる測量システムにより自動的に追跡し，施工面を所定の回数だけ転圧したことを面的に管理するものであり，工法規定方式の締固め管理に用いられる（**解図5－12－3**参照）。

3）TS・GNSSを用いた出来形管理技術 [15]

あらかじめ施工管理データ（基本設計データおよび出来形計測データ）を搭載

したTSを用いて出来形管理を行うものであり，計測した出来形計測点（道路中心，のり肩，のり尻等）の3次元座標値から幅員，のり長，高さを算出する。これによれば，従来の巻尺・レベルによる幅員・長さの計測や，高さの計測が不要となる。

解図5-12-2　GNSSを用いた敷均し厚管理システム

解図5-12-3　GNSSを用いた転圧回数管理システム

このような情報化施工をさらに進展させ，より積極的に品質管理や施工管理を行うことを目的とした取組みも土工工事において行われつつあり，施工情報の共有や交換を行うシステムも実用化されつつある。一般的にＩＣＴ導入時に初期コストがかかることが問題となるが，精密な施工の実現や施工精度の向上，工期短縮及び工事中に得られる情報の共有や様々なフェーズへのデータの利用が可能になる点等，将来にわたる導入メリットは非常に大きいと考えられる。

　これらのＩＣＴを用いた情報化施工技術の導入に際しては，施工精度の向上や効率化と施工管理の省力化を従来技術と比較し，施工規模や技術導入に係わるコストと施工上のメリットを十分検討の上，総合的な判断を行うことが望ましい。

参考文献

1) 益村公人，三嶋信雄，三浦清一：厚層締固めによって生じる道路盛土内の密度勾配と圧縮沈下挙動に及ぼす影響，土木学会論文集，No.672/VI-50, pp.155-167, 2001.
2) 三国栄四郎：フィルタイプダムしゃ水壁材料の性質と締固めに関する研究（その1），土と基礎，Vol.10, No.1, pp.4-12, 1962.
3) (社) 地盤工学会：土の締固めと管理，p.185, 1996.
4) 東日本高速道路（株），中日本高速道路（株），西日本高速道路（株）：土工施工管理要領，2007.
5) (社) 地盤工学会：地盤材料試験の方法と解説，pp.373-374, 2009.
6) (社) 地盤工学会：盛土の調査・設計から施工まで（第一回改訂版），p.264, 1990.
7) 日本道路公団福岡支社，鹿島建設（株）：九州高速道路吉田試験盛土工事報告書，1970.
8) (社) セメント協会：セメント系固化材による地盤改良マニュアル（第二，三版），1994, 2007.
9) 日本石灰協会：石灰安定処理工法　設計・施工の手引き，2006.
10) (財) 土木研究センター：ジオテキスタイルを用いた補強土の設計・施工マニュアル（改訂版），p.109, 2000.

11) 発泡スチロール土木工法開発機構編：EPS 工法，理工図書株式会社, 1993.
12) 土田孝，小橋秀俊，川井田実，加藤誠：講座　軽量地盤材料の物性評価と適用, 5.軽量地盤材料の施工法と事例(その２)，土と基礎 49-10(525), pp.39-44, 2001.
13) 国土交通省：情報化施工推進戦略，2008.
14) 国土交通省：ＴＳ・ＧＰＳを用いた盛土の締固め情報化施工管理要領(案)，2003.
15) 国土交通省：施工管理データを搭載したトータルステーションによる出来形管理要領（案），2008.

第6章　維持管理

6-1　基本方針

(1) 盛土の維持管理は，盛土及び路面を常時良好な状態に保ち，災害を未然に防止することを目的として行う。
(2) 盛土の維持管理は，平常時における維持管理計画の立案・更新，点検・調査，保守及び補修・補強対策，異常時における点検・調査，応急対策・本復旧，及び履歴の記録等の業務より構成され，これらを体系的に実行し，災害時には迅速な対応が行えるように努める。
(3) 盛土の維持管理に当たっては，盛土の特性や当該道路がもつ社会的影響等の基本的な特性を十分考慮して実施する。

　道路土工構造物の維持管理全般については，「道路土工要綱　基本編　2-7 維持管理」に述べているので，併せて参照されたい。

(1)　維持管理の目的

　盛土の維持管理は，盛土及び路面を常時良好な状態に保ち，災害を未然に防止することを目的として行う。

　既往の実績・経験に基づき設計・施工された盛土については，基礎地盤の支持力が十分にあり基礎地盤からの地下水の浸透のおそれがなく，かつ，入念な締固め及び十分な排水処理を実施していれば，過去において被害が限定的であり，ある程度の降雨・地震に耐え得ることが認められている。一方で，道路盛土は，長期的な基礎地盤ないし盛土の圧縮変形により路面の段差が生じたり，あるいは排水施設の変状・損傷や設計・施工時の想定を上回る湧水等が存在する場合には，豪雨時や地震時に崩壊等の大きな被害を受けたりすることがある。また，路面の沈下に伴う微小な亀裂や排水施設の変状・損傷等を放置していると，そこから雨水が盛土内に浸入して盛土が脆弱化し，豪雨時や地震時に大きな災害に至ること

もある。盛土の崩壊が発生すると交通が途絶するだけでなく，その復旧には多大な費用を要することになる。また，場合によっては，盛土に隣接する施設等に対しても影響を及ぼすことがある。

このため，維持管理において，盛土の微細な変状や湧水等の兆候をできるだけ早期に見出し，必要な補修・補強対策等を行うことにより，設計で想定した性能を確保する視点が重要である。

(2) 維持管理業務の構成及び留意事項

1）維持管理業務における基本的な考え方

維持管理の内容は，平常時における維持管理計画の立案・更新，点検・調査，保守及び補修・補強対策，異常時における点検・調査，応急対策・本復旧，及び履歴の記録等の業務より構成される。維持管理業務の一般的な流れを**解図6－1－1**に示す。

盛土の維持管理を効率的に行うためには，まず防災業務の計画を整える必要がある。これには，台帳の整備や通行規制基準の設定等を行うことが望ましい。特に，変状の可能性のある盛土や過去に被災履歴のある盛土については，台帳を作成し関連する情報を記録しておくことが重要である。なお，必要に応じて被災履歴や対策履歴の詳細を記録した図面の整備等を行うのが望ましい。

維持管理は巡回や点検等により変状を見出すことから始まる。点検業務は，盛土の状況を把握するための基本的な作業であり，その目的によって防災点検，日常点検，定期点検，臨時点検等の種類がある。これらは，災害発生の可能性のある箇所の変状を早期に的確に把握し，豪雨や地震等による災害を未然に防止するとともに，限られた予算及び期間等の中で効率的かつ合理的に補修・補強対策等を実施するために重要な業務である。点検を効率的に行うためには，防災点検[1],[2]によって要注意箇所を抽出し，箇所ごとに専門技術者等の精査により日常の点検において着目すべき点等を記した様式（防災カルテ[3]）を作っておくことが望ましい。防災カルテの例を「付録１．盛土の安定度判定の例」に示す。また点検の頻度，範囲等の必要事項はあらかじめ定めておくことが望ましい。

点検によって把握された盛土の状況に応じて，調査，保守及び補修・補強対策，

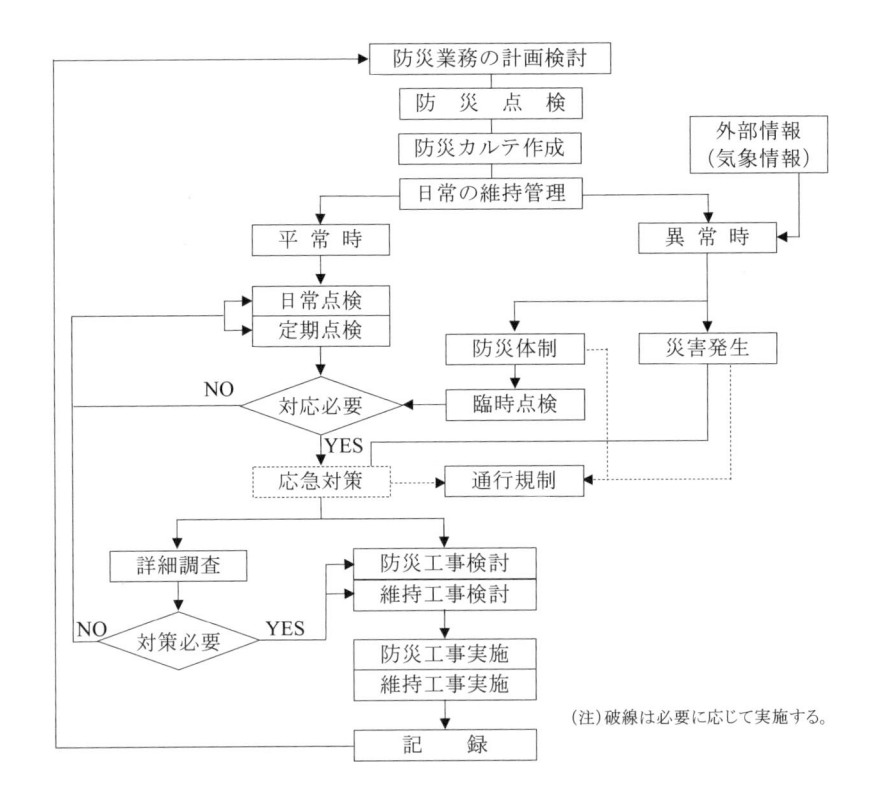

解図 6−1−1　維持管理全体の流れ

応急対策・本復旧を行う。

　調査は，盛土の継続的な監視や早期の対策を適切に実施するために行う。

　盛土の保守及び補修・補強対策は，大きく道路構造の保全管理と防災管理の２つに分けられる。前者は，植生，排水施設や構造物等の経年老朽化を補修する現状維持のための作業であり，のり面保護工の機能を十分発揮させるもので，植生への追肥，排水溝に溜った土砂の除去等を定期的に行うものである。後者は，変状・崩壊を監視する作業と防災のための対策を行う作業である。監視作業は，盛土の変状，のり面保護工の変状，異常な湧水等を監視するもので，変状の兆しがあれば必要な測定を行い，その経時的変化より崩壊の危険度を判定するものである。また，防災対策を行う作業は，崩壊の可能性がある盛土のり面に保護工等を

構築し，崩壊を防ぐことや，緊急の場合は不安定箇所の補強を行うこと等である。なお，崩壊した場合には排土等を行い，その後の崩壊を防ぐ対策工を施工する。

応急対策は，被害等を受けた箇所について，道路の交通機能の回復や被害の拡大防止に努めるために行う。また，応急対策により交通開放された盛土については，必要に応じて引き続き本復旧を行う。

2）維持管理業務における留意事項

維持管理業務における主な留意事項を以下に述べる。

① 点検業務は，調査，保守及び補修・補強対策等の関連する業務との連携を考慮して計画的に実施しなければならない。

② 点検の実施に当たっては，作業の安全確保に留意するとともに，業務を効率的かつ効果的に執行するように努めることが必要である。

③ 点検の実施に当たっては，新設時の盛土形状及び施工時の状況等を知って臨むことが大切であるので，新設時の設計図及び施工中における変状の発生形態・規模，湧水等のあった位置・量，のり面表面や側溝回りの侵食等の記録を施工記録表等に簡単にまとめて備えておく必要がある。施工記録表については，「道路土工－切土工・斜面安定工指針　付録３．のり面・斜面の安定度判定法の例」を参照されたい。

④ 点検の結果，発見された変状・損傷の程度を区分するため，対象構造物の点検項目ごとに判定の基準を定める必要がある。

⑤ 点検結果は，所定の様式に記録し，以後の点検計画，調査計画及び補修・補強対策の計画等を策定する際の資料として活用することが重要である。また，このとき必要に応じて写真を撮影するなどして，極力第三者が見ても判定できるよう取りまとめることが望ましい。安定度調査表の例を「付録１．盛土の安定度判定の例」に示す。

⑥ 維持管理においては，被災・変状履歴，補修・補強履歴等の情報が対応を判断する際に重要となるため，これらの情報をのり面台帳や防災カルテ等に適切に整理記録するとともに，長期間に渡って蓄積，管理，活用していくことが重要である。

⑦ 軟弱地盤上の盛土の沈下に対する維持管理については，「道路土工－軟弱地盤

対策工指針」を参照されたい。

(3) 盛土の特性及び当該道路の社会的影響への配慮

　盛土は，一般的には年月とともに安定化する傾向にあるが，水の作用の繰返し等により時間の経過とともに脆弱化し，豪雨時や地震時に大きな災害に至る場合がある。また，設計・施工時には予想していなかった要因により変形が生じることもある。例えば，地山からの浸透水が想定以上に多かったり，基礎地盤が予想以上に軟弱である場合等である。さらに，山地部の盛土においては，近隣の土地開発や土地利用の多様化に伴って水の流れが変化し，盛土の安定に大きな影響を与えるような事例も生じている。

　これらの何らかの変状や盛土の安定に関わるような周辺状況の変化が発見されたときには，できるだけ早期に必要な調査と対策を施すことが必要である。

　維持管理の頻度や，対策の優先度，対策の内容等については，当該道路の社会的影響及び盛土特性等を十分に考慮して設定する。この際，道路はネットワークとして機能することで効果を十分に発揮することから，防災対策を考える際には，当該道路の社会的影響に配慮し，道路のネットワークとしての機能の確保に着目することが重要である。なお，地震対策における道路ネットワークとしての耐震性の考え方の詳細は，「道路震災対策便覧（震前対策編）」に示されているので参考にするとよい。

6-2　盛土の維持管理

6-2-1　平常時の点検・調査

> 　平常時においては，防災点検，日常点検，定期点検等を実施し，路面，盛土のり面，のり面保護工，排水施設等の変状・損傷の有無，及び湧水の状況等を調べる。また，必要に応じて現地計測等の調査を行って変状・損傷の形態と原因を詳細に調べる。

(1) 点検の種類
1) 防災点検

　防災点検は，土工構造物等の状況，既設対策工の効果，災害履歴等を専門技術者等により詳細に点検するものである。防災点検では，その後の平常時の点検や対策の進め方を検討するための基礎資料を得るために，注意が必要であると判断される箇所を抽出する。防災点検によって要注意箇所を抽出し，箇所ごとに平常時の点検において着目すべき点等を記した様式（防災カルテ）を作成し，また，点検の頻度，範囲等の必要事項をあらかじめ設定して効率的に進められるようにしておくことが望ましい。なお，平成18年度に実施された「道路防災点検」では，総合評価の結果は「対策が必要と判断される」，「防災カルテを作成し対応する」及び「特に新たな対応を必要としない」に分けられている。

　防災点検の詳細については，「道路防災点検の手引き（豪雨・豪雪等）」（(財)道路保全技術センター）[1]を参照するとよい。また，耐震調査については「道路震災対策便覧（震前対策編）」も参照されたい。

2) 日常点検

　日常点検は，道路全般の変状・損傷等を早期に発見して，適切な処置及び補修・補強対策等の要否を判断することを主な目的とする。車上からの観察を主体とし，盛土については路面の不陸，亀裂，側溝のごみ詰まり等に注意する。また，やや強い降雨の後や梅雨期の前等においては，必要に応じて，予め設定した重点箇所において，排水施設の状況や盛土のり面及び盛土のり面保護工のはらみ出しの有無等を徒歩による目視により調べるとよい。

3) 定期点検

　定期点検は，防災点検等で継続的な監視を要すると判断された箇所を主な対象として，変状・損傷の早期発見と経過観察を行うものであり，原則として踏査により行う。定期的な点検が望まれる主な対象箇所は，施工中特に問題になった箇所，または盛土のり面の変状が道路交通上大きく影響すると予測される箇所である。中でも特に重点的に実施すべき箇所としては，地すべり地帯，軟弱地盤，集水地形の箇所等が挙げられる。これらの箇所は災害の可能性が他の箇所に比べて大きいので，それを意識して点検を行う必要がある。

(2) 点検の着眼点

　平常時における点検業務においては，下記の項目に着目し点検を実施するとよい。特に，変状が生じやすい「5－11　注意の必要な盛土」については，重点的に調査を実施するのがよい。

1) 路面・のり肩・のり面（のり面保護工を含む）・排水施設等の変状・損傷

　表層に現れる路面・のり肩・のり面の亀裂，はらみ出しは，道路の交通機能等に影響を与えるほか，のり面の安定上重大な変状の兆候であり，今後盛土のすべりに拡大したり，豪雨時や地震時に崩壊に至るおそれがある。また，地すべり地における盛土の変状は，地すべりの兆候として現れている可能性もある。そのような観点から，路面・のり肩・のり面に亀裂，段差，沈下，陥没，はらみ出しが発生していないか，のり面保護工に変状・損傷が発生していないか確認を行う。地すべりのおそれがある場合には，「道路土工－切土工・斜面安定工指針」に従い地すべり調査を行う。

　のり面にごみ，土砂が堆積していると，排水路が閉塞したり，植生が枯死したりするので注意を要する。特に，上流側の谷部が埋め立てられて耕作地となった場合，排水施設の変状・損傷により盛土の地下水位が上昇し，盛土が不安定になる場合があるので注意を要する。また，山地部の盛土においては，表面水・地下水の処理の状況，横断排水施設の変状・損傷等に着眼する。

2) のり面の湧水，植生の状況やのり面・のり尻部の軟弱化の有無

　豪雨時のみならず地震時の盛土の崩壊は，浸透水あるいは地表水等の水の作用が原因となっている事例が極めて多く，水が盛土内に浸透した場合は，浸透水が盛土のせん断強さを減じるとともに間隙水圧を増大させ，のり面崩壊を生じる場合もある。そのような観点から，盛土内への水の浸透状況について調査する必要がある。

　のり面の湧水は，亀裂等の損傷の進行を早期に発見する重要な判断材料となり得る。ただし，地下水が盛土内に浸透しているかどうかを現場で判断することは困難なため，擁壁部を含む盛土ののり尻部が湿潤であるかどうかで判断するのがよい。また，地下水の浸み出す場所は，地表に繁茂する植物が周辺と異なっていたり，親水性植物がよく繁茂している場合が多いため，植生に着目して調査をす

るのがよい。また，必要に応じて，突き棒等によりのり面・のり尻部の湧水箇所周辺が軟弱化しているかどうか確認を行う。なお，湧水の確認は，降雨後にも実施するのが望ましい。

　さらに，斜面上部やのり面に降る雨水により表流水が発生すると，のり面を侵食し表層的なのり面崩壊がしばしば起こる。そのような観点から，ガリ（雨裂侵食）が形成されていないか等の，のり面の表層の状況は，のり面の状態を知るために大切な情報である。

3）その他

　盛土のり面の上部，下部近傍に河川や池，民地等からの排水施設等が存在し，盛土内に水の浸透のおそれがないか確認を行う。また，地下排水工からの排水量が多いか，排水ににごり等はないか，地下排水工の出口に目詰まりはないか確認を行う。

　新しく構築した盛土にのり面保護工や排水溝を設置すると，盛土が落ち着くまでにある程度変形することがあるため，裏側が侵食されたり，縦溝わきに雨水が流れ，侵食を生じたりする場合がある。したがって，新設盛土については，初期点検や降雨及び融雪直後の点検も十分行うことが必要である。

　また，土地開発や土地利用の多様化に伴って水の流れが変化し，盛土の安定に大きな影響を与えるような事例も生じており，周辺の環境条件の変化は点検上留意すべきことの一つである。

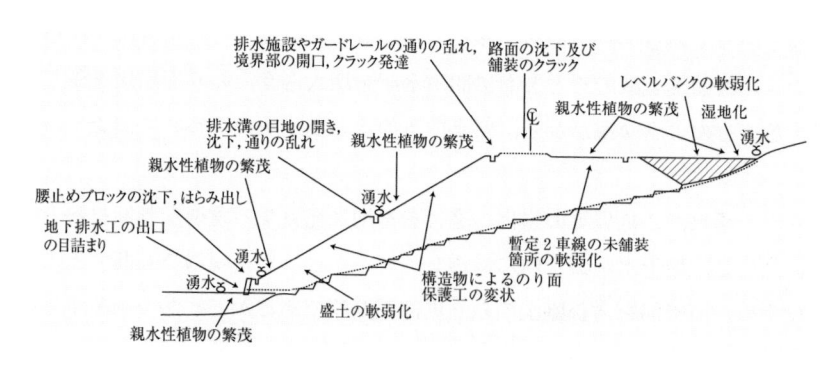

解図6-2-1　平常時の点検における着眼点

全般的なのり面点検の他，特に十分な点検が必要な盛土部のり面と点検時に着目すべき事項を**解図6-2-1**に示す。また，点検のポイント等については「道路防災点検の手引き（豪雨・豪雪等）」（(財)道路保全技術センター）[1]に記載されているので，これも併せて参照するとよい。

(3) 異常箇所の調査

　防災点検，日常点検や定期点検等で異常を発見し，早期に対策を施すべきかあるいは継続的に監視すべきかについて判断する場合には，測量や動態観測等の調査を行う。調査において第一に留意すべきことは，変状・損傷の要因を究明することと変状の進行の程度を評価することである。このため，例えば路面・路肩の沈下やのり面のはらみだし等が発見された場合には，変形の詳細な測量及び必要に応じて動態観測を実施するとともに，地下水の湧水状況や排水施設のずれ・損傷等を詳細に調べることにより，変形の形態とそのメカニズム，及び今後の進展状況を推定する。調査の結果，交通に影響を及ぼすおそれがあると考えられる場合には，必要に応じて6-2-2，6-2-3及び6-2-4により，補修・補強対策，臨時点検・調査，通行規制等の適切な処置をとる。

　調査については，「3-6　維持管理段階の調査」を併せて参照されたい。

6-2-2　保守及び補修・補強対策

> (1)　盛土各部の機能を健全に保つために保守作業を行う。
> (2)　防災点検，日常点検や定期点検等で何らかの異常が認められ，早期の対応が必要と認められる場合には，異常の程度や内容に応じて補修・補強対策を行う。

(1) 保　　守

　常時のみならず，豪雨や地震時にも盛土が当初の機能を健全に保つために，雑草の除草，植生の伐採，排水工の清掃等の保守作業を行う。

(2) 補修・補強対策

　防災点検，日常点検や定期点検等の結果，あるいは道路利用者からの通報等により，盛土や排水施設・のり面保護工等に何らかの変状・損傷が発見された場合には，変状・損傷の内容や程度に応じて補修・補強対策を行う。変状・損傷が進行するおそれがある場合には，6－2－3に従い，異常時の臨時点検・調査を実施する。なお，地震対策については「道路震災対策便覧（震前対策編）」を参照されたい。

　補修・補強対策の対象となる主な変状・損傷の種類とその対応はおおよそ以下のとおりである。

1）排水工のずれ・損傷

　側溝，小段排水溝，縦排水溝等が損傷している，目地に開きがある，排水溝の外周が洗掘されているなどの場合には，降雨時に雨水がのり面に溢れて洗掘したり，あるいは盛土に浸透して表層崩壊の原因となったりするおそれがある。さらに，盛土内に水が浸透している場合には地震時に崩壊が生じるおそれもある。このため，これらの変状・損傷については早急に対応する必要がある。損傷した排水工は取り替える，目地の開きはモルタル詰めをする，外周が洗掘されている場合にはふたを取り付ける，あるいは側溝の縦断勾配が変化していないか確認するなどの対応をとる。特に，沢や谷を渡る高盛土において，盛土高さが一様でないために盛土の沈下変形量も一様でなく，それに応じて側溝の縦断勾配が変化している場合，豪雨時に側溝を流れる雨水がその最低地点より溢れ出し，のり面を洗掘することがあるので注意する。このとき，側溝の縦断勾配を正常に戻すための再敷設や，場合によっては路面のオーバーレイが必要となる。

2）路面の亀裂・沈下

　路面に亀裂や沈下があると交通に支障があるだけでなく，雨水が亀裂から盛土内に浸入して盛土の不安定化を招くおそれが高い。亀裂はただちにパッチング等により補修する。また，これらの変状は単に路盤・路床の支持力不足による場合と，盛土に何らかの変形が生じた結果である場合とが考えられる。いずれの場合でものり面も併せて詳細に調査して，必要に応じて継続的に監視するなどの措置をとる。

3）のり肩部の変状

　路肩とのり肩の境界部の開口，側溝の傾斜や線形のずれ，あるいはガードレールの線形にずれが生じていることがある。これらは路肩部の変位によるものである場合が多く，のり面すべりの兆候である可能性があるため，のり面も併せて詳細に調査して，必要に応じて継続的に監視するなどの措置をとる。

4）のり面・のり尻の変状

　のり面のはらみだし，のり面保護工の変状・損傷が見られる場合には，のり面すべりの兆候である可能性がある。また，のり面やのり尻部で湧水や軟弱化が見られる場合には，地下排水が機能していない可能性がある。

　上述した変状・損傷は共通して，それが進行性のものか否かということと，その影響する範囲が局部的なものかあるいは全体に及ぶものであるかを判断することが重要である。また，すべり面の位置，地下水位，排水施設の目詰まり，地表面やのり表面の移動量と方向等については慎重に観測し，排水施設の清掃，のり面保護工の設置，ふとんかご・じゃかご工の設置，水抜きパイプの打設等の必要な対策を講じなければならない。

　具体的な対応の検討に当たっては，「1－3　盛土の変状の発生形態及び特に注意の必要な盛土」，「6－2－4　応急対策・本復旧」も併せて参照されたい。また，のり面保護工の維持管理については「道路土工－切土工・斜面安定工指針　8－3－9　のり面の植生管理」及び「同　8－4－3　構造物工の維持管理」，地すべり対策工の維持管理については「同　11－5　地すべり対策工の維持管理」を参照されたい。

6－2－3　異常時の臨時点検・調査

> 　災害や変状が生じた場合，あるいは変状の兆候が現れこれが進行中でいずれ災害になると推測される場合には，異常時の臨時点検・調査を実施するものとする。いずれの場合もただちに適切な対策が必要であり，異常時の臨時点検・調査はこの対策を立てるに当たっての検討資料を得ることを目的とするものである。

(1) 異常の原因

　盛土の異常・変状・災害等の原因は，「1-3　盛土の変状の発生形態及び特に注意の必要な盛土」に示したように，盛土の自重によるもの，異常降雨等によるもの，地山からの地下水浸透によるもの，地震によるものに大きく分類される。異常時の臨時点検・調査は，その原因を明らかにし被災原因に応じた対策を検討するために実施するものである。

(2) 異常時の臨時点検・調査

　調査内容は，異常の形態・原因・規模等によって大いに左右され，統一的な点検・調査計画を示すことが難しい。そのため，点検・調査の実施に当たっては，次に述べる基本的な留意事項を参考にするとよい。なお，「3-6　維持管理段階の調査」も併せて参照されたい。

1）災害が起きた場合

① 暴風雨，豪雨，波浪，地震等が発生した後は，盛土のり面等に変状が生じているおそれがあるので，すみやかに臨時点検・調査を行うとともに，必要に応じて適切な対策を実施する。

② 災害の発生箇所は，専門家を含めた踏査による詳細な点検・調査を重点的・多角的に行い，盛土の断面・平面形状を把握した上で，亀裂の位置，方向，幅等を記入したスケッチ，現況写真，亀裂分布図等を作成する。

　なお，「6-2-1　平常時の点検・調査」によって災害のおそれがあるとされた箇所は，平常時より断面図や平面図を作成しておくとよい。

③ 通行規制を行う場合は，迂回路の安全性等について現況調査を行う。

2）変状の兆候が現れた場合

① 盛土に変状の兆候が現れたとき等には，土塊の移動や亀裂，構造物の変形，移動，沈下等が進行性であるか，部分的であるか全体的であるかが分かるような詳細な調査が必要である。

　調査の方法としては，土塊の移動や亀裂の進行状況を調べるための地表面伸縮計，地盤傾斜計等の測定装置を設置し，動態観測を行う方法がある。より簡易な方法として，ぬき，目印，あるいは見通し杭等により変動を調査する方法

もある。詳細については，「道路土工－切土工・斜面安定工指針」を参照されたい。
② 調査を行った結果，変状が進行中のものは今後の進行状態を続けて観測し，安定度判定の資料とする。調査の結果，災害発生の可能性が懸念される箇所については，別途詳細調査を実施して変状の原因の把握に努め，応急対策工の実施及び管理・監視の強化を検討する必要がある。また，変状はあるが進行せず落ち着いたと思われるものについても，必要に応じて適宜調査を行うことが大切である。

3）対策のための詳細調査
① 盛土のり面崩壊等が発生したときは，その現況を把握するため，一般には運動方向の断面を調べるボーリングを行い，概略的な土質，すべり面，地下水位等を調査する。必要に応じて盛土材料のサンプリングを行い，物理試験，力学試験を実施する。また，応急対策については「6－2－4 応急対策・本復旧」を参照されたい。
② 災害箇所では仮設道路の建設や工事ヤードの確保のための用地不足が生じる場合があるので，災害発生箇所周辺における用地の有無及び物件，立木等の現況調査が必要となる。
③ 災害の規模が大きく現在位置での道路復旧が困難と考えられる場合は，別ルートの選定調査が必要となることもある。

以上，いずれも災害発生時または発生直後に調査を行うことが多く，作業の安全には十分留意する必要がある。また二次災害を引き起こすおそれのあるような調査方法は避けるよう注意すべきである。

6－2－4 応急対策・本復旧

> 災害等を受けた箇所については，当面のすみやかな機能回復を図るため盛土の応急対策を実施する。また，応急対策により交通開放された盛土については，必要に応じて引き続き早急に本復旧を行う。

(1) 基本的な考え方

　点検により変状や災害・崩壊箇所の早期発見に努め，変状や災害・崩壊が発見された場合には，応急対策により第三者への被害の回避や道路の交通機能の回復，及び被害の拡大防止に努める必要がある。そのためには，早期に対応ができるよう応急対策に必要な土のう，矢板（木，鋼），シート，パイプ，杭（H鋼等），番線，覆工板等を常備しておくことが望ましい。さらに，施工の対応も検討しておくとよい。

　応急対策工の検討に当たって留意すべき主な事項を以下に示す。
1）二次災害の発生のおそれや作業の安全性を確認するなど，二次災害防止を第一に考慮する。
2）盛土とその周辺の現地状況，交通の状況，天候等を十分考慮する。
3）極力交通を確保しながら応急対策工を施工できることが望ましい。
4）迂回道路があるか否か確認するとともに，必要に応じて，交通，崩壊の状況に応じた通行規制を検討する。
5）崩壊の状況・規模を考慮するとともに，応急対策工が本復旧工として利用できるか，本復旧工の施工時に大きな手戻りが生じないかを考慮する。
6）応急対策工の施工に必要な材料等の手配の状況を考慮する。

(2) 応急対策工の種類

　解表6-2-1に応急対策工の種類を示す。なお，これらの応急対策工は，必要に応じて組み合わせて用いられる。

　また，一般交通及び盛土に隣接する施設等への安全を考え，路面やゆるんだ箇所の土砂排除や防護柵の設置，被害の拡大を防止するための仮排水路等の水処理等の応急処理を行った上で，盛土のり面への応急対策工を実施するものとする。土砂排除は，被害の拡大や作業時の危険がないように実施することが大切である。

　応急対策工の実施に当たっては，主に以下の留意事項を念頭におく必要がある。
1）一般に，崩土を取り除く際，下から排土することはバランス状態をくずし再崩壊する危険性が高いため，作業中は上部のり面の監視が必要となる。
2）水処理は，被害を最小限に留める上で重要である。一般に土は水の影響によ

解表 6-2-1　応急対策工の種類

区　分	応急対策工	機　能	備　考
主として水に対するもの	土のう工 仮排水工 じゃかご工 地下排水溝 水抜きボーリング シート被覆工 仮排水路工	①隣接する施設等への流入水のしゃ断・排除 ②湧水の処理 ③雨水の浸透防止 ④集水の流末処理	崩土流出防止や局所的な安定にも用いられる。
盛土のり面自体の安定に関するもの	排　土　工 押え盛土工 じゃかご工 ふとんかご工 土のう積み工 杭工 矢板工 網柵工 崩土切落し工	①盛土のり面の安定 ②のり面またはのり尻の補強 ③のり面またはのり尻の補強 ④盛土のり面のゆるみ防止 ⑤表層崩壊の防止	①規模が大きい場合 ②湧水のある場合 ③湧水のない場合 ④鋼矢板，木杭・単管パイプ等が主に用いられる。 ⑤被害拡大のおそれがない場合（一般交通への危険防止の初期対応として有効）
一般交通の危険防止に関するもの	保安柵工 防護柵工	①路肩欠壊等に対する危険防止	
交通確保に関するもの	仮　桟　橋 迂回路工	①道路の欠壊等に対する早期の交通確保 ②復旧が長期に渡り，かつ現地における応急復旧が困難な場合	

り強度低下することから，早期に的確な水処理を行うことが必要である。水処理における留意事項を以下に示す。

① 崩壊面をシートで覆う。なお，この場合シートのラップ部から雨水を浸入させないように注意する必要がある。

② 崩土の流出が懸念される場合，のり尻付近に土のうを設置し，盛土に隣接する施設等へ支障が出ないようにする。その場合，水が溜まることのないように，仮排水口を設ける。

③ 路面からの雨水の浸透を防ぐために，仮排水溝（土のう，素掘り側溝（簡易シール））を設ける。

④ 小段排水溝の変状・損傷により水が滞留したり，滞留した水が盛土のり面

を流れ盛土のり面の崩壊を促進することがあるので，早急に対策を実施する必要がある。

(3) 応急対策工の適用

以下に各変状・崩壊の状況に対する応急対策工の適用について述べる。

1) 盛土のり面に亀裂または崩壊を生じた場合

盛土のり面下部に局所的な亀裂や崩壊が生じた場合は，発見された亀裂にシートをかぶせ亀裂からの水の浸入を防ぎ，崩壊が拡大しないよう土のう積み等の応急対策を行う(**解図 6－2－2 参照**)。なお，湧水を伴う場合は，ふとんかご等により対策を行い，排水処理を行わなければならない。

盛土上部に大規模な亀裂が発生したり崩壊が生じた場合は，一般交通に対する危険度を考え必要に応じて通行規制を行う。早期に交通開放する場合には防護柵や規制方法（迂回路の造成も含む）等の検討も必要である。亀裂や崩壊の規模が限定的で，当面進行のおそれがないと判断される場合の対策工としては，編柵工等がある。

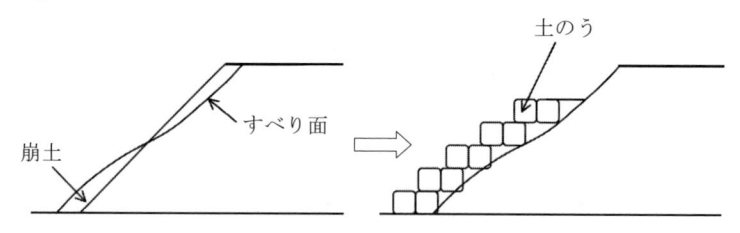

解図 6－2－2　土のう工による応急措置

2) 路面水が盛土のり面に集中流入しのり面が崩壊した場合

局所的な集中豪雨等でしばしばのり面に小崩壊を生じ，それが拡大して路肩や車線部分まで崩壊に至る例がみられる。この場合，まずのり面に編柵工，のり尻には土のう積みによる補強を行い，流出土砂を除去し段切りを行ってから良質土を用いて入念に締め固めてのり面を復旧する(**解図 6－2－3, 解図 6－2－4 参照**)。また，内部の水の排除のため栗石や砕石等を地下排水工として設けるとよい。あるいは，盛土を深く切り返しできない場合には，のり尻部より排水パイプを打設

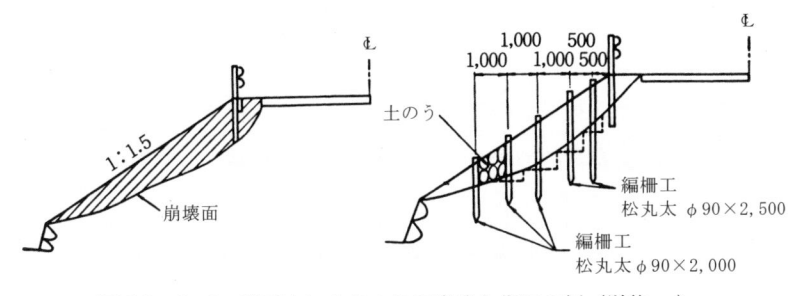

解図 6−2−3 路面水によるのり面崩壊と復旧の例（単位 mm）

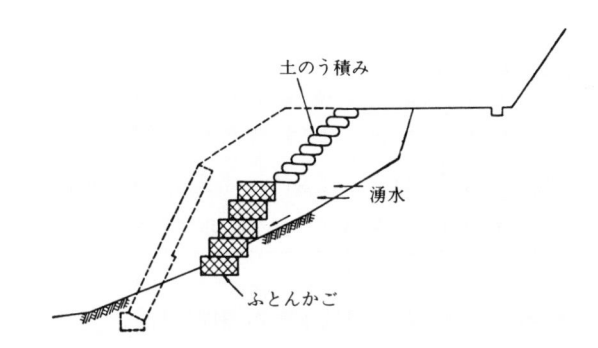

解図 6−2−4 ふとんかご，土のう積みによる応急復旧の例

したり，のり尻工（じゃかご，ふとんかご等）を設けるとよい。

3）地震により盛土が崩壊した場合

　地震時の応急対策については，「道路震災対策便覧（震災復旧編）」を参照されたい。

(4) 本 復 旧

　応急対策により交通開放された盛土については，必要に応じて引き続き早急に本復旧を行う。臨時点検・調査や応急対策の段階では時間的制約から被災原因を究明するための十分な調査をできない場合もあることから，本復旧の段階で必要に応じて調査を実施し，被災原因を確定してからそれに対応した本復旧計画を定める。

なお,「公共土木施設災害復旧事業費国庫負担法」は原形復旧を原則としているが,被災した施設を原形復旧することが著しく困難,または不適当な場合においては,これに代わる施設を設置することも原形復旧とみなされる。したがって,このような場合には,被災前の形状・構造の盛土を再構築するよりも,同様な災害を防止する観点から合理的かつ経済的となるような盛土形状・構造を検討するのがよい。

本復旧を実施するための調査及び設計は,「第3章　調査及び試験施工」,「第4章　設計」を参考にして行う。

6-3　排水施設の維持管理

> 排水施設の維持管理においては,排水施設が十分に機能を発揮できるように定期的に点検を実施し清掃を行うとともに,必要に応じて補修・補強対策を行うことにより,その機能保持に努めることが必要である。

盛土の被害は降雨や地山からの浸透水等が原因となって生じることが非常に多く,表面水または地下水が路体に浸透すると地震時に大規模な崩壊が生じる場合もあるため,排水施設の維持管理は非常に重要である。

なお,排水施設の維持管理の全体については,「道路土工要綱　共通編　2-8　排水施設の維持管理」によるものとし,本節では主に盛土のり面の排水に関する事項を記載する。

(1) 排水施設の点検

排水施設の点検に当たっては,その変状・損傷のあるところまたはそれらの誘因となる事象を早期に発見し適切な処置をとるために,排水系統図と点検表を巡回のときに携行し,各排水施設の状況の把握に努めなければならない。

一般的には,防災点検,日常点検や定期点検等においてのり面工の点検と併せて,排水施設の点検を行うものとし,特に降雨時または降雨直後に排水状況を確認すると排水施設の変状・損傷を発見しやすく効率的である。また,台風,梅雨,

融雪期等には，特に入念な点検が必要である。

盛土のり面の湿り，湧水については，特に注意を払い，必要に応じてじゃかご，水平排水溝の設置等，適切な排水対策により処理する。

(2) 排水施設の清掃

排水施設の清掃は，良好な排水機能を確保するために，定期的に実施することが望ましい。豪雨，台風時には排水施設に流れ込む水の量が一時的に増大するため，土砂等の堆積が少量でも溢水の危険が生じるので，雨期，台風期の前後には計画的に清掃を実施することが望ましい。

季節的に交通量が増加する箇所，低湿地帯，海岸等で風が強く土砂の移動の激しい箇所等では，必要に応じて排水施設の変状・損傷の有無を点検するとよい。

(3) 各排水施設の維持管理

1）のり面排水工

側溝や小段排水溝等においては，山地部では落葉，崩落土等，人家のあるところでは塵かい等が詰まって排水ができなくなる場合があるので，定期的に点検して清掃することが必要である。側溝の側壁の倒れの有無や，側壁と底面との間の隙間の有無等の点検を実施して，支障があればただちに補修・補強対策を実施する必要がある。

特に高い盛土の小段排水溝の点検は定期的に行い，崩土，落石，雑草等の除去を行い，排水溝に集中した水が縦排水溝以外に流れ出さないよう注意することが必要である。

縦排水溝にプレキャスト製のU形溝を用いるところでは，不同沈下を起こして継目等が離れ，裏水の洗掘作用により土砂が流出して盛土のり面を破壊することがあるので注意する必要がある。

また，地形条件によっては，のり尻排水溝等の屈曲点や勾配の変化点等において，跳水や溢水等が発生する場合が多い。このような場所においては，より大きな断面の側溝とすることや暗渠化するなどの対策を講じる必要がある。

2）排水施設の接合点

小段排水溝と縦排水溝やのり尻排水溝等の接合点，断面変化点は，構造も比較的複雑な上，プレキャスト製品と現場施工の接点となる場合が多いため構造的な弱点部となりやすく，また，水流の変化点であることから変状・損傷が発生しやすい。土砂の堆積等により通水断面が縮小しやすく，接合点が離れやすいので特に注意する必要がある。

また，切り盛り境部における縦排水溝との接合部は，盛土へ表面水が流入することで弱点になることが多く，大きめのますを設置することが望ましい。

3）地下排水施設

地下排水施設としては，集水管（多孔管やドレーン材）を埋設する場合と，粗粒材料の透水性を利用して地中の水を排水する場合とがあるが，いずれの場合においても，吐口に土砂が集まるなどして排水が妨げられることがないように注意する必要がある。

また，地下排水施設の流出口以外は定期的に点検を行うことが難しいため，降雨後等に流出量を観察するなどして，有効に働いているかどうか観察することが望ましい。

地下排水施設は，時間の経過とともに構造や位置が分からなくなりやすいので，道路台帳にその構造を明示することや，現地に位置を明示するなど確実に点検できるように記録しておくことが望ましい。

点検の結果，排水機能が著しく低下していたり排水機能が完全に失われている場合には，補修・補強対策を実施する。地下排水施設の新設を検討する際には，現在の設置位置よりも別の位置に設置することにより効果的かつ経済的となる場合があるので，設置位置について十分な検討を行う必要がある。

4）道路横断排水施設

横断排水施設（カルバート）内および呑口・吐口に土砂の堆積や流木がないか，呑口や翼壁の周りが洗掘されていないか，カルバート内部の継ぎ目地の開き，躯体の亀裂や漏水がないか，等に着眼して定期的に点検を行う。

参考文献
1）（財）道路保全技術センター：道路防災点検の手引き（豪雨・豪雪等), 2007.
2）建設省道路局：平成8年度道路防災総点検要領（地震),（財）道路保全技術センター, 1996.
3）建設省道路局：防災カルテ作成・運営要領,（財)道路保全技術センター, 1996.

付　録

付録1．盛土の安定度判定の例

付録2．地震動の作用に対する照査に関する参考資料

付録3．締固め管理手法について

付録4．各機関の締固め規定値（路床・路体）の比較例

付録1．盛土の安定度判定の例

　盛土の変状による道路災害を防止するためには，現状の盛土についての安定度を判定し必要に応じて高いレベルの対策工を設置するなどの対策が必要である。

　不安定な盛土については，まず簡単な点検，現地踏査による予備調査で不安定と判断される箇所が選び出され，次にその箇所に対してボーリング等の詳細調査が実施される。

　予備調査による不安定箇所の抽出においては，ルート全体について簡易に見落としなく行う方法として，現地踏査により行う安定度判定法が利用されている。代表的なものとして，以下に防災点検の抜粋を示す。

　防災点検は，道路災害のおそれがある箇所について，その箇所の把握と対策事業計画の策定を目的として行ってきた。初回の防災点検は昭和43年の飛騨川バス転落事故を契機として行われ，それ以降は，昭和45年，46年，48年，51年，55年，61年，平成2年，8年，18年に行われている。各々の点検は，国土交通省（旧建設省を含む）通達に基づいて，各道路管理者が一斉に点検を行う形で実施されている。点検の結果，「対策が必要と判断される」と評価された箇所で対策工の実施までに日数を要する箇所，または「防災カルテを作成し対応する」と評価された箇所に関しては，防災カルテを作成し，その後の平常時の点検において有効に活用する必要がある。また，対策工を実施する際には，施工中における盛土の変状を観察し，施工記録表等に整理することが必要である。施工記録表については，「道路土工－切土工・斜面安定工指針　付録3．のり面・斜面の安定度判定法の例」を参照されたい。

　ここでは，平成18年度に行われた盛土に関する点検で使用された安定度調査表[1]（付表1－1参照），平成8年度に行われた盛土の地震に対する点検表[2], [3]（付表1－2参照）及び防災カルテ[4]（付表1－3参照）を紹介する。

参考文献
1）（財）道路保全技術センター：道路防災点検の手引き（豪雨・豪雪等），2007.
2）建設省道路局：平成8年度道路防災総点検要領（地震），（財）道路保全技術センター，1996.
3）（社）日本道路協会：道路震災対策便覧（震前対策編），2006.
4）建設省道路局：防災カルテ作成・運営要領,（財）道路保全技術センター，1996.

付表 1-1 安定度調査表（盛土）

付表1-2 盛土データ記入票

施設管理番号 □□□□□□□

分　類	点　検　項　目		記　入　欄			
(1)共通諸元	①左側歩道幅員					
	②右側歩道幅員					
	③車道幅員					
(2)地形条件	①地形					
	②地山勾配					
	③集水地形					
(3)地盤条件	①ボーリング資料の有無		コード		PL値	
	②基礎地盤					
	③地下水位					
(4)盛土条件	①盛土高さ	下り線、上り線が同一である場合	上		下	
		上り線、下り線で異なる場合	上		下	
	②盛土材料					
	③のり面勾配	下り線、上り線が同一である場合	上		下	
		上り線、下り線で異なる場合	上		下	
	④腰留擁壁	高さ	上		下	
		最急勾配	上		下	
	⑤橋梁取付部					
(5)変状履歴	①変状履歴					
	②対策工法					
(6)点検履歴	①震災点検の有無					

付表 1-3(a) 防災カルテ様式（盛土）

地建・都道府県等名	○○県
管理機関名	○○土木事務所
管理機関コード	＊＊＊＊＊＊＊＊

施設管理番号	N:＊:＊:＊:F:0:0:0	点検対象項目						延長	20m
事業区分	(一般)・有料	道路種別	一般国道	路線名	一般国道＊＊＊号		61.1kp	61.1kp	0.0 (正)	34°39′10.0″	132°11′37.0″
現道・旧道区分	現道	所在地	○○郡○○町字＊＊＊			下・地	更 陸		
現道・旧道区分 (新(特))	無（現制基準）	連続 200mm 時間 80mm	交通量	平日 29,800台/12h 休日 28,500台/12h	位置目印	両側に光るデリニヤマーキング	DID区間 (該当)・非該当	バス路線 (該当)・非該当	迂回路 (有)・無

[点検地点位置図 1：米スケッチと位置を明記する A]

A-A′

[専門技術者のコメント]
○61.1KPより路面付近の亀裂あるいは陥没が伸展すると、のり面のすべり崩壊の発生の可能性が高まる。
○軟弱地盤上の盛土であり、豪雨等による地下水の変動による変状の進度に留意する。

項目 すべき変状	点検の時期	想定される災害要形態
○①a、b 路面の亀裂の伸展（様式②参照） ②路面陥没の伸展（様式②参照）	○豪雨時または豪雨後1週間程度以内 ○融雪期 ○路面の変状は1回/月の点検	○○①～③に至るすべり崩壊 ○上り線が通過20m程度に渡り崩壊の可能性
○③小段の盛り上がり ④のり面のはらみ出し		

	変状が出たときの対応
1	対策工が必要
②	カルテ対応

1、2のどちらか対応するものに○印

○①②の路面の亀裂や陥没の新たな又は大きな伸展。必要により路面段差の応急処置と専門技術者による調査を実施する。
○③④のり面の盛り上がりや、はらみ出しの拡大。豪雨時や豪雨直後の場合は通行規制の検討。→専門技術者による調査を実施する。

| 作成月日 | 9年 10月 27日（天候：晴） | 専門技術者名 | 防災 太郎 | 会社名 | ○○○株式会社 | 連絡先 | TEL ○○○-○○○-○○○○ |

付表1-3(b) 防災カルテ様式（盛土）

施設番号管理番号	N:*:*:F:0:0:1	点検対象項目	盛 土	路 線 名	一般国道＊＊号

変状 No. ①、②

〈詳細スケッチ例〉

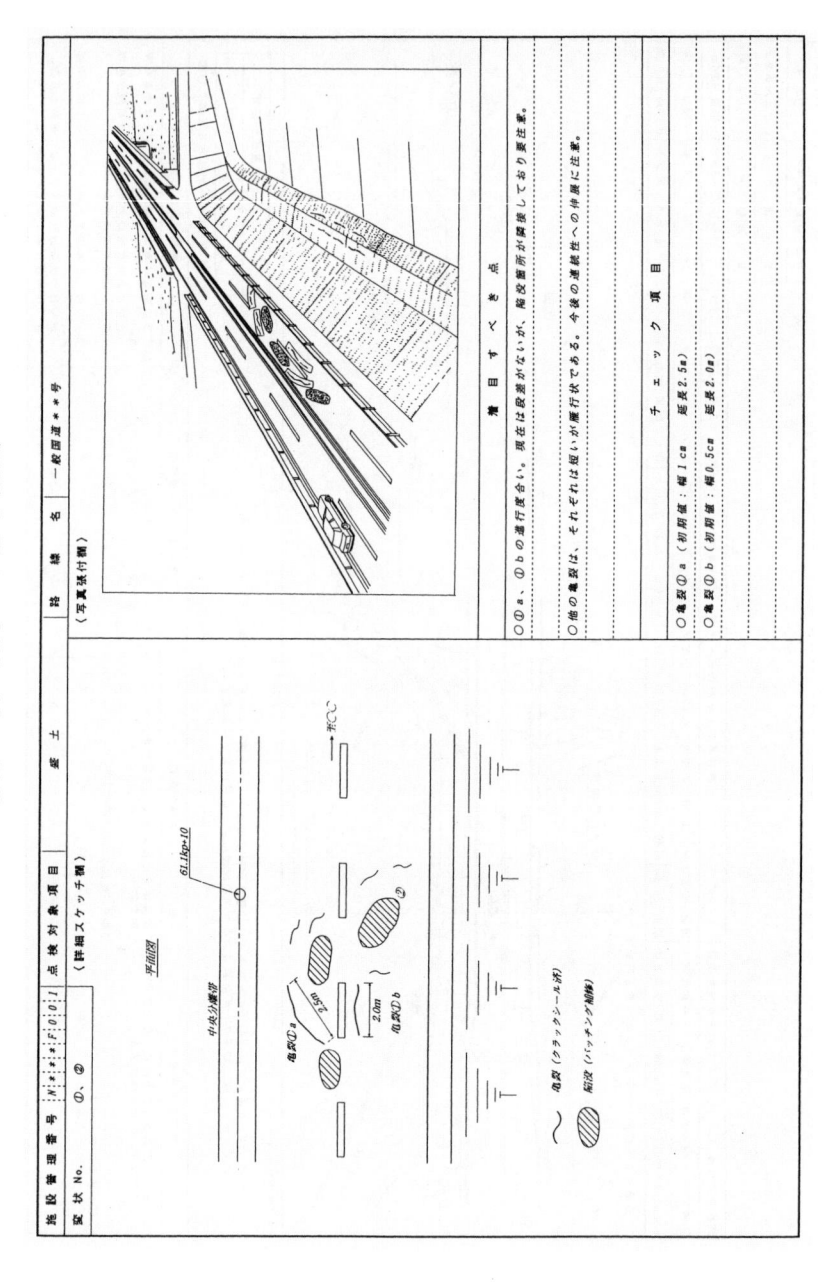

平面図

61.1kp-10
中央分離帯
亀裂①a 2.5m
亀裂①b 2.0m

→光C

〜 亀裂（クラックシール済）
▬ 舗装（パッチング補修）

〈写真貼付例〉

着 目 す べ き 点

○①a、①bの通行度合、現在は段差がないが、路盤影響が顕在化しており要注意。

○他の亀裂は、それぞれは短いが履行状である。今後の連続性への伸展に注意。

チェック項目

○亀裂①a （初期値：幅1cm 延長2.5m）
○亀裂①b （初期値：幅0.5cm 延長2.0m）

— 302 —

付表 1-3(c) 防災カルテ様式（盛土）

施設管理番号 [N:i:i:F:0:0:1]	点検対象項目		路線名	一般国道＊＊号	距離標(m)				延長 20m
点検月日	9年11月30日	9年12月5日	9年12月9日	年 月 日	年 月 日	年 月 日	年 月 日	(至) 年 月 日	(自)上・下 地 年 月 日
①a 路面の変状 前回との差異	幅1cm, 延長2.5m 変化なし	幅1cm, 延長2.5m 変化なし	幅1cm, 延長2.5m 変化なし						
①b 路面の変状 前回との差異	幅0.5cm, 延長2.0m 変化なし	幅0.5cm, 延長2.0m 変化なし	幅0.5cm, 延長2.0m 変化なし						
②路面の陥没 前回との差異	変化なし	変化なし	変化なし						
③小段の盛り上がり 前回との差異	―	多少盛り上がりが進行	変化なし						
④のり面のはらみ出し 前回との差異	変化なし	―	―						
前回との差異	変化なし	多少湿潤	変化なし						
前回との差異									
前回との差異									
点検時の特記事項 （点検時の対応）	天候：晴 ○特になし	天候：前 ○変状①の②の変状を目視により確認し専門技術者による調査必要 ○降雨：80m	天候：曇 ○変状①の通行なし	天候：	天候：	天候：	天候：	天候：	天候：
点検者名	防災 次郎	防災 次郎	防災 次郎						
点検後の対応 （専門技術者の判定）		○変状①の②は、樹進に至らない ○評細調査の必要なし ○運営管理者は1週間以内に再度確認必要 ○今後降雨時は要注意							
点検月日；専門技術者名		9年12月10日；防災 太郎							

付録2．地震動の作用に対する照査に関する参考資料

2−1　盛土の地震動の作用に対する照査手法

付表2−1は，既往の地震による盛土の被害事例について，地盤（地山）条件別に主な崩壊形態を整理して示したものである。

付表2−1　既往の地震における道路盛土の主な被害形態

地盤（地山）条件		主な崩壊形態
平地部 （沖積地盤）	軟弱砂質土	液状化によるすべり，沈下
	軟弱粘性土	ゆすり込み沈下
平地部 （洪積より古い）	台地・丘陵地	浅いのり面すべり
山地部	急傾斜地山	すべり崩壊
	沢地形	流動的なすべり崩壊
	地すべり地	地すべり

このうち著しい被害は，平地部の盛土で基礎地盤が液状化しやすいゆるい砂質土で構成される場合，あるいは山地部の沢地形を埋める盛土で浸透水が存在する場合，同じく地山勾配やのり面勾配が急であったりする場合等に生じている。

盛土の地震被害のメカニズムは，水の影響，すなわち盛土・基礎地盤が地下水で飽和しているか否かにより大きく異なる。盛土ないしは基礎地盤の密度がゆるく水で飽和している場合には，地震動により間隙水圧が上昇して土が軟化するいわゆる液状化現象が生じ，全体的な変形が卓越する。水が関与しない場合には，地震時慣性力により土塊内にせん断破壊が生じ，すべり面を形成するすべり破壊が卓越する。

このような盛土の地震時安定性を評価する計算法はいくつか提案されているが，実用レベルで有効性が十分に検証されたものは少ない状況にある。地下水が関与して液状化現象を伴う被害形態についての安定性評価法については，「道路土工−

軟弱地盤対策工指針」に委ねることとし，ここでは地下水が関与しない場合のすべり破壊に対する安定性評価法について述べる。

　従来より用いられてきたものとして，通常のすべり面計算法において，地震動の影響を水平震度としてすべり土塊に作用させて，すべり安全率を求める方法がある(「4－3－4　地震動の作用に対する盛土の安定性の照査」の式(解4－2)参照)。この方法では計算結果としてすべり安全率が得られるが，盛土の変形量の大きさに関する情報が得られないのが難点である。

　また，盛土の変位量を評価する手法として，すべり土塊を剛体としすべり面における応力ひずみ関係が剛・完全塑性であると仮定して，地震時のすべり土塊の滑動変位量を計算するニューマークのすべりブロック法[1]がある。この計算法は，上に述べた震度法とすべり面計算法を組み合わせて安全率を算出する方法を時刻歴計算に発展させたものである。実際の盛土は，繰返し応力による変形の累積性，軟化性などの非線形性を示すため，剛・完全塑性体を仮定するニューマーク法は厳密な方法ではない。しかしながら，この方法は入力パラメータの設定が円弧すべり法と同等であること，理論の簡明さに比べて比較的妥当な結果を与えることから，近年再評価されてきている。

　その他，地震時の盛土の変形挙動を時刻歴で追跡する弾塑性有限要素法があるが，いまだ広く実用に供する域には達していない。

2－2　震度法とすべり面計算法を組み合わせる方法

　ここでは，上述した震度法とすべり面計算法を組み合わせて安全率を算出する方法について述べる。

　この方法は，実際に生じる地震動の大きさに対して水平震度をいかに設定すればよいのか，また，得られる安全率は実際に盛土に生じる変形量とどのような相関があるのか，ということが従来からの課題である。

　盛土の地震時の滑動変位量は，常時あるいは所定の水平震度に対するすべり安全率と相関があり，このことから，所定の地震動に対する許容変形量を設定すれば，常時における安全率 F_s，あるいはその地震動に対する水平震度 k_h の大きさを

設定することができる。このような考えの下に，水平震度 k_h を設定した根拠を以下に述べる。

すべり面を円弧とした場合の安全率計算式は「4-3-4　地震動の作用に対する盛土の安定性の照査」の式（解4-2）に示されているが，これは概念的には以下のように表せる。

$$F_s = f\text{（土のせん断強さ，水平震度）} = F_s(c, \phi, k_h)$$

上式は，盛土の地震時安全率が，安全率を求める計算モデル f, 土の強度定数 c, ϕ, 及び水平震度 k_h の大きさに依存することを表している。

また，盛土の地震による影響の大きさは，安定・不安定と明確に分かれるものではなく，地震動の大きさにより盛土の変形量の大きさも連続的に変化するものである。したがって，上式で得られる安全率を盛土の安定照査に用いるためには，臨界安全率 $F_s = 1.0$ が盛土のどの程度の変形量に対応しているかを示す必要がある。

以上のことを考慮に入れて，実際に生じる地震動の大きさと安定計算に用いる震度の大きさの関係を，1995年兵庫県南部地震において被災あるいは無被災であった山地部の盛土を対象に検討した事例を以下に示す[2]。

対象となった当該8地点の盛土は，推定最大加速度が300～500gal程度であった。地点A～Gの7地点は，沢埋め盛土等において，水の影響によって被災した地点に隣接している同一断面の水の影響がないと考えられる無被害地点である。地点Hは，急傾斜地山上の盛土における被災地点である。盛土材料の強度定数は崩壊後の崩落崖の高さから $c = 5～10\text{kPa}$, $\phi = 35°$ と推定されたが，その推定の幅により推定最大加速度と逆算震度の関係は**付図2-1**のように得られた。この図において，被害事例と無被害事例の境界線が安定計算に用いるべき水平震度の大きさを定めることになる。検討対象事例数が少ないこと，無被害事例に偏っていることにより明確なことは言えないが，境界線は図中に斜線で示した領域に存在すると推定することができる。

さらに，今回の改訂では従来以上に盛土の締固め，盛土内の排水に配慮するようにしたこと，及び，締固め管理基準を適切に満足するように施工された場合に

は，品質管理試験項目の平均値が締固め管理基準値をある程度の余裕をもって満足すること等を考慮し，工学的判断として，最大加速度800gal程度のレベル2地震動に対応する水平震度は0.2程度でよいとした。

なお，このように震度の設定根拠が未だ十分とは言えないため，今後の地震で生じる被害・無被害事例について事後解析を行うことにより裏付けを確実にすることが望まれる。

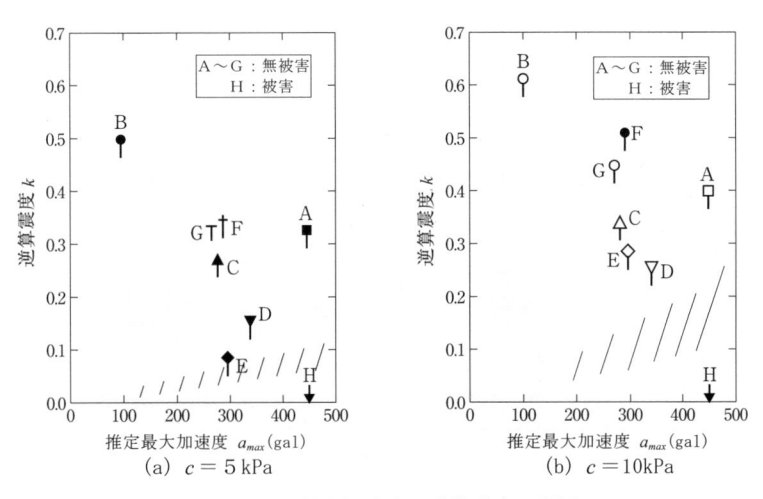

付図2-1 最大加速度と逆算震度の関係

参考文献

1) 東日本高速道路（株），中日本高速道路（株），西日本高速道路（株）：設計要領 第一集 土工編，2009.
2) 松尾修他：兵庫県南部地震により被災した道路土構造物の事例解析，土木技術資料，Vol.39, No.3, pp.38-43, 1997.

付録3．締固め管理手法について

付表3-1　品質管理手法と適用土質

方法		原理・特徴	適用土質			使用状況	測定方法の基準
			礫	砂	粘		
密度	ブロックサンプリング	掘り出した土塊の体積を直接測定する。		○	○	△	JGS 1231
	コアカッター法	定容積のモールドを土中に圧入する。		○	○	△	JGS 1613
	砂置換法（注砂法）	－乾燥砂　掘り出し跡の穴を別の材料で置換することにより、掘り出した土の体積を知る。		○	○	◎	JIS A 1214
	砂置換法（突砂法）	－乾燥砂		○	○		JGS 1611
	ラバーバルーン法	－水		○	○	△	地盤工学会
	水置換法	－水	○	○		○	JGS 1612
	RI法（透過型）	土中での放射線（ガンマ線）透過減衰を利用した間接測定。線源棒挿入による非破壊的な測定方法。		○	○		JGS 1614
	RI法（散乱型）			○	○	☆	JGS 1614
	2孔式RI			○	○	△	
	1孔式RI			○	○	☆	
	比抵抗	見かけ比抵抗の平均値・標準偏差により盛土の空気間隙率（v_a）・乾燥密度（ρ_d）を評価。	○	○	○	☆	
	衝撃加速度試験	重錘落下時の衝撃加速度からの間接測定。		○	○	○	北海道開発局
含水比	炉乾燥法	一定温度（110℃）における乾燥。	○	○	○	◎	JIS A 1203
	急速乾燥法	フライパン，アルコール，赤外線，電子レンジ等を利用した燃焼・乾燥による簡便迅速な測定方法。	○	○		△	JGS 0122
	ピクノメーター法	水で満たされた容器と土試料を混入した容器の重量を比較し含水量を得る。ただし比重は要既知。	○	○			JIS A 1202

分類	試験名	概要					規格等
含水比	ＲＩ法	放射線（中性子）と土中の水素元素との散乱・吸収を利用した間接測定。非破壊測定法。		○	○	○	JGS 1614
強度・変形	平板載荷試験	静的載荷による，変形支持特性の測定。	○	○	○	○	JIS A 1215他
	現場ＣＢＲ試験			○	○	○	JIS A 1211
	ポータブルコーン貫入	コーンの静的貫入抵抗の測定。		○	○	△	JGS 1431
	プルーフローリング	変形量（目視）より締固め不良箇所を知る。		○	○		NEXCO他
	球体落下試験	球体落下時のくぼみ量の測定。		○	○	○	北海道開発局
	重錘落下試験	重錘を落下させ加速度による値で地盤を評価。		○	○	○	近畿地方整備局等
	ＨＦＷＤ	重錘を落下させ加速度による値で地盤の変形係数を評価。		○	○		
	横方向ロッド載荷	土中に貫入させたロッドに水平載荷を行い，変形・せん断特性を測定。	○	○	○		JGS 1421
	電気式静的コーン貫入	コーン先端に取り付けられた測定機器によってせん断強度，含水比等を計測。		○	○		JGS 1435
	振動応答特性の測定	振動ローラの衝撃加速度，機械インピーダンス，振動載荷時の応答加速度等からの間接測定。	○	○	△	☆	
	衝撃加速度試験	重錘落下時の衝撃加速度からの間接測定。		○	○	○	北海道開発局
	急速管理法	含水比の測定なしに，グラフを用い簡便に現場の締固め度を得るモールド試験方法。		○	○		

◎標準的方法，　○目的に応じて使用，　△簡便・補助的な方法，　☆研究開発中

付録 4. 各機関の締固め規定値（路床・路体）の比較例

付表 4−1 各機関の締固めの規定値（路床・路体）の比較例

機関	道路土工 盛土工指針		NEXCO[注1] 土工施工管理要領			鉄道構造物等設計標準・同解説 土構造物[注5]					
						性能ランク I		性能ランク II		性能ランク III	
区分	路体	路床	上部路体 下部路体	下部路床	上部路床	下部盛土	上部盛土	下部盛土	上部盛土	下部盛土	上部盛土
締固め度 D_c	A,B法 90%以上	砂質土 A,B法 95%以上 C,D,E法 90%以上 粘性土 適用不適当	92%以上[注2]		97%以上[注2]	礫 90%以上 砂 95%以上	上部盛土 95%以上	90%以上	90%以上	90%以上	90%以上
空気間隙率 v_a	粘性土 2〜10% 砂質土 適用不適当	粘性土 2〜8% 砂質土 適用不適当	13%以下[注3] 8%以下[注4]		13%以下[注3] 8%以下[注4]					15%以下[注3] 10%以下[注3]	
飽和度 S_r	粘性土 85〜95% 砂質土 適用不適当		—		—						
強度 変形 特性	試験方法 及び 規定値	—	プロジェクトごとに規定値（CBR値等）を明記	—	たわみ量試験 5mm以下 修正CBRが 10%以上	平板載荷試験 $K_{30}≧110MN/m^3$		平板載荷試験 $K_{30}≧70MN/m^3$		平板載荷試験 $K_{30}≧70MN/m^3$	
施工合水比	自然合水比又はトラフィカビリティーが確保できる合水比	最適合水比付近	自然合水比	修正CBRが 5%以上とな る合水比	修正CBRが 10%以上とな る合水比						
一層の仕上がり厚さ	30cm以下	20cm以下	30cm以下	20cm以下		30cm	30cm	30cm	30cm	30cm	30cm
盛土材料 最大粒径	300mm以下	100mm以下	300mm以下	150mm以下	100mm以下	—	—	—	—	—	—

注1) NEXCO：東日本・中日本・西日本高速道路株式会社
注2) 細粒分が 20%未満
注3) 細粒分が 20%以上 50%未満
注4) 細粒分が 50%以上
注5) 鉄道構造物等設計標準・同解説　土構造物(2007)
　　性能ランク I：常時においては小さな変形であり、極めて稀な偶発作用に対しても過大な変形が生じない程度の性能を有する土構造物
　　性能ランク II：常時においては通常の保守で対応できる程度の変形は生じるが、極めて稀な偶発作用に対しても壊滅的な破壊には至らない程度の性能を有する土構造物
　　性能ランク III：常時においての変形は許容するが、比較的しばしば生じる作用に対しては破壊しない程度の性能を有する土構造物

Memo

Memo

執 筆 者 （五十音順）

飯 塚 康 雄	早 崎 　 勉
榎 本 忠 夫	藤 岡 一 頼
大 下 武 志	藤 野 健 一
古 賀 泰 之	古 本 一 司
小 橋 秀 俊	古 屋 　 弘
佐々木 哲 也	松 江 正 彦
篠 原 正 美	松 尾 　 修
杉 田 秀 樹	藪 　 雅 行
高 木 宗 男	吉 村 雅 宏

道路土工－盛土工指針（平成22年度版）

平成22年4月30日　初　版　第1刷発行
令和7年1月21日　　　　　　第15刷発行

編　集
発行所　公益社団法人　日本道路協会
　　　　東京都千代田区霞が関 3－3－1

印刷所　大 和 企 画 印 刷 株 式 会 社
発売所　丸 善 出 版 株 式 会 社
　　　　東京都千代田区神田神保町 2－17

本書の無断転載を禁じます。

ISBN978-4-88950-417-0　C2051

日本道路協会出版図書案内

【電子版】　　　　　　　　　　　※消費税10%を含む（日本道路協会発売）

図　書　名	定価(円)
道路橋示方書・同解説 I 共通編（平成29年11月）	1,980
道路橋示方書・同解説 II 鋼橋・鋼部材編（平成29年11月）	5,940
道路橋示方書・同解説 III コンクリート橋・コンクリート部材編（平成29年11月）	3,960
道路橋示方書・同解説 IV 下部構造編（平成29年11月）	4,950
道路橋示方書・同解説 V 耐震設計編（平成29年11月）	2,970
道路構造令の解説と運用（令和3年3月）	8,415
附属物（標識・照明）点検必携（平成29年7月）	1,980
舗装設計施工指針（平成18年2月）	4,950
舗装施工便覧（平成18年2月）	4,950
舗装設計便覧（平成18年2月）	4,950
舗装点検必携（平成29年4月）	2,475
道路土工要綱（平成21年6月）	6,930
道路橋示方書（平成24年3月） I ～ V（合冊版）	14,685
道路橋示方書・同解説（平成29年11月）（I ～ V）5冊 +道路橋示方書講習会資料集のセット	23,870

購入時，最新バージョンをご提供。その後は自動でバージョンアップされます。

上記電子版図書のご購入はこちらから
https://e-book.road.or.jp/

最新の更新内容をご案内いたしますのでトップページ最下段からメルマガ登録をお願いいたします。

日本道路協会出版図書案内

【紙版】　　　　　　　　　　　　※消費税10%を含む（丸善出版発売）

図　書　名	ページ	定価(円)	発行年
交通工学			
クロソイドポケットブック（改訂版）	369	3,300	S49. 8
自転車道等の設計基準解説	73	1,320	S49.10
立体横断施設技術基準・同解説	98	2,090	S54. 1
道路照明施設設置基準・同解説（改訂版）	240	5,500	H19.10
附属物（標識・照明）点検必携 ～標識・照明施設の点検に関する参考資料～	212	2,200	H29. 7
視線誘導標設置基準・同解説	74	2,310	S59.10
道路緑化技術基準・同解説	82	6,600	H28. 3
道路の交通容量	169	2,970	S59. 9
道路反射鏡設置指針	74	1,650	S55.12
視覚障害者誘導用ブロック設置指針・同解説	48	1,100	S60. 9
駐車場設計・施工指針同解説	289	8,470	H 4.11
道路構造令の解説と運用（改訂版）	742	9,350	R 3. 3
防護柵の設置基準・同解説（改訂版） ボラードの設置便覧	246	3,850	R 3. 3
車両用防護柵標準仕様・同解説（改訂版）	164	2,200	H16. 3
路上自転車・自動二輪車等駐車場設置指針 同解説	74	1,320	H19. 1
自転車利用環境整備のためのキーポイント	140	3,080	H25. 6
道路政策の変遷	668	2,200	H30. 3
地域ニーズに応じた道路構造基準等の取組事例集（増補改訂版）	214	3,300	H29. 3
道路標識設置基準・同解説（令和2年6月版）	413	7,150	R 2. 6
道路標識構造便覧（令和2年6月版）	389	7,150	R 2. 6
橋梁			
道路橋示方書・同解説（Ⅰ共通編）（平成29年版）	196	2,200	H29.11
〃（Ⅱ鋼橋・鋼部材編）（平成29年版）	700	6,600	H29.11
〃（Ⅲコンクリート橋・コンクリート部材編）（平成29年版）	404	4,400	H29.11
〃（Ⅳ下部構造編）（平成29年版）	572	5,500	H29.11
〃（Ⅴ耐震設計編）（平成29年版）	302	3,300	H29.11
平成29年道路橋示方書に基づく道路橋の設計計算例	564	2,200	H30. 6
道路橋支承便覧（平成30年版）	592	9,350	H31. 2
プレキャストブロック工法によるプレストレスト コンクリートT げた道路橋設計施工指針	81	2,090	H 4.10
小規模吊橋指針・同解説	161	4,620	S59. 4

日本道路協会出版図書案内

【紙版】　　　　　　　　　　　　　　　　※消費税10%を含む（丸善出版発売）

図　書　名	ページ	定価(円)	発行年
道路橋耐風設計便覧（平成19年改訂版）	300	7,700	H20. 1
鋼道路橋設計便覧	652	7,700	R 2.10
鋼道路橋疲労設計便覧	330	3,850	R 2. 9
鋼道路橋施工便覧	694	8,250	R 2. 9
コンクリート道路橋設計便覧	496	8,800	R 2. 9
コンクリート道路橋施工便覧	522	8,800	R 2. 9
杭基礎設計便覧（令和2年度改訂版）	489	7,700	R 2. 9
杭基礎施工便覧（令和2年度改訂版）	348	6,600	R 2. 9
道路橋の耐震設計に関する資料	472	2,200	H 9. 3
既設道路橋の耐震補強に関する参考資料	199	2,200	H 9. 9
鋼管矢板基礎設計施工便覧（令和4年度改訂版）	407	8,580	R 5. 2
道路橋の耐震設計に関する資料 （PCラーメン橋・RCアーチ橋・PC斜張橋等の耐震設計計算例）	440	3,300	H10. 1
既設道路橋基礎の補強に関する参考資料	248	3,300	H12. 2
鋼道路橋塗装・防食便覧資料集	132	3,080	H22. 9
道路橋床版防水便覧	240	5,500	H19. 3
道路橋補修・補強事例集（2012年版）	296	5,500	H24. 3
斜面上の深礎基礎設計施工便覧	336	6,050	R 3.10
鋼道路橋防食便覧	592	8,250	H26. 3
道路橋点検必携～橋梁点検に関する参考資料～	480	2,750	H27. 4
道路橋示方書・同解説Ⅴ耐震設計編に関する参考資料	305	4,950	H27. 4
道路橋ケーブル構造便覧	462	7,700	R 3.11
道路橋示方書講習会資料集	404	8,140	R 5. 3
舗装			
アスファルト舗装工事共通仕様書解説（改訂版）	216	4,180	H 4.12
アスファルト混合所便覧（平成8年版）	162	2,860	H 8.10
舗装の構造に関する技術基準・同解説	104	3,300	H13. 9
舗装再生便覧（令和6年版）	342	6,270	R 6. 3
舗装性能評価法(平成25年版)―必須および主要な性能指標編―	130	3,080	H25. 4
舗装性能評価法別冊 ―必要に応じ定める性能指標の評価法編―	188	3,850	H20. 3
舗装設計施工指針（平成18年版）	345	5,500	H18. 2
舗装施工便覧（平成18年版）	374	5,500	H18. 2

日本道路協会出版図書案内

【紙版】　　　　　　　　　　　※消費税10%を含む（丸善出版発売）

図　書　名	ページ	定価（円）	発行年
舗　装　設　計　便　覧	316	5,500	H18. 2
透水性舗装ガイドブック２００７	76	1,650	H19. 3
コンクリート舗装に関する技術資料	70	1,650	H21. 8
コンクリート舗装ガイドブック２０１６	348	6,600	H28. 3
舗装の維持修繕ガイドブック２０１３	250	5,500	H25.11
舗装の環境負荷低減に関する算定ガイドブック	150	3,300	H26. 1
舗　装　点　検　必　携	228	2,750	H29. 4
舗装点検要領に基づく舗装マネジメント指針	166	4,400	H30. 9
舗装調査・試験法便覧（全4分冊）（平成31年版）	1,929	27,500	H31. 3
舗装の長期保証制度に関するガイドブック	100	3,300	R 3. 3
アスファルト舗装の詳細調査・修繕設計便覧	250	6,490	R 5. 3
道路土工			
道路土工構造物技術基準・同解説	100	4,400	H29. 3
道路土工構造物点検必携（令和5年度版）	243	3,300	R 6. 3
道　路　土　工　要　綱（平成21年度版）	450	7,700	H21. 6
道路土工－切土工・斜面安定工指針（平成21年度版）	570	8,250	H21. 6
道路土工－カルバート工指針（平成21年度版）	350	6,050	H22. 3
道路土工－盛土工指針（平成22年度版）	328	5,500	H22. 4
道路土工－擁壁工指針（平成24年度版）	350	5,500	H24. 7
道路土工－軟弱地盤対策工指針（平成24年度版）	400	7,150	H24. 8
道路土工－仮設構造物工指針	378	6,380	H11. 3
落　石　対　策　便　覧	414	6,600	H29.12
共　同　溝　設　計　指　針	196	3,520	S61. 3
道　路　防　雪　便　覧	383	10,670	H 2. 5
落石対策便覧に関する参考資料 ―落石シミュレーション手法の調査研究資料―	448	6,380	H14. 4
道路土工の基礎知識と最新技術（令和5年度版）	208	4,400	R 6. 3
トンネル			
道路トンネル観察・計測指針（平成21年改訂版）	290	6,600	H21. 2
道路トンネル維持管理便覧【本体工編】（令和2年版）	520	7,700	R 2. 8
道路トンネル維持管理便覧【付属施設編】	338	7,700	H28.11
道路トンネル安全施工技術指針	457	7,260	H 8.10
道路トンネル技術基準（換気編）・同解説（平成20年改訂版）	280	6,600	H20.10

日本道路協会出版図書案内

【紙版】　　　　　　　　　　　※消費税10％を含む　(丸善出版発売)

図　書　名	ページ	定価(円)	発行年
道路トンネル技術基準（構造編）・同解説	322	6,270	H15.11
シールドトンネル設計・施工指針	426	7,700	H21. 2
道路トンネル非常用施設設置基準・同解説	140	5,500	R 1. 9
道路震災対策			
道路震災対策便覧（震前対策編）平成18年度版	388	6,380	H18. 9
道路震災対策便覧（震災復旧編）(令和4年度改定版)	545	9,570	R 5. 3
道路震災対策便覧（震災危機管理編）(令和元年7月版)	326	5,500	R 1. 8
道路維持修繕			
道　路　の　維　持　管　理	104	2,750	H30. 3
英語版			
道路橋示方書（Ⅰ共通編）〔2012年版〕（英語版）	160	3,300	H27. 1
道路橋示方書（Ⅱ鋼橋編）〔2012年版〕（英語版）	436	7,700	H29. 1
道路橋示方書（Ⅲコンクリート橋編）〔2012年版〕（英語版）	340	6,600	H26.12
道路橋示方書（Ⅳ下部構造編）〔2012年版〕（英語版）	586	8,800	H29. 7
道路橋示方書（Ⅴ耐震設計編）〔2012年版〕（英語版）	378	7,700	H28.11
舗装の維持修繕ガイドブック2013（英語版）	306	7,150	H29. 4
アスファルト舗装要綱（英語版）	232	7,150	H31. 3

紙版図書の申し込みは，丸善出版株式会社書籍営業部に電話またはFAXにてお願いいたします。
〒101-0051　東京都千代田区神田神保町2-17　TEL(03)3512-3256　FAX(03)3512-3270

なお日本道路協会ホームページからもお申し込みいただけますのでご案内いたします。
・日本道路協会ホームページ　https://www.road.or.jp　出版図書 → 図書名 → 購入

また，上記のほか次の丸善雄松堂(株)においても承っております。

〒160-0002　東京都新宿区四谷坂町10-10
丸善雄松堂株式会社　学術情報ソリューション事業部
法人営業統括部　カスタマーグループ
TEL:03-6367-6094　FAX:03-6367-6192　Email:6gtokyo@maruzen.co.jp

※なお，最寄りの書店からもお取り寄せできます。